関数電卓による計算

まえがき

　本書は，主に，大学において理工系分野等を学ぶ学生のために，その数学的な基本となる微分積分学の基礎を学習するためのものです。微分積分学は，理工系に限らず多くの科学分野においても必要とされています。そのような学びを目指す多くの大学生に対して，適切な学習の助けとなるよう本書は工夫されています。

　ここで，本書の内容を簡単に紹介しておきましょう。

　第0章は，本書を学ぶ上で必要となる高校内容の復習や，大学数学を学ぶのに知っておくべき記号や言い回しなどをまとめています。

　第1章は，高等学校で学んでいる関数を改めて定義します。その上で，関数の極限を厳密に考え，連続関数の性質を学びます。また三角関数・指数関数・対数関数などに加え，新しく逆三角関数と双曲線関数を学びます。

　第2章は，微分法を学びます。さらに，その応用として，新しくロピタルの定理とテイラーの定理を学びます。

　第3章は，積分法を学びます。定積分の定義は，高等学校までとは異なり，微分法の逆操作としてではなく，面積を求める操作として与えます。その上で，実は微分法と積分法が逆操作になるという「微分積分学の基本定理」を学びます。さらに，高等学校での定積分の拡張として広義積分を学び，積分法の応用として，ベータ関数・ガンマ関数を紹介します。

　第4章は，多変数関数を導入します。多変数関数を1変数の関数の一般化として定義し，基本的な性質を学びます。

　第5章と第6章は，多変数関数の微分法と積分法を学びます。微分法では，まず偏微分法と全微分法を学びます。応用として，多変数関数の極大・極小問題を扱います。積分法では，多変数関数の定積分である多重積分を定義し，それを計算する方法として，累次積分と変数変換による積分法を学びます。

　本書での学習をもとに，これから大学でより深く広く学び，多くの知識を身につけること，また，そのさまざまな学びの経験が，これからのより豊かな人生につながっていってくれることを願っています。

市原一裕

目　次

手引き

章トビラ　各章のはじめにその章で扱う節レベルの話題を抜粋した。
そして，その章で扱われる主題への導入をはかった。

例 1　本文の理解を助けるための具体例である。

例題 1　基本的な問題，および重要で代表的な問題である。
「解答」や「証明」は，解答の簡潔な一例である。

練習 1　例・例題の内容を反復学習するための問題である。
よって，例・例題を学んだ後，まず学習者自身で練習すること
が望ましい。

補充問題　項や節の終わりにある問題で，本文の内容を補充する問題である。

章末問題　各章の終わりにある。その章で学習した内容の全体問題であ
る。Aは主に計算問題を，Bはやや程度の高い計算と，証明
問題である。

補足　**注意**　本文解説を補い，注意喚起を促す。

研究　本文の内容に関連したやや程度の高い内容を扱った。初めて学
ぶ際には，省略してもよい。

コラム　本文の内容に関連した興味深い話題を取り上げた。

＊本文中の練習，補充問題や章末問題の答えは巻末に記載してある。そこでは証明問題な
どの解は略されているが，これらも本書の姉妹書『チャート式シリーズ　大学教養　微分
積分の基礎』の中では詳しく解説されている。

＊本文中で重要であると考えられる定理の証明は，適宜，その周辺，もしくは第 7 章に掲
載してある。証明を付した定理については，索引ページを参照。

学習の目安

本書は，クオータ制，および半期制の講義に対応する「微分積分学」の教科書である。まえがきにもあるように，大学1年時から，大学卒業後に日常的に読むようなすべての読者の要求にこたえられるようになっている。以下に，その読書や学習の進度の目安を示す。

半期2回の講義の場合

前期　第1章から第3章

目安：4回で第1章4節まで，8回で2章3節まで。8回目の周辺で小テスト。12回以降で3章。15回で前期テスト。

後期　第4章から第6章

目安：5回で4章，9回で5章3節くらいまで。9回周辺で小テスト。12回で6章2節まで，14回で6章4節まで。
15回で期末テスト。

半期講義の場合

目安：2回で，1章を行う。5回で，2章を行う（逆三角関数，双曲線関数は飛ばさない）。
6回でテイラーの定理，7回で広義積分（いずれも1変数）。
8回以降で2変数の微分法と積分法と，それらの応用を行う。

＊クオータ制の場合，第2クオータ終了時までに，全章を行い，第3，第4クオータで，重要性が高いと判断される箇所を復習してもよい。

＊第0章は，微分積分学を含む解析学の学習について密接に関連する高校数学の話題であるため，適宜振り返るとよい。

用語英訳表

第1章 関数（1変数）

関数 (function)
定義 (Definition)
実数 (real number)
写像 (map, mapping)
像 (image)
値域 (range)
グラフ (graph)
逆関数 (inverse function)
合成関数 (composite function)
定理 (Theorem)
区間 (interval)
連続 (continuous)
系 (Corollary)
三角関数 (trigonometric function)
双曲線余弦関数 (hyperbolic cosine)
双曲線正弦関数 (hyperbolic sine)
双曲線正接関数 (hyperbolic tangent)

第2章 微分（1変数）

微分可能 (differentiable)
ライプニッツ則 (Leibniz's rule)
連鎖律 (chain rule)
テイラー級数 (Taylor's series)
上限 (supremum)
下限 (infimum)

第3章 積分（1変数）

積分可能 (integrable)
数値積分 (numerical integration)
広義積分 (improper integral)
懸垂線 (catenary)

第4章 関数（多変数）

実直線 (real line)
順序対 (ordered pair)
直積集合 (direct product)
多変数関数 (multi-variable function)
閉集合 (closed set)
開集合 (open set)

第5章 微分（多変数）

接平面 (tangent plane)

第6章 積分（多変数）

長方形領域 (rectangular region)

第0章 高校数学＋大学数学の準備

この章では，第1章以降の大学の微分積分学を学習する上で必要になると考えられる高等学校の数学の内容のうち特に重要なものや，大学以降の数学特有の用語や表現を抜粋して掲載している。

大学の微分積分学を学習する上で，高等学校の数学の微分・積分，特に数学Ⅲの微分・積分の知識はもちろん必須であるが，数学Ⅲの復習は適宜，本文内で扱っている。よって，この第0章で扱った高等学校の数学の内容は，主に数学ⅠⅡＡＢの範囲のものである。

なお，本章を飛ばして学習を進めても差し支えない。第1章以降を学習する際，適宜参考にするとよい。

第1節　数と式，集合と証明

　これから学ぶ微分積分学では，高等学校で学んだことを改めて厳密に考察するため，その証明方法などに，最初は戸惑うことがあるかもしれない。ここでは，高校数学の範囲内ではあるが，教科書ではあまり扱われていなかった内容で重要なもの，および大学数学の初めに学習する内容を抜粋して紹介しよう。なお，高等学校の数学では扱われていない内容のタイトルには，＊印を付した（第2節以降も）。

A　数について

　微分積分学は，実数の上での関数を扱う。まずは「数」についてまとめておく。

　自然数 1, 2, 3, …… に，0 と -1, -2, -3, …… とを合わせて **整数** という。また，整数 m と 0 でない整数 n を用いて分数 $\dfrac{m}{n}$ の形に表される数を **有理数** という。整数 m は $\dfrac{m}{1}$ と表されるから，整数は有理数である。整数と，有限小数または無限小数で表される数とを合わせて **実数** という。実数のうち，有理数でない数を **無理数** という。無理数は，循環しない無限小数で表される数であり，分数で表すことはできない。例えば，$\sqrt{2}$ や円周率 π は無理数であることが知られている。

$$\sqrt{2} = 1.41421356237309\cdots\cdots, \qquad \pi = 3.14159265358979\cdots\cdots$$

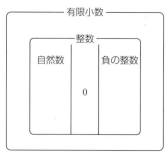

B 実数の整数部分を表す記号，最大値・最小値

ガウス記号 [ ]

　正の実数 x に対し，ガウス記号 [ ] を用いて $[x]$ と表された数は，実数 x の **整数部分** を表す。また，正の実数 x の **小数部分** とは $x-[x]$ のことで，$0 \leq x-[x] < 1$ である。一般には，$[x]$ とは不等式 $n \leq x < n+1$ を満たす整数 n のことである。x が負の数のときの $[x]$ には注意する。例えば，$[-1.8] = -2$（-1 ではない）。

$\max\{a, \ b\}$, $\min\{a, \ b\}$ *

　実数 a，b のうちで，$\max\{a, \ b\}$ は最大値を表し，$\min\{a, \ b\}$ は，最小値を表す。$a=b$ ならば，$\max\{a, \ b\} = \min\{a, \ b\} = a = b$ となる。

　{ } の中の実数が 3 個以上の場合も同じで，{ } の中の実数のうち，$\max\{ \ \}$ は最大値を表し，$\min\{ \ \}$ は最小値を表す。例えば，$a=b>c$ なら $\max\{a, \ b, \ c\} = a = b$，$\min\{a, \ b, \ c\} = c$ である。

C 大小関係

不等号

　2 つの実数 a，b について，$a>b$，$a=b$，$a<b$ の 3 つの関係のうち，いずれか 1 つの関係が成り立つ。また，実数 a，b，c について $a<b$ かつ $b<c$ ならば $a<c$ が成り立つ。

　（例）$x \leq 3$ であるとは，
　　a. $x<3$ であるか，　b. $x=3$ であるか，
　　のいずれか一方が成り立つことである。したがって，a が成り立っていれば，不等式 $x \leq 3$ における a が成り立つことになり，$x \leq 3$ は正しい。

等号

　=の両側である（左辺）と（右辺）が等しいことを意味する。

　両側には実数だけでなく，例えば，複素数や関数や集合がくる場合もある。

注意 不定積分間の等号に含まれる=は，「定数差を除いて等しい」という意味をもっている。第 3 章の置換積分を参照。

D　三角不等式

a, b を実数とすると，不等式 $|a+b| \leqq |a|+|b|$ が成り立つ。
この不等式を **三角不等式** という。

　これを変形すると $|a+b|-|a| \leqq |b|$ となる。ここで $a+b=c$ とすると $|c|-|a| \leqq |c-a|$ となる。この形の三角不等式も，よく使われる。

　三角不等式の拡張として，

$$|a_1+a_2+\cdots\cdots+a_n| \leqq |a_1|+|a_2|+\cdots\cdots+|a_n|$$ も成り立つ。

　「三角」という名称は，三角形ができる条件「2 辺の長さの和は残りの 1 辺の長さより大きい」からきている。

　$\triangle$ABC に関して AC$<$AB$+$BC であるから，$\overrightarrow{AB}=\vec{a}$, $\overrightarrow{BC}=\vec{b}$ とすると，$\overrightarrow{AC}=\vec{a}+\vec{b}$ により，$|\vec{a}+\vec{b}|<|\vec{a}|+|\vec{b}|$ が成り立つ（なお，三角形の辺に関するベクトルに限り，等号が成り立つことはない）。

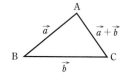

E　命題と条件

命題　正しいか正しくないかが明確に決まる式や文章を **命題** という。また，命題が正しいことを **真** であるといい，正しくないことを **偽** であるという。

　（例）　整数 4 は偶数である。（真）
　　　　$\sqrt{2}+\sqrt{3}=\sqrt{5}$ である。（偽）

条件　変数 x, y, $\cdots$ を含んだ式や文章で，変数 x, y, $\cdots$ の値が決まると真偽が決まるものを，x, y, $\cdots$ に関する **条件** という。

　（例）　$x>3$ という式は，$x=5$ のときは真であるが，$x=1$ のときは偽である。

仮定と結論　命題は，2 つの条件 p, q を用いて「p ならば q」の形に表されるものが多い。命題「p ならば q」を $p \implies q$ と書き，p をこの命題の **仮定**，q を **結論** という。

　また，命題「$p \implies q$ かつ $q \implies p$」を，$p \iff q$ と書く。

　（例）　$x>5$ ならば $x>3$

条件の否定 条件 p に対して，「p でない」という条件を p の **否定** といい，$\overline{p}$ で表す。$\overline{\overline{p}}$，すなわち $\overline{p}$ の否定は，p である。

（例） x は実数とする。「x は有理数である」の否定は「x は有理数でない」すなわち「x は無理数である」

「かつ」，「または」の否定 2つの条件 p，q について次のことが成り立つ（命題におけるド・モルガンの法則）。

$$\overline{p\ \text{かつ}\ q} \iff \overline{p}\ \text{または}\ \overline{q}$$
$$\overline{p\ \text{または}\ q} \iff \overline{p}\ \text{かつ}\ \overline{q}$$

（例） x，y は実数とする。「$x=0$ かつ $y=0$」の否定は「$x\neq0$ または $y\neq0$」

「すべての」と「ある」の否定 条件 p に対して

「すべての x について p」の否定は「ある x について $\overline{p}$」

「ある x について p」の否定は「すべての x について $\overline{p}$」

（例） 命題「ある実数 x について $x^2=4$」の否定は
「すべての実数について $x^2\neq4$」
命題「ある素数 n について $n+2$ は素数である」の否定は
「すべての素数 n について $n+2$ は素数でない」

F　集合

数学では，範囲がはっきりしたものの集まりを **集合** という。また，集合を構成しているものの1つ1つを，その集合の **要素**，もしくは **元**^{げん} という。なお，集合は A，B などを使って表すことが多い。

（例） Rは実数全体の集合とし，$A=\{x\mid-1<x<2,\ x\in R\}$，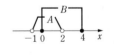
$B=\{x\mid0\leqq x\leqq4,\ x\in R\}$ とすると
$A\cap B=\{x\mid0\leqq x<2,\ x\in R\}$，
$A\cup B=\{x\mid-1<x\leqq4,\ x\in R\}$

注意 図で，○は端の点 -1，2 を含まないことを表し，●は端の点 0，4 を含むことを表す。

G 集合に関する記号のまとめ

記号	意味
$a \in A$	a が集合 A の要素である
$a \notin A$	a が集合 A の要素でない
$A \subset B$	集合 A が集合 B の部分集合である
$A = B$	集合 A，B の要素が完全に一致する
$A \cap B \cap \cdots\cdots$	集合 A，B，$\cdots\cdots$ のすべてに属する要素全体の集合
$A \cup B \cup \cdots\cdots$	集合 A，B，$\cdots\cdots$ の少なくとも 1 つに属する要素全体の集合
$\overline{A}$	全体集合の要素で，集合 A に属さない要素全体の集合

H 命題と証明

命題の逆，裏，対偶 命題 $p \implies q$ に対して

$q \implies p$ を **逆**　　$\overline{p} \implies \overline{q}$ を **裏**　　$\overline{q} \implies \overline{p}$ を **対偶** という。

対偶を利用した証明法 命題 $p \implies q$ とその対偶 $\overline{q} \implies \overline{p}$ の真偽は一致する。よって，命題 $p \implies q$ を証明するには，その対偶 $\overline{q} \implies \overline{p}$ を証明してもよい。

> （例）　n は整数とする。n^2 が奇数ならば，n は奇数であることを示せ。
>
> （証明）　対偶：「n が偶数ならば，n^2 は偶数である」
> 　　　　　偶数と偶数の積は偶数であることから，対偶は真である。
> 　　　　　よって，もとの命題も真である。　■

背理法 ある命題を証明するのに，その命題が成り立たないと仮定すると矛盾が導かれることを示し，それによって命題が成り立つと結論付ける方法。背理法も，上の対偶利用の証明と同様，命題 $p \implies q$ を直接証明しにくいときに有効な場合が多い。背理法と対偶を利用する証明は，ともに間接証明法と呼ばれる。これらは，似ているが本質的には異なるものである。対偶利用の証明では，証明を始める段階で導く結論の $\overline{p}$ がはっきりしているが，背理法では証明を始める段階ではどのような矛盾が生じるかがはっきりしていない。

数学的帰納法　自然数 n に関する命題 $P(n)$ を証明するのに，次のような方法をとる証明法。

　　[1]　$P(1)$ が真である。

　　[2]　$P(k)$ (k は自然数) が真であるならば $P(k+1)$ が真である。

[1]，[2] が証明されると，命題 $P(n)$ は，すべての自然数 n について成り立つことになる。

　なお，数学的帰納法では示す命題によって，スタートが $n=1$ ではなく $n=2$ からのものや，[2] を

　　[2]　$n \leqq k$ のとき P が成り立つと仮定すると，……

に変える必要がある場合もある（下の例 1）。

　また，仮定が 2 つ必要な場合もあり，このときは，[1] も 2 つ証明する（下の例 2）。

すなわち，次の [1]，[2] を証明する。

　　[1]　$P(1)$，$P(2)$ が真である。

　　[2]　$P(k)$，$P(k+1)$ が真であると仮定すると，$P(k+2)$ も真である。

(例 1)　数列 $\{a_n\}$ (ただし $a_n > 0$) について，関係式

　　$(a_1+a_2+\cdots\cdots+a_n)^2 = a_1{}^3+a_2{}^3+\cdots\cdots+a_n{}^3$ ならば　$a_n=n$

　を証明するには，「$n=k$ のとき成り立つ」と仮定した場合，$a_{k-1}=k-1$，$a_{k-2}=k-2$，…… が成り立つことを仮定してないことになって，[2] の証明がうまくいかない。こういう場合は「[2]　$n \leqq k$ のとき P が成り立つと仮定すると……」とする。

(例 2)　n は自然数とする。

　　2 数 x, y の和と積が整数ならば，x^n+y^n は整数であることを証明する場合，[2] で $x^{k+1}+y^{k+1}$ を x^k+y^k で表そうとしても，

　$x^{k+1}+y^{k+1}=(x^k+y^k)(x+y)-xy(x^{k-1}+y^{k-1})$ のように $x^{k-1}+y^{k-1}$ も出てくるので「x^k+y^k は整数」に加え「$x^{k-1}+y^{k-1}$ も整数」という仮定も必要である。

　また，[1] も「$x+y$ が整数」と，「x^2+y^2 が整数」の 2 つを示す必要がある。

1 論理記号 ＊

　大学数学で扱う論理式（命題を，記号，あるいは記号と簡単な英語で表したもの）に使われる記号を論理記号という。

　以下にいくつか紹介する。

∀：「任意の～」を表す。

　　意味は「すべての～」と同じで，英訳「ANY」，「ALL」の頭文字 A を逆さまにしたものである。

　　（例）「任意の正の数 a」を「$\forall a>0$」などと表す。

∃：「ある～が存在する」を表す。

　　英訳「EXIST」の頭文字 E を逆さまにしたものである。

　　（例）「ある負の数 x が存在する」を「$\exists x<0$」などと表す。

　∀ と ∃ を用いて

$$\text{「関数 } f(x) \text{ が } x \longrightarrow \alpha \text{ で } \alpha \text{ に収束する」}$$

ということを論理式で表すと次のようになる（第 1 章の $\varepsilon-\delta$ 論法）。

　　ただし，I は関数 $f(x)$ の定義域とする。

　　（例）　$\forall \varepsilon>0 \;\; \exists \delta>0 \;\; \text{such that} \;\; \forall x \in I \;\; (0<|x-a|<\delta \;\; \Longrightarrow \;\; |f(x)-\alpha|<\varepsilon)$

∧：「かつ」を表す記号で，論理積という。

　　（例）　条件 p, q について「p かつ q」を「$p \wedge q$」と表す。

∨：「または」を表す記号で，論理和という。

　　（例）　条件 p, q について「p または q」を「$p \vee q$」と表す。

¬：「～でない」，すなわち「否定」を表す。

　　記号の ‾ と同じ。条件 p に対して，$\neg p$ は p の否定を表す。

J 命題 $p \Longrightarrow q$ の否定＊

高等学校の教科書では扱われていない。

一般に, 全体集合を U とする命題 $p \Longrightarrow q$ において

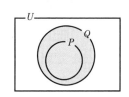

　　条件 p を満たす U の要素全体の集合を P

　　条件 q を満たす U の要素全体の集合を Q

とすると, 命題 $p \Longrightarrow q$ が真であることと $P \subset Q$ が成り立つことは同値である。

よって, 命題 $p \Longrightarrow q$ の否定, つまり命題 $\lnot(p \Longrightarrow q)$ が真であるということは, $P \subset Q$ が成り立たないことであるから, 下の図 1 ～図 3 のいずれかのようになるときである。

命題 $p \Longrightarrow q$ の否定とは「p であって, かつ q でないことがある」ということであり, 図 3 のような $P \cap Q = \varnothing$ の場合だけではない, すなわち「$p \Longrightarrow \bar{q}$」が成り立つことではないことに注意する。

論理式で表すと「$\lnot(p \Longrightarrow q) \Longleftrightarrow p \land \bar{q}$」となる。

図 1 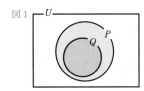 図 2 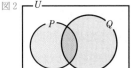 図 3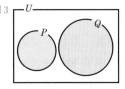

（例）　n は自然数とする。
　　命題
　　　　「n は 3 の倍数であるならば n は 6 の倍数である」
　　の否定は
　　　　「n は 3 の倍数であって, かつ n は 6 の倍数でない」

第2節　数学の議論に必要な取り決め

定義　概念，記号や用語の意味を明確に規定するために作られた文章や式を **定義** という。定義を出発点として，さまざまな議論を行い，最終的な主張を導く。その主張のことを，公理，定理，補題，系などと呼び，先の命題と合わせ以下のように区別する。

公理　無証明命題ともいわれる，証明なしに認められる事柄を **公理** という。現在の数学は基本的には，公理から組み立てられている。

　　ユークリッドの『原論』における公準，共通概念に由来する。

　　例えば，『原論』には，

「2点が与えられたとき，その2点を通るような直線を引くことができる」

などのいくつかの公準が示されている。ただし，本書では，公理は明確には述べていない。

定理　数学的論証によって正しいと証明された結果（事実）を述べたものを **定理** という。数学的な主張のゴールである。

補題　定理や命題を証明するための補助として，必要な事実を述べた主張を **補題** という。補助定理ともいわれる。補題の後に登場する定理の証明のポイントになっていることが多い。

　　例えば，日本の数学者である伊藤清が考案した，数理ファイナンスにおいて活用される伊藤の補題は，伊藤の公式の計算過程に現れる確率微分方程式の積分を使いやすくすることで有名である。

系　証明済みの定理，命題，または補題の証明の過程で得られる事実や，その事実から比較的すぐに得られる主張を **系** という。系が現れたら，どの定理，命題や補題に関するものなのかを読み取るとよい。

注意　45ページで述べる「最大値・最小値原理」や33ページの「はさみうちの原理」など **原理** という用語は，数学では「定理」や，場合によっては「公理」と同じ意味で使われる。

第3節　三角関数に関する公式

加法定理　$\sin(\alpha \pm \beta) = \sin\alpha\cos\beta \pm \cos\alpha\sin\beta$ （複号同順）

$\cos(\alpha \pm \beta) = \cos\alpha\cos\beta \mp \sin\alpha\sin\beta$ （複号同順）

$\tan(\alpha \pm \beta) = \dfrac{\tan\alpha \pm \tan\beta}{1 \mp \tan\alpha\tan\beta}$ （複号同順）

2倍角の公式　$\sin 2\theta = 2\sin\theta\cos\theta$

$\cos 2\theta = \cos^2\theta - \sin^2\theta = 2\cos^2\theta - 1 = 1 - 2\sin^2\theta$

$\tan 2\theta = \dfrac{2\tan\theta}{1 - \tan^2\theta}$

半角の公式　$\sin^2\dfrac{\theta}{2} = \dfrac{1 - \cos\theta}{2}$　$\cos^2\dfrac{\theta}{2} = \dfrac{1 + \cos\theta}{2}$　$\tan^2\dfrac{\theta}{2} = \dfrac{1 - \cos\theta}{1 + \cos\theta}$

3倍角の公式　$\sin 3\theta = 3\sin\theta - 4\sin^3\theta$　　　$\cos 3\theta = -3\cos\theta + 4\cos^3\theta$

積 → 和の公式　$\sin\alpha\cos\beta = \dfrac{1}{2}\{\sin(\alpha+\beta) + \sin(\alpha-\beta)\}$

$\cos\alpha\sin\beta = \dfrac{1}{2}\{\sin(\alpha+\beta) - \sin(\alpha-\beta)\}$

$\cos\alpha\cos\beta = \dfrac{1}{2}\{\cos(\alpha+\beta) + \cos(\alpha-\beta)\}$

$\sin\alpha\sin\beta = -\dfrac{1}{2}\{\cos(\alpha+\beta) - \cos(\alpha-\beta)\}$

和 → 積の公式　$\sin\alpha + \sin\beta = 2\sin\dfrac{\alpha+\beta}{2}\cos\dfrac{\alpha-\beta}{2}$

$\sin\alpha - \sin\beta = 2\cos\dfrac{\alpha+\beta}{2}\sin\dfrac{\alpha-\beta}{2}$

$\cos\alpha + \cos\beta = 2\cos\dfrac{\alpha+\beta}{2}\cos\dfrac{\alpha-\beta}{2}$

$\cos\alpha - \cos\beta = -2\sin\dfrac{\alpha+\beta}{2}\sin\dfrac{\alpha-\beta}{2}$

三角関数の合成　$a\sin\theta + b\cos\theta = \sqrt{a^2+b^2}\sin(\theta+\alpha)$ （$a \neq 0$ または $b \neq 0$）

ただし　$\sin\alpha = \dfrac{b}{\sqrt{a^2+b^2}}$,　$\cos\alpha = \dfrac{a}{\sqrt{a^2+b^2}}$

第 4 節　二項定理の展開式

二項定理を活用して計算する場面は多い。

A　二項定理

高等学校で，二項定理の展開式は以下のように学んだ。

$$(a+b)^n$$
$$={}_nC_0a^n+{}_nC_1a^{n-1}b+{}_nC_2a^{n-2}b^2+\cdots\cdots+{}_nC_ra^{n-r}b^r$$
$$+\cdots\cdots+{}_nC_{n-1}ab^{n-1}+{}_nC_nb^n$$

上記が見慣れた形式で，本書でもこの表記を使っているが，数学書によっては，以下の形式で書き表されていることがある。表し方は異なるが，${}_nC_r$ を $\begin{pmatrix} n \\ r \end{pmatrix}$ と書き換えただけで同じ意味である。

$$(a+b)^n$$
$$=\begin{pmatrix} n \\ 0 \end{pmatrix}a^n+\begin{pmatrix} n \\ 1 \end{pmatrix}a^{n-1}b+\begin{pmatrix} n \\ 2 \end{pmatrix}a^{n-2}b^2+\cdots\cdots+\begin{pmatrix} n \\ r \end{pmatrix}a^{n-r}b^r$$
$$+\cdots\cdots+\begin{pmatrix} n \\ n-1 \end{pmatrix}ab^{n-1}+\begin{pmatrix} n \\ n \end{pmatrix}b^n$$

第 5 章の 2 変数関数のテイラーの定理では，この二項定理の展開公式を使った計算が登場する。

B　$(a+b+c)^n$ の展開式

$(a+b+c)^n$ の展開式における $a^pb^qc^r$ の項の係数は

$$\frac{n!}{p!q!r!} \quad \text{ただし} \quad p+q+r=n, \ p\geqq0, \ q\geqq0, \ r\geqq0$$

第5節　写像の基礎

A　集合と写像・逆写像＊

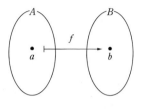

　2つの集合 A，B において，集合 A の1つの要素 a を定めたとき，それに対応する集合 B の要素 b が必ず1つ定まるとき，この対応を，集合 A から集合 B への **写像** であるといい，文字 f などを使って，$f : A \longrightarrow B$ などと書く。

　また，$f(a)$ を，写像 f による要素 a の **像** といい，$f(a)＝b$ などと書く。

　集合 A の異なる2つ以上の要素それぞれに対して，集合 B の同じ要素がただ1つに対応する場合も，この対応は集合 A から B への写像であるといえる。一方，集合 A の1つの要素に対して，集合 B の要素が対応しない場合や，集合 B の2つ以上の要素が対応する場合，この対応は集合 A から B への写像であるとはいわない。

　また，写像 f により，集合 A のすべての要素に対して集合 B の要素が1対1に対応し，なおかつ像全体の集合が集合 B に一致するとき，f による対応を逆にした，集合 B から集合 A への写像も存在する。それを写像 f の **逆写像** といい，f^{-1} で表す。このとき，$f(a)＝b$ に対して，$f^{-1}(b)＝a$ となる。

注意　第4章で扱う多変数関数とは，関数の定義域の次元を上げて得られるもので，1変数関数の一般化である。
　さらに関数の値域の次元も上げて，n 次元から m 次元への写像に一般化することができる。このような写像を扱うことで，多変数の微分積分学の本質が明確になることも多い。

第 6 節　一般的な数列の知識

第 2 章で学習するテイラー展開やマクローリン展開の計算では級数の知識 (95 ページ) を活用する。この級数を理解するうえで，数列の性質を理解しておくことは重要である。

A　等差数列，等比数列の一般項および和記号

等差数列

初項に一定の数である d (公差) を次々と足して得られる数列を **等差数列** という。

初項 a，公差 d の等差数列 $\{a_n\}$ の一般項は

$$a_n = a + (n-1)d \quad \leftarrow (\text{第 } n \text{ 項}) = (\text{初項}) + (n-1) \times (\text{公差})$$

で表される。

等差数列 $\{a_n\}$ について，すべての自然数 n で，次の関係が成り立つ。

$$a_{n+1} = a_n + d \quad \text{すなわち} \quad a_{n+1} - a_n = d \quad (\text{一定})$$

また，初項 a，公差 d，末項 l，項数 n の等差数列の和を S_n とすると，次の関係が成り立つ。

$$S_n = \frac{1}{2}n(a+l) \qquad \text{末項 } l \text{ がわかっているとき。}$$

$$S_n = \frac{1}{2}n\{2a+(n-1)d\} \qquad \text{末項 } l \text{ がわからないとき。}$$

等比数列

初項に一定の数である r (公比) を次々と掛けて得られる数列を **等比数列** という。

初項 a，公比 r の等比数列 $\{a_n\}$ の一般項は

$$a_n = ar^{n-1} \quad \leftarrow (\text{第 } n \text{ 項}) = (\text{初項}) \times (\text{公比})^{n-1}$$

で表される。

等比数列 $\{a_n\}$ について，すべての自然数 n で，次の関係が成り立つ。

$$a_{n+1} = ra_n \quad (r は公比)$$

特に，$a_1 \neq 0$，$r \neq 0$ のとき $\dfrac{a_{n+1}}{a_n} = r$ （一定）

また，初項 a，公比 r，項数 n の等比数列の和を S_n とすると，次の関係が成り立つ。

$$r \neq 1 のとき \qquad S_n = \frac{a(1-r^n)}{1-r} = \frac{a(r^n-1)}{r-1}$$

$$r = 1 のとき \qquad S_n = na$$

和の記号Σの性質　p, q は k に無関係な定数とする。

1　$\displaystyle\sum_{k=1}^{n}(a_k + b_k) = \sum_{k=1}^{n} a_k + \sum_{k=1}^{n} b_k$ 　　　　　2　$\displaystyle\sum_{k=1}^{n} pa_k = p\sum_{k=1}^{n} a_k$

特に　$\displaystyle\sum_{k=1}^{n}(pa_k + qb_k) = p\sum_{k=1}^{n} a_k + q\sum_{k=1}^{n} b_k$ 　　　また　$\displaystyle\sum_{k=1}^{n} a_k = \sum_{i=1}^{n} a_i$

数列の和の公式

1　$\displaystyle\sum_{k=1}^{n} k = \frac{1}{2}n(n+1)$ 　　　2　$\displaystyle\sum_{k=1}^{n} k^2 = \frac{1}{6}n(n+1)(2n+1)$

3　$\displaystyle\sum_{k=1}^{n} k^3 = \left\{\frac{1}{2}n(n+1)\right\}^2$

また　$\displaystyle\sum_{k=1}^{n} c = nc$ 　（c は定数）　　　特に　$\displaystyle\sum_{k=1}^{n} 1 = n$

B　漸化式

数列 $\{a_n\}$ が a_1, a_2, a_3, ……, a_n, …… で与えられている。

このとき，a_k $(k \leq n)$ のいくつかを用いて a_{n+1} を導く法則を与える式を **漸化式** という。

例えば

等差数列ならば　$a_{n+1} - a_n = d$ 　（d は公差）

等比数列ならば　$a_{n+1} = ra_n$ 　（r は公比）

第 7 節　一般的な関数の知識

　関数に関する精密な議論を行う基盤として，関数について，おさえておくべき最低限の説明を行う。

A　分数関数，無理関数

　$y=\dfrac{2x+5}{x+1}$ のように，x の分数式で表される関数を，x の **分数関数** という。特に断りがない場合，その定義域は，分母を 0 にする x の値を除く実数 x 全体である。$y=\sqrt{x}$ のように，根号 $\sqrt{}$ の中に文字 x を含む式で表された関数を，x の **無理関数** という。特に断りがない場合，その定義域は，根号の中が 0 以上となる実数 x の値全体である。

B　狭義単調関数，広義単調関数＊

　$x_1<x_2$ なら $f(x_1)<f(x_2)$ である関数 $f(x)$ を **狭義単調増加関数**，$x_1<x_2$ なら $f(x_1)>f(x_2)$ である関数 $f(x)$ を **狭義単調減少関数** といい，これらをまとめて，狭義単調関数という。これに対し，$x_1<x_2$ なら $f(x_1)\leqq f(x_2)$ である関数 $f(x)$ を **広義単調増加** する関数，$x_1<x_2$ なら $f(x_1)\geqq f(x_2)$ である関数 $f(x)$ を **広義単調減少** する関数といい，まとめて **広義単調関数** という。

付　ギリシャ文字一覧

大文字	小文字	読み方	大文字	小文字	読み方	大文字	小文字	読み方
A	α	アルファ	I	ι	イオタ	P	ρ	ロー
B	β	ベータ	K	κ	カッパ	Σ	σ	シグマ
Γ	γ	ガンマ	Λ	λ	ラムダ	T	τ	タウ
Δ	δ	デルタ	M	μ	ミュー	Υ	υ	ユプシロン
E	ε	エプシロン	N	ν	ニュー	Φ	ϕ	ファイ
Z	ζ	ゼータ	Ξ	ξ	クシー	X	χ	カイ
H	η	エータ	O	o	オミクロン	Ψ	ψ	プサイ
Θ	θ	シータ	Π	π	パイ	Ω	ω	オメガ

第1章　関数（1変数）

　高等学校において，関数とは次のように定義されていた。

　「2つの変数 x, y について，x の値が1つ決まると，それに伴って y の値がただ1つ決まるとき，y は x の関数である」

　しかし，この定義では変数とは何か述べていないので，関数とは何か，数学的に明確になっていない。

　ここでは，大学数学における関数の定義を考え，その性質を調べてみよう。

　関数という用語を初めて用いたのは，17世紀のドイツの数学者ライプニッツであるとされている。ライプニッツは哲学者であり政治家であり外交官でもあったが，数学者として微分積分学を創始した1人でもある。現在使われている微分や積分の記号は彼によるところが多い。

　例えば，dx, $\int$ はライプニッツによるものである。

ライプニッツ (1646-1716)

第1節　関数とは

関数の意味を改めて考えるとともに，逆関数や合成関数について振り返ろう。

A　関数と対応関係

例えば，2つの集合

$$A=\{2,\ 3,\ 4,\ 5\},\quad B=\{6,\ 7,\ 8,\ 9,\ 10\}$$

において，Aの各要素に，その数で割り切れるBの要素の

うち最小のものを対応させる。

この対応関係を，これまでに学んだような式に表すことはできないが，Aの要素が1つ決まると，それに伴ってBの要素がただ1つ決まる。

そこで改めて，関数を以下のように定義する[1)]。

定義 1-1　関数と定義域

実数の集合A，Bにおいて，Aの1つの要素を定めたとき，それに対応してBの要素が必ず1つ定まるとき，この<u>対応関係を**AからBへの関数**</u>であると定義する。また，この集合Aを関数の**定義域**という。

関数は，文字fなどを使って表す。AからBへの関数fにおいて，定義域Aの要素aに対応するBの要素を$f(a)$と書き，これを関数fのaにおける**値**という。関数の値のことを，関数fによるaの**像**ともいう。

AからBへの関数fにおいて，Aの要素の像全体の集合$\{f(a)\mid a\in A\}$を，関数fの**値域**という。

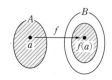

AからBへの関数fにおいて，Aは定義域であるが，Bが値域であるとは限らない。

---

1) 本書ではA，Bとして実数の集合しか扱わないが，複素数の集合を考えることもある。また，A，Bとして，数以外の一般的な集合を考えることもある。このときの対応関係を**写像**という（0章，19ページも参照）。

　A から B への関数 f において，A の要素を変数 x で代表させ，x に対応する B の要素 $f(x)$ を y とする[2]。このとき，関数 f を $y=f(x)$ と書き表し，**y は x の関数である** という。また，この関数を，**関数 $y=f(x)$** という。

　関数 $y=f(x)$ において，$f(x)$ が x の式で表されていて，定義域に特に断りがない場合，その定義域は，$f(x)$ の値が実数として定まるような実数全体の集合とする。

例1　対応関係と関数

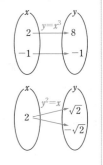

式 $y=x^3$ で決まる x から y への対応関係は，x に 1 つの実数を代入すると，y として 1 つの実数が決まるので x から y への関数である。

一方，式 $y^2=x$ で決まる x から y への対応関係は，例えば x に 2 を代入したとき，y の値として $\sqrt{2}$ と $-\sqrt{2}$ の 2 つの実数が対応する。

したがって，y は x の関数ではない。

注意　式 $y=x^2$ のように，2 つの異なる x の値（例えば $x=\pm1$）に，1 つの y の値（$y=1$）が対応するのは構わない。

練習1　次の式で決まる x から y への対応関係は関数になるか調べよ。

(1) $y=2^x$ 　　　(2) $y^2=\sqrt[3]{x}$ 　　　(3) $y=\sin x$ 　　　(4) $|y|=\sqrt[3]{x}$

例2　関数の像と値域

定義域を $\{x \mid x \geqq -2\}$ とする関数 $f(x)=-\sqrt{x+2}$ において，$x=-1$ の像は $f(-1)=-1$ であり，値域は $\{y \mid y \leqq 0\}$ である。

　関数 $y=f(x)$ の **グラフ** とは，式 $y=f(x)$ を満たす実数の組 $(x,\ y)$ を座標としてもつ平面上の点の集合（図形）のことである。

　関数のグラフは，関数のさまざまな性質を視覚的に把握するために，非常に有効である。

---

2) このようなとき，x を独立変数，y を従属変数と呼ぶこともある。本書では基本的に，x が独立変数を表し，y が従属変数を表す。

例題 1　定義域を $\{x\,|\,x\geqq 1\}$ とする関数 $y=-\sqrt{x+2}$ のグラフをかけ。
また，その値域を求めよ。

解答　求めるグラフは，関数 $y=-\sqrt{x}$
のグラフを x 軸方向に -2 だけ平
行移動したものの一部で，右図の
実線部分のようになる。
また，この関数の値域は
$\{y\,|\,y\leqq -\sqrt{3}\,\}$ である。

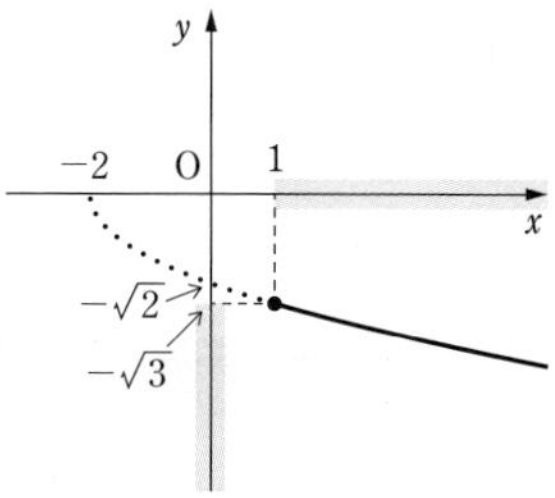

注意　同じ式で表された関数でも定義域が異なれば，値域は変わることがあり，その
場合は異なる関数とみなす。

練習 2　練習1の対応関係のうち，y が x の関数となるもののグラフをかけ。

練習 3　定義域を $\{x\,|\,x>0\}$ とする関数 $f(x)=\dfrac{2}{x}$ について，定義域内の

$x=a$ の f による像 $f(a)$ が $1\leqq f(a)<2$ を満たすような実数 a の値の範囲を
求めよ。また，f の値域を集合として表せ。

B　逆関数と合成関数

A から B への関数 f において，その対応を逆向きに考えたものが関数で
あるとき，その逆向きの対応を，関数 f の **逆関数** といい，f^{-1}（エフイン
バースと読む）で表す。

A から B への関数 f が次の条件を満たすときに限り，その逆関数が存在
する。

関数 f が逆関数をもつ条件

・定義域 A の異なる数に対して，B の異なる数が1対1に対応する。
・f による定義域 A の数の像全体の集合が B に一致する。

関数とその逆関数とでは，定義域と値域が入れ替わる。
関数 $y=f(x)$ のグラフと，その逆関数 $y=f^{-1}(x)$ のグラフは，直線
$y=x$ に関して対称である。

例 3　関数 $y=\sin x$ の逆関数

定義域を $-\dfrac{\pi}{2}\le x\le\dfrac{\pi}{2}$ とする関数

$y=\sin x$ は，異なる x の値に対して，異なる y の値が 1 対 1 に対応するから逆関数をもつ。

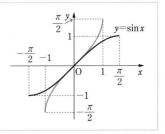

注意　$y=\sin x$ の逆関数のグラフは，右上の図の青い実線のようになる。詳しくは第 4 節で学習する。

練習 4　定義域を正の実数全体として，次の式で決まる関数 f は逆関数 f^{-1} をもつか。また，もつ場合は，f^{-1} を表す式を求めよ。

(1)　$y=x^{2}$　　　　　(2)　$y=\log_{2}x$　　　　　(3)　$y=\cos x$

2 つの関数 f と g について，関数 f の値域が関数 g の定義域に含まれているとする。このとき，関数 f の定義域の x に対して，関数 g の値域の $g(f(x))$ を対応させることで，新しい関数を考えることができる。この関数を f と g の **合成関数** といい，$g\circ f$ で表す。つまり，$(g\circ f)(x)=g(f(x))$ が成り立つ。

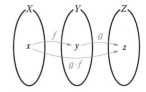

例 4　合成関数の存在

定義域を $\{x\,|\,x\ge0\}$ とする関数 $f(x)=\sqrt{x}$ に対して，f の値域は $\{y\,|\,y\ge0\}$ である。定義域を $\{x\,|\,x>-1\}$ とする関数 $g(x)=\log_{2}(x+1)$ に対し，g の値域は R（11 ページ参照）である。

f の値域と g の定義域に関して，f の値域は g の定義域に含まれるから，合成関数 $g\circ f$ は存在し，$g\circ f$ は次のようになる。

$$(g\circ f)(x)=g(f(x))=\log_{2}(\sqrt{x}+1)$$

また，g の値域と f の定義域に関して，g の値域は f の定義域に含まれないから，合成関数 $f\circ g$ は存在しない。

練習 5　$f(x)=\dfrac{1}{x}$，$g(x)=\tan x$ に対して，$g\circ f$ と $f\circ g$ は存在するか調べよ。

第2節　関数の極限とは

　関数の最も基本的な性質の1つに，その連続性がある。連続関数を定義するための準備である関数の極限について，高等学校の復習も含めて学ぼう。

A　関数の極限の定義

　高等学校では，関数の極限が次のように説明されていた。

> 関数 $f(x)$ において，x が a と異なる値をとりながら a に限りなく近づくとき，$f(x)$ の値が一定の値 α に限りなく近づくならば，この値 α を $x \longrightarrow a$ のときの $f(x)$ の極限値または極限という

　この「限りなく近づく」という表現は，直感的にはわかるが，数学的に厳密ではない。
　これから，この「限りなく近づく」という表現で示された「$x \longrightarrow a$ のときの $f(x)$ の極限が α である」ことを，できるだけ厳密に考えて，数学的に定義することを目指す。すなわち

　ある条件が成り立つとき，$x \longrightarrow a$ のときの $f(x)$ の極限が α である

といえるような数学的な条件を考え，関数の極限を改めて定義する。
　まず，極限を考えるということであるから，$f(a)$ と α は一致するわけではないことに注意しよう。すなわち，$x=a$ のときの関数 $f(x)$ の値を考えているのではなく，x を a に近づけていくときの関数 $f(x)$ が近づいていく先 α を極限としているわけである。
　上の下線部中の「近づけていく」と「近づいていく」は，次のように，数式を用いて数学的に捉えることができる。

「x を a に近づけていく」$\longrightarrow$「$|x-a|$ の値を0に近い値とする」
「$f(x)$ が α に近づいていく」$\longrightarrow$「$|f(x)-\alpha|$ の値がいくらでも0に近い値になる」

> ### 例5 $x \longrightarrow 1$ のときの $f(x)=2x+1$ の極限
>
> $x \longrightarrow 1$ のときの $f(x)=2x+1$ の極限は 3 であると考えられる。
> このとき，$|f(x)-3|$ の値はいくらでも 0 に近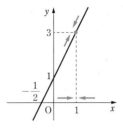
> い値になるから，$|f(x)-3|<0.1$ が成り立つと
> して，x の値をどのくらい 1 に近くすればよい
> か考えてみよう。$|(2x+1)-3|<0.1$ を変形す
> ると，次の不等式が得られる。
>
> $$|x-1|<0.05$$
>
> よって，$|x-1|<0.05$ を満たすように x をとれば，$|f(x)-3|<0.1$
> が必ず成り立つことがわかる。

練習6　例 5 において，x の値をどのくらい 1 に近くすれば，
$|f(x)-3|<0.01$ が必ず成り立つか調べよ。

　例 5，練習 6 からわかるように，「x を a に近づけていくとき，$f(x)$ の
値が α に近づいていく」ということは

$|f(x)-\alpha|$ の値がいくらでも 0 に近い値になるように，$|x-a|$ の値を 0
に近い値にすることができる

という意味であると捉えることができる。

　したがって，関数の極限を数学的に定義するためには，$|x-a|$ と
$|f(x)-\alpha|$ の値に着目すればよい。

　例 5，練習 6 で考えた 0.1，0.01 は，$f(x)$ と α の差の値の範囲を与え
ているので，これを ε（イプシロン）で表し，$f(x)$ と α の誤差と呼ぶこと
にする。

　例 5，練習 6 と同じように考えると，誤差 ε が 0.001 のようにさらに小
さな正の数であっても，不等式 $|f(x)-\alpha|<\varepsilon$ を変形することで，
$|f(x)-\alpha|<\varepsilon$ が必ず成り立つような，x の値の範囲 $|x-a|<\delta$（δ（デル
タ）は正の実数）をみつけることができることがわかる。

　そこで，このようなことができるとき，$x \longrightarrow a$ のときの $f(x)$ の極限が α であると考えて，関数の極限を次のように定義する。

定義 1-2　関数の極限

任意の正の実数 ε に対して，ある正の実数 δ が存在して，$0<|x-a|<\delta$ を満たし，かつ，$f(x)$ の定義域に含まれるすべての x について $|f(x)-\alpha|<\varepsilon$ が成り立つとき，この値 α を，$x \longrightarrow a$ のときの関数 $f(x)$ の**極限**または**極限値**といい，次のように表す。

$$\lim_{x \to a} f(x) = \alpha \quad \text{または} \quad x \longrightarrow a \text{ のとき } f(x) \longrightarrow \alpha$$

また，このとき，$f(x)$ は $x \longrightarrow a$ で α に**収束する**という。

> **注意**　誤差を表すのに ε，δ を使ったが，これは数学における極限についての議論の慣例に従っただけで，他の文字を使っても構わない。

　定義 1-2 の「任意の正の実数 ε ……」における「任意の」とは，「どのような」「勝手な」という意味である（0章も参照）。

　上の定義に従って，$\lim_{x \to 1}(2x+1)=3$ であることを証明してみよう。

　それには，「任意の正の実数 ε に対して，ある正の実数 δ が存在して，$0<|x-1|<\delta$ であるすべての x について $|(2x+1)-3|<\varepsilon$ が成り立つ」ことを示せばよい。

> 証明　任意の正の実数 ε に対して，$\delta=\dfrac{\varepsilon}{2}$ とする。
>
> このとき，$0<|x-1|<\delta$ であるすべての x について
>
> $$|(2x+1)-3|=2|x-1|<2\delta=\varepsilon$$
>
> よって　$\lim_{x \to 1}(2x+1)=3$ ■

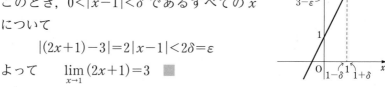

> **補足**　このように，関数の極限を正の実数 ε，δ などを用いて議論する方法を **$\varepsilon-\delta$ 論法**という。第7章では，関数の極限に関するいくつかの定理を，$\varepsilon-\delta$ 論法を用いて証明する。

例題 2 関数 $f(x)=\begin{cases} 2 & (x \geqq 1) \\ 0 & (x<1) \end{cases}$ は，$x \longrightarrow 1$ のとき，2 に収束しないことを示せ。

考え方▶ ある ε に対しては，どのような正の実数 δ をとっても，
$0<|x-1|<\delta$ かつ $|f(x)-2| \geqq \varepsilon$ を満たす x の値が存在することを示せばよい。

解答 $\varepsilon = 0.5$ とする。

任意の正の実数 δ に対し，$0<|x-1|<\delta$
を満たす x として，$0 \leqq x<1$ となるもの
が存在する。この x に対して

$$|f(x)-2|=|0-2| \geqq \varepsilon = 0.5$$

となる。
したがって，$x \longrightarrow 1$ のとき，$f(x)$ は 2 に収束しない。

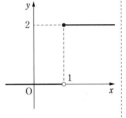

練習 7 例題 2 の $f(x)$ が，$x \longrightarrow 1$ のとき，0 に収束しないことを示せ。

B 関数の極限の性質

関数の極限について，次の定理が成り立つ（証明は，264 ページを参照）。

関数の極限の性質

$\lim\limits_{x \to a} f(x) = \alpha$，$\lim\limits_{x \to a} g(x) = \beta$ とする。

1. $\lim\limits_{x \to a} kf(x) = k\alpha$　ただし，k は定数

2. $\lim\limits_{x \to a} \{f(x)+g(x)\} = \alpha+\beta$，$\lim\limits_{x \to a} \{f(x)-g(x)\} = \alpha-\beta$

3. $\lim\limits_{x \to a} f(x)g(x) = \alpha\beta$

4. $\lim\limits_{x \to a} \dfrac{f(x)}{g(x)} = \dfrac{\alpha}{\beta}$　ただし，$\beta \neq 0$

注意 性質の 1. と 2. をまとめると
$$\lim\limits_{x \to a} \{kf(x)+lg(x)\} = k\alpha+l\beta \quad ただし，k，l は定数$$

極限の定義からわかるように，$x=a$ が関数 $f(x)$ の定義域に含まれていなくても，$x \longrightarrow a$ のときの極限が存在することがある。

例6 極限の存在

関数 $f(x)=\dfrac{x^2-1}{x-1}$ の定義域は

$\{x \mid x \neq 1\}$ であり，$x=1$ は定義域に含まれない。しかし，$x \neq 1$ では

$$f(x)=\frac{x^2-1}{x-1}=\frac{(x+1)(x-1)}{x-1}$$
$$=x+1$$

である。よって，$x \longrightarrow 1$ のとき，$f(x) \longrightarrow 2$ である。

合成関数の極限について，次の定理が成り立つ（証明は，266 ページを参照）。

合成関数の極限

関数 $f(x)$，$g(x)$ について，$\displaystyle\lim_{x \to a} f(x)=b$，$\displaystyle\lim_{x \to b} g(x)=\alpha$ とし，$g(x)$ は $x=b$ で連続[1] とする。ただし，a，b，α は実数である。このとき，$f(x)$ と $g(x)$ の合成関数 $(g \circ f)(x)$ について，
$\displaystyle\lim_{x \to a}(g \circ f)(x)=\alpha$ が成り立つ。

例7 合成関数の極限

$\displaystyle\lim_{x \to a} x=a$ であることと，関数の極限の性質の定理を使うと，x の多項式で表される関数について，例えば，次がわかる。

$$\lim_{x \to a} 2x=2a, \qquad \lim_{x \to a}(x+5)=a+5, \qquad \lim_{x \to a} x^3=a^3$$

練習8 次の極限値を求めよ。

(1) $\displaystyle\lim_{x \to 2}(x^2+5x-6)$ (2) $\displaystyle\lim_{x \to 2}\frac{x^3-8}{x-2}$ (3) $\displaystyle\lim_{x \to -1}\frac{2x^3+x^2+x+2}{x^2-1}$

---

1) 関数の連続性は，定義 1-4 ($p.41$) を参照。

一般に，48 ページ以降で扱う初等関数と呼ばれる関数については，
$x=a$ が関数 $f(x)$ の定義域内の値であれば，$\lim\limits_{x \to a} f(x)=f(a)$ が成り立つ。

練習 9　次の極限値を求めよ。

(1) $\lim\limits_{x \to 1} \dfrac{\log x}{e^x}$　　　　(2) $\lim\limits_{x \to \pi} \dfrac{\tan x}{\sin x}$　　　　(3) $\lim\limits_{x \to 0} \dfrac{x}{\sqrt{x+4}-2}$

次に，関数の大小関係と極限について考えてみよう。

ある区間 I 内の x の値について $f(x) \geqq 0$ が成り立っているとする。このとき，極限 $\lim\limits_{x \to a} f(x)=\alpha$ が存在するならば，$\alpha \geqq 0$ である。これを背理法で証明しよう。

$\alpha<0$ であると仮定して，$\varepsilon=-\alpha$ とする。$\lim\limits_{x \to a} f(x)=\alpha$ より，ある正の実数 δ が存在して，$0<|x-a|<\delta$ を満たす I 内のすべての x について $f(x)-\alpha<\varepsilon$ が成り立つ。このとき，$f(x)<0$ となる x が I 内に存在する。これは，$f(x) \geqq 0$ であることに矛盾する。したがって，$\alpha \geqq 0$ となることがわかる。

同様の議論から，一般に次の定理が成り立つ。

> **関数の大小関係と極限**
>
> 関数 $f(x)$ と $g(x)$ の定義域が開区間 I を含み，$a \in I$ である実数 a について，$\lim\limits_{x \to a} f(x)=\alpha$，$\lim\limits_{x \to a} g(x)=\beta$ とする。このとき，以下が成り立つ。
>
> (1) すべての $x \in I$ について $f(x) \leqq g(x)$ ならば $\alpha \leqq \beta$
>
> (2) 関数 $h(x)$ の定義域が開区間 I を含み，すべての $x \in I$ について $f(x) \leqq h(x) \leqq g(x)$ かつ $\alpha=\beta$ ならば $\lim\limits_{x \to a} h(x)=\alpha$

また，後で述べる片側極限や $x \longrightarrow \infty$ の場合などや，関数が発散する場合も，上の定理と同様なことが成り立つ。なお，(2) を「はさみうちの原理」ということがある。

注意　実数の集合 $\{x \mid a<x<b\}$，$\{x \mid a \leqq x \leqq b\}$ などを区間といい，それぞれ開区間 (a, b)，閉区間 $[a, b]$ と表す。

例題 3 極限 $\lim\limits_{x \to 0} x^2 \cos\dfrac{1}{x}$ を求めよ。

解答

$x \neq 0$ について，$-1 \leqq \cos\dfrac{1}{x} \leqq 1$ より $-x^2 \leqq x^2 \cos\dfrac{1}{x} \leqq x^2$

$\lim\limits_{x \to 0}(-x^2) = 0$，$\lim\limits_{x \to 0} x^2 = 0$ から，はさみうちの原理により

$$\lim_{x \to 0} x^2 \cos\frac{1}{x} = 0$$

練習 10 極限 $\lim\limits_{x \to 0} x \sin\dfrac{1}{x}$ を求めよ。

C 関数の発散

関数の極限が有限な値でない場合もある。

$x \longrightarrow a$ で関数 $f(x)$ がどんな値にも収束しないとき，**$f(x)$ は $x \longrightarrow a$ で発散する** という。特に，$x \longrightarrow a$ で $f(x)$ の値が限りなく大きくなるとき，$f(x)$ は $x \longrightarrow a$ で **正の無限大に発散する**，または **極限は∞** といい

$$\lim_{x \to a} f(x) = \infty \qquad \text{または} \qquad x \longrightarrow a \text{ のとき } f(x) \longrightarrow \infty$$

のように表す。また，$x \longrightarrow a$ で $f(x)$ の値が負で，その絶対値が限りなく大きくなるとき，$f(x)$ は $x \longrightarrow a$ で **負の無限大に発散する**，または **極限は $-\infty$** といい，次のように表す。

$$\lim_{x \to a} f(x) = -\infty \qquad \text{または} \qquad x \longrightarrow a \text{ のとき } f(x) \longrightarrow -\infty$$

補足 関数 $f(x)$ が $x \longrightarrow a$ で正の無限大に発散することを，厳密に定義すると
「任意の正の実数Mに対して，ある正の実数δが存在して，$0 < |x-a| < \delta$ を満たし，かつ $f(x)$ の定義域に含まれるすべてのxの値について，$f(x) > M$ が成り立つ」
となる。負の無限大に発散するときも同様である。

例 8 関数の発散

$$\lim_{x \to 0} \frac{1}{x^2} = \infty, \quad \lim_{x \to 1}\left\{-\frac{1}{(x-1)^2}\right\} = -\infty, \quad \lim_{x \to 0} \log|x| = -\infty$$

練習 11 次の極限を求めよ。

(1) $\lim\limits_{x \to 3} \dfrac{2}{(x-3)^2}$ (2) $\lim\limits_{x \to -1}\left\{-\dfrac{1}{(x+1)^2}\right\}$ (3) $\lim\limits_{x \to 0} \dfrac{e^x + e^{-x}}{|e^x - e^{-x}|}$

D　片側極限

　関数の値が有限な値に近づくとしても，近づき方によって値が定まらないこともある。ここではある種の近づき方に制限して極限を考えてみよう。

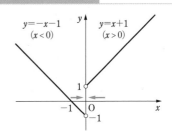

> | 例9　近づき方によって異なる極限の値が得られる関数
>
> $f(x)=\dfrac{x^2+x}{|x|}$ とする。
>
> $x<0$ のとき　　$f(x)=\dfrac{x^2+x}{-x}=-x-1$
>
> $x<0$ で x が限りなく 0 に近づくとき，$f(x)$ は -1 に限りなく近づく。
>
> $x>0$ のとき　　$f(x)=\dfrac{x^2+x}{x}=x+1$
>
> $x>0$ で x が限りなく 0 に近づくとき，$f(x)$ は 1 に限りなく近づく。

　例9のように，関数によっては，近づき方によって異なる極限の値が得られる場合がある。そこで，次の定義を考える。

定義 1-3　片側極限

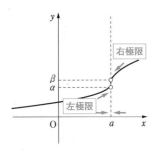

関数 $f(x)$ の定義域において，$\underline{x<a}$ を満たしながら x を a に限りなく近づけるとする。その近づけ方によらず，$f(x)$ の値がある一定の値 α に限りなく近づくならば，α を x が a に近づくときの $f(x)$ の **左側極限**，または **左極限** といい，次のように表す。

$$\lim_{x\to a-0} f(x)=\alpha \quad または \quad x \longrightarrow a-0 \text{ のとき } f(x) \longrightarrow \alpha$$

$\underline{x>a}$ の範囲で x が a に近づくときの **右側極限**，または **右極限** も同様に定義され，その極限が β のとき，次のように表す。

$$\lim_{x\to a+0} f(x)=\beta \quad または \quad x \longrightarrow a+0 \text{ のとき } f(x) \longrightarrow \beta$$

右側極限と左側極限を，**片側極限** ということもある。

注意 $a=0$ のとき，$x \longrightarrow a+0$，$x \longrightarrow a-0$ をそれぞれ $x \longrightarrow +0$，$x \longrightarrow -0$ と書く。

極限 $\displaystyle\lim_{x \to a+0} f(x)$ と極限 $\displaystyle\lim_{x \to a-0} f(x)$ が，ともに有限確定な値として得られても，それらが一致しないこともある。その場合，$x \longrightarrow a$ のときの $f(x)$ の極限は存在しない。

例えば，例 9 の関数 $f(x) = \dfrac{x^2+x}{|x|}$ については次のようになる。

例 10 $f(x) = \dfrac{x^2+x}{|x|}$ の片側極限

$$\lim_{x \to -0} f(x) = \lim_{x \to -0} \frac{x^2+x}{-x} = \lim_{x \to -0} (-x-1) = -1$$

$$\lim_{x \to +0} f(x) = \lim_{x \to +0} \frac{x^2+x}{x} = \lim_{x \to +0} (x+1) = 1$$

したがって，$\displaystyle\lim_{x \to -0} f(x) \neq \lim_{x \to +0} f(x)$ であるから，$x \longrightarrow 0$ のときの関数 $f(x)$ の極限は存在しない。

関数の極限と片側極限が存在するとき，次の定理が成り立つ（証明は，267 ページを参照）。

関数の極限と片側極限

関数 $f(x)$ について，次が成り立つ。
$$\lim_{x \to a-0} f(x) = \lim_{x \to a+0} f(x) = \alpha \iff \lim_{x \to a} f(x) = \alpha$$

注意 上記の $\iff$ は同値であることを示す。すなわち
$$\lim_{x \to a-0} f(x) = \lim_{x \to a+0} f(x) = \alpha \quad \text{ならば} \quad \lim_{x \to a} f(x) = \alpha$$
$$\lim_{x \to a} f(x) = \alpha \quad \text{ならば} \quad \lim_{x \to a-0} f(x) = \lim_{x \to a+0} f(x) = \alpha$$
が成り立つことを示している。

練習 12 関数 $f(x) = \dfrac{|x|}{x}$ について，$x \longrightarrow +0$ と $x \longrightarrow -0$ の片側極限を調べ，$\displaystyle\lim_{x \to 0} f(x)$ が存在するか答えよ。

関数 $f(x)$ について，$x \longrightarrow a-0$，$x \longrightarrow a+0$ の場合，正の無限大，または負の無限大に発散することも，同様に定義される。

例えば，$x \longrightarrow a-0$ で $f(x)$ の値が限りなく大きくなるとき，$\lim_{x \to a-0} f(x) = \infty$ であり，$x \longrightarrow a-0$ で $f(x)$ の値が負で，その絶対値が限りなく大きくなるとき，$\lim_{x \to a-0} f(x) = -\infty$ である。

例 11　片側極限と関数の発散

$x \neq 0$ で定義された関数 $f(x) = \dfrac{1}{x}$ について，次が成り立つ。

$$\lim_{x \to -0} \frac{1}{x} = -\infty$$

$$\lim_{x \to +0} \frac{1}{x} = \infty$$

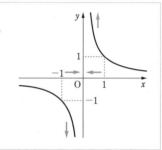

E　$x \longrightarrow \infty$ および $x \longrightarrow -\infty$ のときの極限

関数 $f(x)$ について，その定義域内で x が限りなく大きくなるときでも，$f(x)$ の値が一定の値に近づくことがある。

例 12　$x \longrightarrow \infty$，$x \longrightarrow -\infty$ のときの極限

関数 $f(x) = \dfrac{1}{x}$ の定義域は $\{x \mid x \neq 0\}$ であり，x の値が限りなく大きくなるとき，$f(x)$ の値は限りなく 0 に近づく。また，$x < 0$ で，その絶対値が限りなく大きくなるときも，$f(x)$ の値は限りなく 0 に近づく。

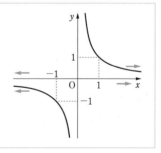

関数 $f(x)$ の定義域において，x が限りなく大きくなるとき，$f(x)$ の値が一定の値 α に近づくならば，この α を **$x \longrightarrow \infty$ のときの $f(x)$ の極限または極限値** といい，次のように表す。

$$\lim_{x\to\infty} f(x) = \alpha \qquad \text{または} \qquad x \longrightarrow \infty \text{ のとき } f(x) \longrightarrow \alpha$$

また，$f(x)$ は $x \longrightarrow \infty$ で α に **収束する** ともいう。

　関数 $f(x)$ の定義域において，$x < 0$ で，その絶対値が限りなく大きくなるとき，$f(x)$ の値が一定の値 β に近づくならば，この β を $\boldsymbol{x \longrightarrow -\infty}$ **のときの** $\boldsymbol{f(x)}$ **の極限または極限値** といい，次のように表す。

$$\lim_{x\to-\infty} f(x) = \beta \qquad \text{または} \qquad x \longrightarrow -\infty \text{ のとき } f(x) \longrightarrow \beta$$

また，$f(x)$ は $x \longrightarrow -\infty$ で β に **収束する** ともいう。

　関数 $f(x)$ が $x \longrightarrow \infty$ で α に収束することを，厳密に定義すると次のようになる。

「任意の正の実数 ε に対して，ある正の実数 M が存在して，$x > M$ を満たし，かつ $f(x)$ の定義域に含まれるすべての x の値について，
$|f(x) - \alpha| < \varepsilon$ が成り立つ」

　関数 $f(x)$ が $x \longrightarrow -\infty$ で β に収束する場合の定義も同様である。

　例えば，関数 $f(x) = \dfrac{1}{x}$ は $x \longrightarrow \infty$ で 0 に収束する。このことを，上の定義に従って示してみよう。

[証明]　任意の正の実数 ε に対して，$M = \dfrac{1}{\varepsilon}$ となる正の実数 M を定める。

　　　　このとき，$x > M$ である $f(x)$ の定義域内のすべての x の値に対して

$$\frac{1}{x} < \frac{1}{M} \qquad \text{ゆえに} \qquad \left|\frac{1}{x} - 0\right| = \left|\frac{1}{x}\right| < \frac{1}{M} = \varepsilon$$

　　　　よって，$f(x)$ は $x \longrightarrow \infty$ で 0 に収束する。　■

練習 13　関数 $f(x)$ が $x \longrightarrow -\infty$ で β に収束することを，上で示したような関数の極限の定義に従って述べよ。また，その定義に従って，$x \longrightarrow -\infty$ で $f(x) = e^x$ が 0 に収束することを証明せよ。

　$x \longrightarrow \infty$ や $x \longrightarrow -\infty$ のとき，関数 $f(x)$ が正の無限大に発散すること（極限が ∞ である）や，負の無限大に発散すること（極限が $-\infty$ である）も同様に定義する。

例13 $x \longrightarrow \infty$, $x \longrightarrow -\infty$ のときの極限

$$\lim_{x \to \infty} x^2 = \infty, \qquad \lim_{x \to -\infty} x^2 = \infty, \qquad \lim_{x \to \infty} x^3 = \infty, \qquad \lim_{x \to -\infty} x^3 = -\infty$$

$$\lim_{x \to \infty} \log|x| = \infty, \qquad \lim_{x \to -\infty} \log|x| = \infty$$

例題 4 次の極限値を求めよ。

(1) $\displaystyle \lim_{x \to -\infty} (\sqrt{x^2 - 2x} + x)$

(2) $\displaystyle \lim_{x \to \infty} \frac{\sin x}{x}$

解答 (1) $x = -t$ とおくと，$x \longrightarrow -\infty$ のとき $t \longrightarrow \infty$ であるから

$$\begin{aligned}
\lim_{x \to -\infty} (\sqrt{x^2 - 2x} + x) &= \lim_{t \to \infty} (\sqrt{t^2 + 2t} - t) \\
&= \lim_{t \to \infty} \frac{(\sqrt{t^2 + 2t} - t)(\sqrt{t^2 + 2t} + t)}{\sqrt{t^2 + 2t} + t} \\
&= \lim_{t \to \infty} \frac{(t^2 + 2t) - t^2}{\sqrt{t^2 + 2t} + t} \\
&= \lim_{t \to \infty} \frac{2t}{\sqrt{t^2 + 2t} + t} \\
&= \lim_{t \to \infty} \frac{2}{\sqrt{1 + \dfrac{2}{t}} + 1} \\
&= \frac{2}{1 + 1} = 1
\end{aligned}$$

(2) すべての実数 x に対して $-1 \leqq \sin x \leqq 1$

よって，$x > 0$ のとき $-\dfrac{1}{x} \leqq \dfrac{\sin x}{x} \leqq \dfrac{1}{x}$

$x \longrightarrow \infty$ のとき $-\dfrac{1}{x} \longrightarrow 0$，$\dfrac{1}{x} \longrightarrow 0$ であるから，

はさみうちの原理により $\displaystyle \lim_{x \to \infty} \frac{\sin x}{x} = 0$

練習 14 次の関数の $x \longrightarrow \infty$ および $x \longrightarrow -\infty$ のときの極限を求めよ。

(1) $\dfrac{2|x| - 1}{4x + 3}$

(2) $\dfrac{\sqrt{1 + x^2} - 1}{2x}$

(3) $\dfrac{|\cos x|}{e^x}$

第3節 関数の連続性

　微分積分学で学ぶ主な対象は関数であり，その性質の中で，最も基本的なものの1つが関数の連続性である。ここでは，関数が連続であること（連続性）を定義し，連続関数の性質を調べてみよう。

A 連続性とは

　定義域が $x=a$ を含む関数 $f(x)$ を考えよう。関数 $f(x)$ が $x=a$ で連続であるとは，直感的には，$x=a$ で関数 $f(x)$ のグラフが切れ目のない曲線になっている，つまり，$x=a$ でその曲線（グラフ）がつながっていることと思える。

例14 関数のグラフと連続性

関数 $f(x)=\dfrac{1}{x}$ のグラフは右図のようになる。

定義域は $\{x \mid x \neq 0\}$ であり，定義域内の $x=a$ で，グラフは切れ目のない曲線になっている。

$x=0$ は定義域に含まれていないので，$x=0$ で関数 $f(x)$ が連続かどうかは考えない。

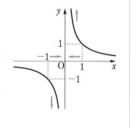

　ここで，$x=a$ で曲線（グラフ）がつながっているということを，図による直感的な理解ではなく，数学的に厳密に考えると，次のように解釈できる。

　　　　x が a に左から近づいたときの関数 $f(x)$ の極限（左側極限）と，
　　　　x が a に右から近づいたときの関数 $f(x)$ の極限（右側極限）と，
　　　　$x=a$ のときの関数 $f(x)$ の値 $f(a)$ がすべて一致する

　このことから，関数 $f(x)$ が $x=a$ で連続であることを次のように定義する。

定義 1-4　関数の連続性

関数 $f(x)$ について，その定義域が $x=a$ を含むとき，**$f(x)$ が $x=a$ で連続である** とは，極限値 $\lim_{x \to a} f(x)$ が存在し，かつ，$\lim_{x \to a} f(x) = f(a)$ が成り立つことである。

　関数 $f(x)$ の定義域が区間 I を含むとする。I 内の任意の a について，$f(x)$ が $x=a$ で連続であるとき，$f(x)$ は区間 I 上で連続であるという。

　さらに，定義域内のすべての x の値で連続である関数を **連続関数** という。

補足　高等学校で学んだ多項式で表された関数，および三角関数，指数関数，対数関数など，次節で学ぶ関数は，すべて連続関数である。

例 15　関数の連続性

(1)　関数 $f(x) = \begin{cases} 0 & (x < 0) \\ 1 & (x \geq 0) \end{cases}$ は，$x \longrightarrow 0$ での極限値 $\lim_{x \to 0} f(x)$ が存在しないので，$x=0$ で連続でない。

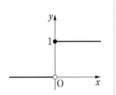

(2)　関数 $f(x) = \begin{cases} |x| & (x \neq 0) \\ -1 & (x = 0) \end{cases}$ は，$x \longrightarrow 0$ での極限値 $\lim_{x \to 0} f(x)$ が存在するが，その極限値は 0 で，$f(0) = -1$ と一致しないので，$x=0$ で連続でない。

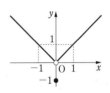

練習 15　次の関数 $f(x)$ が $x=0$ で連続であるかどうかを調べよ。

(1)　$f(x) = \begin{cases} \dfrac{x}{|x|} & (x \neq 0) \\ 1 & (x = 0) \end{cases}$ 　　　　(2)　$f(x) = \sqrt{x+1} \quad (x \geq -1)$

(3)　$f(x) = [-|x|]$ （$[\ \ ]$ はガウス記号）

B　関数の演算と連続性

連続関数の四則演算（加法，減法，乗法，除法）で得られる関数や，合成関数として得られる関数の連続性を調べてみよう。

例えば，$x=a$ においてともに連続である関数 $f(x)$ と $g(x)$ について，関数 $f(x)+g(x)$ を考える。$f(x)$ と $g(x)$ は $x=a$ でともに連続なので

$$\lim_{x \to a} f(x) = f(a), \ \lim_{x \to a} g(x) = g(a)$$

となる。

このとき，関数の極限の性質（31 ページ）より

$$\lim_{x \to a} \{f(x)+g(x)\} = \lim_{x \to a} f(x) + \lim_{x \to a} g(x)$$
$$= f(a) + g(a)$$

が成り立ち，これは関数 $f(x)+g(x)$ が $x=a$ で連続であることを示している。

同様にして，次の定理が成り立つことがわかる。

関数の四則演算と連続性の定理

関数 $f(x)$ と $g(x)$ が $x=a$ でともに連続であるならば，次の関数も $x=a$ で連続である。ただし，k, l は定数であり，$\dfrac{f(x)}{g(x)}$ においては $g(a) \neq 0$ とする。

　(1)　$kf(x)+lg(x)$　　(2)　$f(x)g(x)$　　(3)　$\dfrac{f(x)}{g(x)}$

証明　(1) を証明する。$f(x)$ と $g(x)$ は $x=a$ で連続なので，

$\displaystyle\lim_{x \to a} f(x) = f(a)$ と $\displaystyle\lim_{x \to a} g(x) = g(a)$ が成り立つ。

$kf(x)+lg(x)=h(x)$ とおくと，関数の極限の性質 1, 2 より

$$\lim_{x \to a} \{kf(x)+lg(x)\} = kf(a)+lg(a)$$
$$= h(a)$$

よって，$h(x)=kf(x)+lg(x)$ は $x=a$ で連続である。

(2), (3) も同様に，関数の極限の性質 3, 4 を用いて示される。　■

例16 連続であるための条件

関数 $f(x)=\begin{cases} \dfrac{x^2+a}{x-1} & (x\neq1) \\ 2 & (x=1) \end{cases}$ が $x=1$ で連続であるための必要十分条

件を求めてみよう。

$\lim\limits_{x\to1}(x-1)=0$ であるから，$\lim\limits_{x\to1}(x^2+a)=0$，すなわち $1+a=0$ から

$a=-1$ となることが必要である。

$a=-1$ のとき

$$\lim_{x\to1}\frac{x^2-1}{x-1}=\lim_{x\to1}(x+1)=2$$

となり，$\lim\limits_{x\to1}f(x)=f(1)$ が成り立つから，$f(x)$ は $x=1$ で連続であ

る。

よって，求める必要十分条件は　　$a=-1$

練習16　次の関数 $f(x)$ が $x=2$ で連続であるための必要十分条件を求めよ。

(1)　$f(x)=\begin{cases} x^2-ax+10 & (x\geqq2) \\ x^3+(1-a)x^2 & (x<2) \end{cases}$　　(2)　$f(x)=\begin{cases} \dfrac{x^2+a}{x-2} & (x\neq2) \\ 4 & (x=2) \end{cases}$

次に合成関数の連続性を考える。

合成関数の極限の定理（32 ページ）を使って，前ページと同様の議論を
すると，次の定理が成り立つことがわかる。

合成関数の連続性の定理

関数 $f(x)$ の定義域が $x=a$ を含むとする。さらに，$f(a)=b$ とし，
関数 $g(x)$ の定義域が $x=b$ を含むとする。
このとき，$f(x)$ が $x=a$ で連続であり，$g(x)$ が $x=b$ で連続であ
るならば，その合成関数 $(g\circ f)(x)$ は $x=a$ で連続である。

練習17　上の合成関数の連続性の定理を証明せよ。

例題 5 関数 $f(x)=x+4$ と $g(x)=\sqrt{x}$ との合成関数
$(g\circ f)(x)=\sqrt{x+4}$ が $x=a$ で連続となるような，定数 a の値の範囲を求めよ。

解答 関数 $f(x)$ は，任意の実数 a について $x=a$ で連続である。
また，関数 $g(x)$ は，その定義域 $\{x\,|\,x\geqq 0\}$ に含まれる任意の実数 a について $x=a$ で連続である。
よって，関数 $(g\circ f)(x)$ が $x=a$ で連続となるためには，
$f(a)=a+4$ が関数 $g(x)$ の定義域に含まれていればよい。
ゆえに　　$f(a)=a+4\geqq 0$
したがって，求める a の値の範囲は $a\geqq -4$ である。

練習 18 関数 $y=\log(x-6)$ が $x=a$ で連続となるような定数 a の値の範囲を求めよ。

C　連続関数の性質

　関数 $f(x)$ が閉区間 $[a,\ b]$ で連続であるとき，そのグラフはこの区間で切れ目なくつながっている。特に，$f(a)\neq f(b)$ ならば，$f(a)$ と $f(b)$ の間の任意の値 k に対して，直線 $y=k$ と曲線 $y=f(x)$ は，$a<x<b$ の範囲で共有点を少なくとも1つもつ。

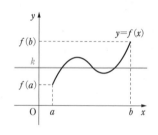

　このことを数学的に厳密に表現したのが，次の定理である。

中間値の定理

　関数 $f(x)$ が閉区間 $[a,\ b]$ $(a<b)$ 上で連続で，$f(a)\neq f(b)$ ならば，$f(a)$ と $f(b)$ の間の任意の値 k に対して
$$f(c)=k,\qquad a<c<b$$
を満たす実数 c が少なくとも1つ存在する。

　中間値の定理の証明には，実数とは何かといった実数の本質的な性質まで遡る必要があるため，本書では省略する[1]。

　中間値の定理において，特に，$f(a)$ と $f(b)$ が異符号の場合，$f(c)=0$ かつ $a<c<b$ を満たす x の値 c が存在することがわかる。

　このことから，中間値の定理の系として次が得られる。

中間値の定理の系

関数 $f(x)$ が閉区間 $[a,\ b]$ $(a<b)$ 上で連続で，$f(a)$ と $f(b)$ の符号が異なれば，$f(x)=0$ で定まる方程式は $a<x<b$ の範囲に少なくとも 1 つの実数解をもつ。

例 17　中間値の定理と方程式の実数解

関数 $f(x)=x^4+x-1$ は連続関数であり，
$f(0)=-1$，$f(1)=1$ である。
よって，方程式 $x^4+x-1=0$ は $0<x<1$ の
範囲に少なくとも 1 つの実数解をもつ。

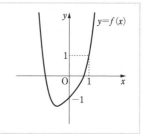

練習 19　方程式 $-x^5+x^2+7=0$ は，$0<x<2$ の範囲において少なくとも 1 つの実数解をもつことを示せ。

　連続関数がもつ，もう 1 つの重要な性質を表すのが，次の定理である。

最大値・最小値原理

閉区間 $[a,\ b]$ $(a<b)$ 上で連続な関数 $f(x)$ は，その区間で最大値，および最小値をもつ。つまり，ある実数 $M\in[a,\ b]$ が存在して，$a<x<b$ を満たすすべての x の値について $f(x)\leqq f(M)$ が成り立つ。また，ある実数 $m\in[a,\ b]$ が存在して，$a<x<b$ を満たすすべての x の値について $f(m)\leqq f(x)$ が成り立つ。

---

1) 証明について興味のある読者は，『数研講座シリーズ　大学教養　微分積分』を参照のこと。

最大値・最小値原理の証明も，実数とは何かといった実数の本質的な性質まで遡る必要があるため本書では省略する。

例18　連続関数と最大値・最小値

関数 $f(x) = \dfrac{1}{x}$ は，その定義域 $\{x \mid x \neq 0\}$ 内のすべての x の値において連続である。

閉区間 $[1, 3]$ は，その定義域に含まれるので，$f(x)$ は $[1, 3]$ 上で連続である。

この区間において，$f(x)$ は $x=1$ で最大値 1，

$x=3$ で最小値 $\dfrac{1}{3}$ をとる。

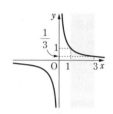

閉区間 $[-1, 1]$ は，$x=0$ を含むから $f(x)$ の定義域には含まれない。

$f(x)$ は $[-1, 1]$ 上で最大値も最小値ももたない。

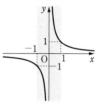

開区間 $(0, 1)$ は $f(x)$ の定義域に含まれるので，$f(x)$ は $(0, 1)$ 上で連続である。

しかし，$f(x)$ は $(0, 1)$ 上で最大値も最小値ももたない。

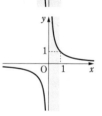

練習20　次の区間における関数 $f(x) = \tan x$ の最大値，および最小値について調べよ。

(1) $\left[\dfrac{\pi}{6}, \dfrac{\pi}{4}\right]$　　　　(2) $\left[0, \dfrac{3}{4}\pi\right]$　　　　(3) $\left(\dfrac{\pi}{6}, \dfrac{\pi}{2}\right)$

研究　関数の連続性と数列の極限

関数 $f(x)$ について，$\lim\limits_{x \to a} f(x) = \alpha$ であるとする。

このとき，$f(x)$ の定義域内の $\lim\limits_{n \to \infty} a_n = a$ を満たす任意の数列 $\{a_n\}$ について $\lim\limits_{n \to \infty} f(a_n) = \alpha$ となることを示してみよう。

数列 $\{a_n\}$ が a に収束することは以下のように定義される。

「任意の正の実数 ε に対して，ある自然数 N が存在して，
$n \geqq N$ であるすべての自然数 n について $|a_n - a| < \varepsilon$ が成り立つ」

また，仮定は

「任意の正の実数 ε に対して，ある正の実数 δ が存在して，$0 < |x - a| < \delta$ を満たし，かつ，$f(x)$ の定義域内のすべての x について $|f(x) - \alpha| < \varepsilon$ が成り立つ」

ことと

「任意の正の実数 ε に対して，ある自然数 N が存在して，$n \geqq N$ であるすべての自然数 n について $|a_n - a| < \varepsilon$ が成り立つ」

ことである。これらの仮定を組み合わせることで証明することができる。

証明　関数 $f(x)$ について，仮定である $\lim\limits_{x \to a} f(x) = \alpha$ から，任意の正の実数 ε に対して，ある正の実数 δ が存在して，$f(x)$ の定義域内の $0 < |x - a| < \delta$ であるすべての x について，次が成り立つ。
$$|f(x) - \alpha| < \varepsilon$$
仮定である $\lim\limits_{n \to \infty} a_n = a$ から，上で定めた δ に対し，ある自然数 N が存在して，$n \geqq N$ であるすべての自然数 n について，次が成り立つ。
$$|a_n - a| < \delta$$
このとき，$n \geqq N$ であるすべての自然数 n について $|f(a_n) - \alpha| < \varepsilon$ が成り立つ。

よって　　$\lim\limits_{n \to \infty} f(a_n) = \alpha$　■

実は，この逆も成立し，同値であることが知られている。

第4節　初等関数

　ここでは，初等関数と呼ばれている関数について学ぼう。高等学校までで学んだ多項式で表された関数，有理関数，無理関数と三角関数，指数関数，対数関数に，ここで初めて学ぶ逆三角関数（これらの関数を合成した関数も合わせて）を初等関数という（双曲線関数は初等関数の仲間である）。

A　代数的に定まる関数

　変数 x の多項式で表される関数のことを，一般に **多項式関数**[1] という。多項式関数の次数とは，それを表す多項式の次数のことであり，次数が1の多項式関数を1次関数，次数が2の多項式関数を2次関数などという。

練習 21　次の多項式関数の次数を答えよ。

(1)　$f(x)=4x^5+x^3-5$ 　　　　(2)　$f(x)=1+6x-8x^2+3x^4$

　任意の実数 a に対して，定数関数 $f(x)=c$（c は定数）と関数 $f(x)=x$ が $x=a$ で連続であることから，関数の四則演算と連続性の定理（42ページ）より，すべての多項式関数は $x=a$ で連続であることがわかる。

　高等学校では，$y=\dfrac{2}{x+3}+4$ などの分数関数につ

いて学んでいる。

　より一般に，x を変数とする2つの多項式 $f(x)$ と $g(x)$ の分数の形で表された関数 $h(x)=\dfrac{f(x)}{g(x)}$ を x についての **有理関数** という。ただし，分母の $g(x)$ は定数関数 $g(x)=0$ ではないとする。

　有理関数 $h(x)=\dfrac{f(x)}{g(x)}$ の定義域は $\{x \mid g(x)\neq 0\}$ となる。この定義域内の任意の実数 a に対して，有理関数 $h(x)$ は $x=a$ で連続である。

---

1) 本書で扱う多項式関数は，すべて係数が実数であるものとする。

練習 22 次の有理関数の定義域を答えよ。

(1) $f(x) = \dfrac{1+6x}{8x^2+3x^4}$　　　　(2) $f(x) = \dfrac{x^5}{x^3-5}$

補足 有理関数の定義において，分母の関数が定数関数 $g(x)=1$ の場合，$h(x)=f(x)$ となるので，多項式関数は有理関数の特別な場合である。

　高等学校では $y=\sqrt{x}$ などの根号を使って表される無理関数についても学んでいる。この無理関数をより一般化して，多項式関数，有理関数までを含むように拡張した関数がある。

　例えば，有理関数 $h(x) = \dfrac{f(x)}{g(x)}$ を変形すると

$$g(x)h(x) - f(x) = 0$$

となり，$h(x)$ は $g(x)$，$f(x)$ を係数としてもつXの１次方程式 $g(x) \cdot X - f(x) = 0$ の解として表される。

　また，無理関数 $f(x)=\sqrt{x}$ は，多項式関数や有理関数にはならないが，$\{f(x)\}^2 - x = 0$ を満たすので，Xの２次方程式 $X^2 - x = 0$ の解として表される。

　このように，多項式 $g_0(x)$，$g_1(x)$，……，$g_n(x)$ を係数としてもつXの方程式　　$g_n(x)X^n + \cdots\cdots + g_1(x)X + g_0(x) = 0$
の解 $X=f(x)$ として表される関数 $f(x)$ を **代数関数** という。

例 19　代数関数

関数 $f(x)=\sqrt[3]{x}$ は $\{f(x)\}^3 - x = 0$ を満たすので代数関数である。
関数 $f(x) = -x + \sqrt{x^2+1}$ は $\{f(x)\}^2 + 2xf(x) - 1 = 0$ を満たすので代数関数で

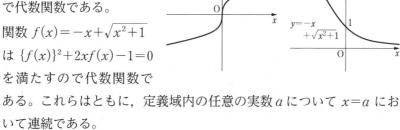

ある。これらはともに，定義域内の任意の実数 a について $x=a$ において連続である。

練習 23 関数 $f(x)=x-\sqrt{x+1}$ が代数関数であることを示せ。

補足 代数関数がすべて多項式や根号を使って表されるとは限らない。

例えば，方程式 $\{f(x)\}^5+\{f(x)\}^4+x=0$ を満たす関数 $f(x)$ は代数関数であるが，根号などを使って表せないことが知られている。

B 指数関数・対数関数

正の実数 a に対して，$f(x)=a^x$ の式で表される関数を指数関数という。特に，$a=1$ の場合は定数関数 $f(x)=1$ になる。高等学校で学んだように，実数 x について a の x 乗の値は a の有理数乗の極限として定義される。このことより，指数関数 $f(x)=a^x$ が連続関数になることが導かれる（47ページの関数の連続性と数列の極限の研究も参照）。

指数関数の定義域は実数全体であり，値域は $\{y \mid y>0\}$（$0<a<1$，$1<a$），または $\{y \mid y=1\}$（$a=1$）である。

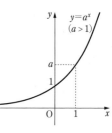

また，指数関数は，$a>1$ のときに増加し，$0<a<1$ のときに減少する（このように単調に増加または減少する関数のことを狭義単調関数という。狭義単調関数については，0章も参照）。

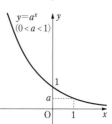

練習 24 次の関数のグラフをかけ。

(1) $f(x)=-2^{x+1}$ (2) $f(x)=\left(\dfrac{1}{3}\right)^x+2$

一般に，狭義単調関数について，次の定理が成り立つ。

狭義単調連続関数の逆関数

連続な狭義単調関数 $f(x)$ は連続な逆関数 $f^{-1}(x)$ をもつ。さらに，$f(x)$ が増加関数ならば $f^{-1}(x)$ も増加関数であり，$f(x)$ が減少関数ならば $f^{-1}(x)$ も減少関数である。

前ページの定理の証明は 268 ページを参照。

　指数関数 $f(x)=a^x$ は $0<a<1$，$1<a$ のとき，狭義単調関数であるから，前ページの定理により逆関数が存在する。この逆関数を $f(x)=\log_a x$ と書き，**a を底とする対数関数** と定義する。逆関数の定義により，$y=\log_a x$ に対して $x=a^y$ が成り立つ。

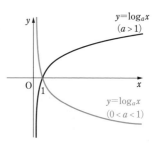

　指数関数が連続であるので，対数関数も前ページの定理により連続関数である。

　その定義域は $\{x \mid x>0\}$ であり，値域は実数全体である。また対数関数は，$a>1$ のとき狭義単調増加関数であり，$0<a<1$ のとき狭義単調減少関数になる。

練習 25　次の関数のグラフをかけ。

(1)　$f(x)=-\log_2(x+1)$　　　　(2)　$f(x)=\log_{\frac{1}{3}} x+2$

　指数関数・対数関数の性質を調べるとき，非常に重要な役割を果たすのが自然対数の底（または，ネイピアの定数（詳しくは 261 ページを参照））である。通常，この定数は e で表され，次の極限の値として定義される。

定義 1-5　ネイピアの定数

$$e=\lim_{k\to 0}(1+k)^{\frac{1}{k}}=\lim_{x\to\infty}\left(1+\frac{1}{x}\right)^x=\lim_{x\to -\infty}\left(1+\frac{1}{x}\right)^x$$

　この e は無理数（つまり，分子・分母が整数である分数の形には表せない実数）であることが知られている。その値は次のようになる。

$$e=2.718281828459045\cdots\cdots$$

e を底とする対数 $\log_e x$ を **自然対数** といい，$\log_e x$ の e を省略して $\log x$ と書くことが多い[2]。

---

2) 化学や物理などの分野では，10 を底とする対数 $\log_{10} x$ を用いることが多い。これを常用対数といい，$\log x$ で表すこともある。その場合，区別のため，$\log_e x$ を $\ln x$ と表す。

例題 6 次の極限値を求めよ。

(1) $\displaystyle\lim_{x\to0}\frac{\log(1+x)}{x}$　　　　(2) $\displaystyle\lim_{x\to0}\frac{e^x-1}{x}$

解答

(1) $\displaystyle\lim_{x\to0}\frac{\log(1+x)}{x}=\lim_{x\to0}\frac{1}{x}\log(1+x)$

$\displaystyle\qquad\qquad\qquad=\lim_{x\to0}\log(1+x)^{\frac{1}{x}}=\log e=1$

(2) $t=e^x-1$ とおくと，$x=\log(1+t)$ で，$x\longrightarrow0$ のとき，$t\longrightarrow0$ であり

$\displaystyle\lim_{x\to0}\frac{e^x-1}{x}=\lim_{t\to0}\frac{t}{\log(1+t)}=\lim_{t\to0}\frac{1}{\dfrac{1}{t}\log(1+t)}$

$\displaystyle\qquad\qquad=\lim_{t\to0}\frac{1}{\log(1+t)^{\frac{1}{t}}}=\frac{1}{\log e}=1$

練習 26 次の極限値を求めよ。

(1) $\displaystyle\lim_{x\to0}\frac{\log(1+2x)}{x+\log(1+x)}$　　　　(2) $\displaystyle\lim_{x\to0}\frac{e^x-e^{-x}}{x}$

C 三角関数・逆三角関数

　座標平面上の単位円と動径（原点Oを始点とする半直線）との交点Pを考える。点 $A(1, 0)$ に対して，$\angle AOP$ の大きさは，弧度法を用いると，弧 $\overset{\frown}{AP}$ の長さとして定義される。

　ただし，長さ[3] は反時計回りを正として，符号付きで測ることにする。このとき，$\angle AOP=\theta$ とすると，点Pの x 座標，y 座標，動径 OP の傾き $\dfrac{y}{x}$ は θ だけで決まる。

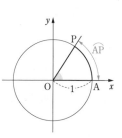

[3] 曲線の長さは第4章の4節　積分法の応用で詳しく説明する。

そこで，θ の値（実数）を 1 つに定めたとき，それ
に P の x 座標を対応させる関数を $\cos\theta$ と表して **余
弦関数** と定義する。

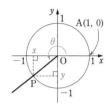

同様に，θ に対して P の y 座標を対応させる関数を
$\sin\theta$ と表して **正弦関数**，θ に対して動径 OP の傾き

$\dfrac{y}{x}$ を対応させる関数を $\tan\theta$ と表して **正接関数** と定義する。

これらの 3 つの関数を総称して **三角関数** という。

練習 **27** 　次の実数 θ に対して，三角関数 $\sin\theta$, $\cos\theta$, $\tan\theta$ の値を求めよ。

(1) $\theta = \dfrac{11}{6}\pi$ 　　　　(2) $\theta = \dfrac{7}{8}\pi$ 　　　　(3) $\theta = -\dfrac{7}{12}\pi$

正弦関数 $\sin x$，余弦関数 $\cos x$ は，どちらも実数全体 R を定義域とす
る連続関数である。また，正接関数 $\tan x$ は $\left\{ x \;\middle|\; x \neq \dfrac{\pi}{2} + n\pi \,(n \text{ は整数}) \right\}$
を定義域とする連続関数である。

単位円の円周の長さが 2π であることから，定義により，$\sin x$ と $\cos x$
は，2π を周期とする周期関数である。つまり，任意の整数 n について，
次が成り立つ。

$$\sin(x + 2n\pi) = \sin x, \qquad \cos(x + 2n\pi) = \cos x$$

また，$\tan x$ は π を周期とする周期関数である。つまり，任意の整数 n に
ついて，次が成り立つ。

$$\tan(x + n\pi) = \tan x$$

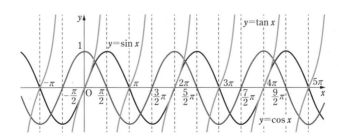

三角関数の極限については，高等学校でも学んだように，次の定理が重要である。

正弦関数の極限の定理

$$\lim_{x \to 0} \frac{\sin x}{x} = 1$$

高等学校では，この定理を，右のような図を用いて説明した。図によらない，数学的に厳密な証明の一例は，270 ページを参照。

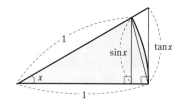

補足 $\lim_{x \to 0} \dfrac{x}{\sin x} = 1$ もまた成り立つ。

例題 7 $\lim_{x \to \frac{\pi}{2}} \dfrac{\cos x}{2x - \pi}$ を求めよ。

解答

$x - \dfrac{\pi}{2} = t$ とおくと，$x \longrightarrow \dfrac{\pi}{2}$ のとき $t \longrightarrow 0$

また $\cos x = \cos\left(\dfrac{\pi}{2} + t\right) = -\sin t, \ 2x - \pi = 2t$

よって，求める極限値は

$$\lim_{x \to \frac{\pi}{2}} \frac{\cos x}{2x - \pi} = \lim_{t \to 0} \frac{-\sin t}{2t}$$

$$= \lim_{t \to 0} \left(-\frac{1}{2}\right) \cdot \frac{\sin t}{t} = -\frac{1}{2}$$

練習 28 次の極限値を求めよ。

(1) $\lim_{x \to 0} \dfrac{1 - \cos x}{x^2}$ (2) $\lim_{x \to 0} \dfrac{\tan x}{x}$

前項で学習したように，指数関数に対して，その逆関数を対数関数と定義した。そこで，ここでは三角関数に対してその逆関数を考え，その簡単な性質を調べてみよう。

　ただし，三角関数は，指数関数と違い，その定義域全体では逆関数は存在しない。

　したがって，定義域を適切に制限して逆関数を考える必要がある。50 ページの狭義単調連続関数の逆関数の定理より，その範囲で狭義単調連続関数となるように定義域を制限すればよいので，通常，三角関数の逆関数を以下のように定義する。

定義 1-6　逆三角関数

正弦関数 $\sin x$ は閉区間 $\left[-\dfrac{\pi}{2},\ \dfrac{\pi}{2}\right]$ を定義域とするとき逆関数をもつ。

この逆関数を **逆正弦関数** といい，$\mathrm{Sin}^{-1}x$ または $\arcsin x$ で表す（サインインバース，またはアークサインと読む）。

余弦関数 $\cos x$ は閉区間 $[0,\ \pi]$ を定義域とするとき逆関数をもつ。

この逆関数を **逆余弦関数** といい，$\mathrm{Cos}^{-1}x$ または $\arccos x$ で表す（コサインインバース，またはアークコサインと読む）。

正接関数 $\tan x$ は開区間 $\left(-\dfrac{\pi}{2},\ \dfrac{\pi}{2}\right)$ を定義域とするとき逆関数をもつ。

この逆関数を **逆正接関数** といい，$\mathrm{Tan}^{-1}x$ または $\arctan x$ で表す（タンジェントインバース，またはアークタンジェントと読む）。

これらを総称して，**逆三角関数** と呼ぶ。

> |補足| 三角関数が狭義単調関数となる区間は他にもある。上の定義でとった区間は，慣例として選ばれただけで，特別な意味はない。ただし，特別な区間を選んでいる（主値をとる，という）ことを示すために，本書では Sin^{-1} などと，先頭の文字を大文字にしている。

　これらの関数のグラフはそれぞれ次のようになる。

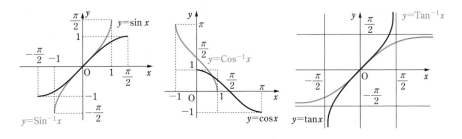

練習 29 次の逆三角関数のグラフをかけ。

(1) $y=-\mathrm{Sin}^{-1}x$ (2) $y=\mathrm{Cos}^{-1}2x$ (3) $y=1+\mathrm{Tan}^{-1}x$

逆三角関数の定義より，次のことがわかる。

[1] $\left[-\dfrac{\pi}{2},\ \dfrac{\pi}{2}\right]$ を定義域とするとき，$\sin x$ の値域は，$[-1,\ 1]$ である。

したがって，逆正弦関数 $\mathrm{Sin}^{-1}x$ の定義域は $[-1,\ 1]$，値域は

$\left[-\dfrac{\pi}{2},\ \dfrac{\pi}{2}\right]$ である。また，$\mathrm{Sin}^{-1}x$ は狭義単調増加な連続関数である。

[2] $[0,\ \pi]$ を定義域とするとき，$\cos x$ の値域は，$[-1,\ 1]$ である。

したがって，逆余弦関数 $\mathrm{Cos}^{-1}x$ の定義域は $[-1,\ 1]$，値域は $[0,\ \pi]$ である。また，$\mathrm{Cos}^{-1}x$ は狭義単調減少な連続関数である。

[3] $\left(-\dfrac{\pi}{2},\ \dfrac{\pi}{2}\right)$ を定義域とするとき，$\tan x$ の値域は，実数全体 R である。したがって，逆正接関数 $\mathrm{Tan}^{-1}x$ の定義域は実数全体 R，値域は

$\left(-\dfrac{\pi}{2},\ \dfrac{\pi}{2}\right)$ である。また，$\mathrm{Tan}^{-1}x$ は狭義単調増加な連続関数である。

例 20　逆三角関数の値

$\sin\dfrac{\pi}{4}=\dfrac{1}{\sqrt{2}}$ より，$\mathrm{Sin}^{-1}\left(\dfrac{1}{\sqrt{2}}\right)=\dfrac{\pi}{4}$ である。

$\mathrm{Sin}^{-1}x$ の値域は，$\left[-\dfrac{\pi}{2},\ \dfrac{\pi}{2}\right]$ であるので，

$\mathrm{Sin}^{-1}\left(\dfrac{\sqrt{3}}{2}\right)=\mathrm{Sin}^{-1}\left(\sin\dfrac{\pi}{3}\right)=\dfrac{\pi}{3}$ である。

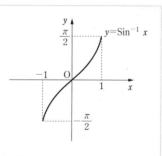

練習 30 次の値を求めよ。

(1) $\mathrm{Cos}^{-1}\left(-\dfrac{1}{2}\right)$ (2) $\mathrm{Tan}^{-1}\sqrt{3}$

D 双曲線関数

高等学校で学んだように，放物線，楕円，双曲線は x と y の2次式で表され，**2次曲線**と呼ばれている。放物線が2次関数のグラフとして表されることは，中学数学からよく学んできている。

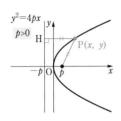
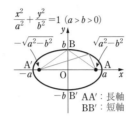
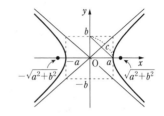

楕円の特殊な場合が円であり，円（単位円 $x^2+y^2=1$）の媒介変数表示（パラメータ表示ともいう）は，$\cos^2 x+\sin^2 x=1$ より，三角関数によって $x=\cos\theta$，$y=\sin\theta$ で与えられる[4]。

ここでは，指数関数を用いて双曲線の媒介変数表示を与える関数を導入しよう。

$x=\dfrac{e^t+e^{-t}}{2}$，$y=\dfrac{e^t-e^{-t}}{2}$ とおく（t は実数）。

このとき

$$x^2-y^2=\left(\dfrac{e^t+e^{-t}}{2}\right)^2-\left(\dfrac{e^t-e^{-t}}{2}\right)^2=\dfrac{(e^t+e^{-t})^2-(e^t-e^{-t})^2}{4}$$

$$=\dfrac{4e^t\cdot e^{-t}}{4}=1$$

が成り立つので，点 $(x,\ y)$ は双曲線 $x^2-y^2=1$ 上にある。

逆に，双曲線 $x^2-y^2=1$ 上の任意の点 $(x,\ y)$ は，実数 t を用いて $\left(\dfrac{e^t+e^{-t}}{2},\ \dfrac{e^t-e^{-t}}{2}\right)$ と表されることがわかる。よって，$x=\dfrac{e^t+e^{-t}}{2}$，$y=\dfrac{e^t-e^{-t}}{2}$ は，この双曲線の媒介変数表示を与える。

---

[4] 一般に，楕円 $\dfrac{x^2}{a^2}+\dfrac{y^2}{b^2}=1$ の媒介変数表示は $x=a\cos\theta$，$y=b\sin\theta$ で表される。

　このことから，三角関数の類似として，以下の関数を定義する。

定義 1-7　双曲線関数

すべての実数 x について，連続関数

$$\sinh x = \frac{e^x - e^{-x}}{2}, \qquad \cosh x = \frac{e^x + e^{-x}}{2}$$

を定義する。このとき，$\sinh x$ を **双曲線正弦関数**，$\cosh x$ を **双曲線余弦関数** という。

また，$\tanh x = \dfrac{\sinh x}{\cosh x} = \dfrac{e^x - e^{-x}}{e^x + e^{-x}}$ は，すべての実数上の連続関数である。$\tanh x$ を **双曲線正接関数** という。

$\sinh$, $\cosh$, $\tanh$ をそれぞれ，ハイパボリックサイン，ハイパボリックコサイン，ハイパボリックタンジェントと読む。これら 3 つを総称して，**双曲線関数** と呼ぶ。

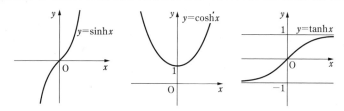

　双曲線関数は，実数全体 R を定義域とする連続関数である。特に，$\tanh x$ も実数全体を定義域とするので，$\tan x$ とは大きく異なっている。

　例えば，$\sinh x$ と $\cosh x$ の関係について $\cosh^2 x - \sinh^2 x = 1$ であるから，$x = \cosh\theta$, $y = \sinh\theta$ ならば $x^2 - y^2 = 1$ となる。また，三角関数は周期をもつが，双曲線関数は周期をもたない。このように種々の違いはあるが，次のように類似した性質もある。

双曲線関数の性質

1.　$\cosh^2 x - \sinh^2 x = 1$

2.　$1 - \tanh^2 x = \dfrac{1}{\cosh^2 x}$

3.　$\sinh(\alpha \pm \beta) = \sinh\alpha \cosh\beta \pm \cosh\alpha \sinh\beta$ 　（複号同順）

4.　$\cosh(\alpha \pm \beta) = \cosh\alpha \cosh\beta \pm \sinh\alpha \sinh\beta$ 　（複号同順）

注意　$(\sinh x)^2$ は $\sinh^2 x$ と書き，ハイパボリックサイン 2 じょうエックスと読む。また，括弧を付けず $\sinh x^2$ と書いてはいけない。$(\cosh x)^2$，$(\tanh x)^2$ についても同様である。

注意　**複号同順** とは，複数の符号があるとき，同じ順番で読むことを示している。つまり，複数の±などの記号があるとき，すべて上の記号を採用するか，すべて下の記号を採用するか，の 2 つの式を 1 つの式で表している。これに対して，**複号任意** という表現がある。これは，複数の符号があるとき，順序を問わないという意味である。

　双曲線関数の性質 1 は，既に説明した。ここでは，性質 3 の証明を与える。右辺を変形して左辺と等しくなることを示す。

証明　$\sinh\alpha\cosh\beta+\cosh\alpha\sinh\beta$

$$= \frac{e^{\alpha}-e^{-\alpha}}{2}\cdot\frac{e^{\beta}+e^{-\beta}}{2}+\frac{e^{\alpha}+e^{-\alpha}}{2}\cdot\frac{e^{\beta}-e^{-\beta}}{2}$$

$$= \frac{(e^{\alpha}-e^{-\alpha})(e^{\beta}+e^{-\beta})+(e^{\alpha}+e^{-\alpha})(e^{\beta}-e^{-\beta})}{4}$$

$$= \frac{2e^{\alpha}e^{\beta}-2e^{-\alpha}e^{-\beta}}{4}=\frac{e^{\alpha+\beta}-e^{-(\alpha+\beta)}}{2}$$

$$= \sinh(\alpha+\beta)$$

$\sinh\alpha\cosh\beta-\cosh\alpha\sinh\beta$

$$= \frac{e^{\alpha}-e^{-\alpha}}{2}\cdot\frac{e^{\beta}+e^{-\beta}}{2}-\frac{e^{\alpha}+e^{-\alpha}}{2}\cdot\frac{e^{\beta}-e^{-\beta}}{2}$$

$$= \frac{(e^{\alpha}-e^{-\alpha})(e^{\beta}+e^{-\beta})-(e^{\alpha}+e^{-\alpha})(e^{\beta}-e^{-\beta})}{4}$$

$$= \frac{2e^{\alpha}e^{-\beta}-2e^{-\alpha}e^{\beta}}{4}=\frac{e^{\alpha-\beta}-e^{-(\alpha-\beta)}}{2}$$

$$= \sinh(\alpha-\beta) \quad\blacksquare$$

練習 31　双曲線関数の性質の 2 と 4 を証明せよ。

章末問題 A

1 $\lim_{x \to 2} \dfrac{a\sqrt{x}+b}{x-2}=-1$ であるときの定数 a, b の値を求めよ。

2 次の値を求めよ。

(1) $\cos\left(2\operatorname{Cos}^{-1}\dfrac{1}{2}\right)$ (2) $\operatorname{Sin}^{-1}\left(\cos\dfrac{\pi}{5}\right)$

3 次の方程式を解け。

(1) $\operatorname{Cos}^{-1}x=\operatorname{Tan}^{-1}2$ (2) $\operatorname{Sin}^{-1}x=\operatorname{Sin}^{-1}\dfrac{3}{5}+\operatorname{Sin}^{-1}\dfrac{4}{5}$

4 次の極限値を求めよ。

(1) $\lim_{x \to 0}\dfrac{x}{\operatorname{Sin}^{-1}x}$ (2) $\lim_{x \to 0}\dfrac{\tanh x}{x}$

5 次の等式が成り立つことを証明せよ。

$$\tanh(\alpha\pm\beta)=\frac{\tanh\alpha\pm\tanh\beta}{1\pm\tanh\alpha\tanh\beta} \quad \text{（複号同順）}$$

章末問題 B

6 次の値を求めよ。

(1) $\operatorname{Cos}^{-1}\left(-\dfrac{12}{13}\right)-\operatorname{Cos}^{-1}\dfrac{5}{13}$ (2) $\operatorname{Tan}^{-1}7+\operatorname{Tan}^{-1}\dfrac{1}{7}$

7 方程式 $x^2\cosh(2x+1)=-2\sinh(x-1)$ は，開区間 $(0, 1)$ に少なくとも 1 つの実数解をもつことを示せ。

8 $t\in\left[0, \dfrac{\pi}{2}\right]$ について，$\cos(\operatorname{Cos}^{-1}t+\operatorname{Sin}^{-1}t)=0$ が成り立つことを示せ。

9 定義域が開区間 (a, b)（ただし $a<b$）を含む関数 $f(x)$ について，$\lim_{x \to a+0}f(x)=\alpha$ であるとする。このとき，すべての $x\in(a, b)$ について $f(x)\geqq c$（c は実数）が成り立つならば $\alpha\geqq c$ であることを証明せよ。

第2章 微分（1変数）

　ここでは，1変数関数の微分の定義と概念をまとめる。次に，前章で導入した逆三角関数や双曲線関数の微分を学ぶ。

　そして，極限の計算に有効なロピタルの定理を学ぶ。

微分法は，古代ギリシャのアルキメデスの無限小の概念に端を発するとされ，中世までには曲線の接線や極大・極小を求める計算もされていた。
この微分法と，次章で解説する積分法を関連付け，微分積分学を確立したのは，17世紀のイギリスの数学者ニュートンとドイツの数学者ライプニッツである。

ニュートン，1642-1727

第1節　微分とは

　関数 $f(x)$ の $x=a$ から $x=b$ までの平均変化率は，次の式で定義された。

$$\frac{f(b)-f(a)}{b-a}$$

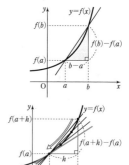

　この値の $b \longrightarrow a$ における極限を考えることにより，関数 $f(x)$ の $x=a$ における"瞬間の変化率"を考えることができる。このような考え方から，関数の微分係数と導関数を導入し，その性質を学ぼう。

A　微分可能性と導関数

　高等学校で学んだように，関数の微分係数と微分可能性を，次のように定義する。

定義 2-1　微分係数と微分可能性

定義域が $x=a$ を含む関数 $f(x)$ について，極限値

$$\lim_{x \to a}\frac{f(x)-f(a)}{x-a} \quad \text{または} \quad \lim_{h \to 0}\frac{f(a+h)-f(a)}{h}$$

が存在するとき，その極限値を関数 $f(x)$ の $x=a$ における **微分係数** といい，次のように表す。

$$f'(a) \quad \text{または} \quad \frac{df}{dx}(a)$$

関数 $f(x)$ が $x=a$ で微分係数をもつとき，関数 $f(x)$ は $x=a$ で **微分可能** であるという。

また，関数 $f(x)$ の定義域が区間 I を含み，I 内の任意の a の値について，$f(x)$ が $x=a$ で微分可能であるとき，$f(x)$ は **区間 I 上で微分可能** であるという。

　関数 $f(x)$ が微分可能であるとき，その微分係数を考えることで，次のように新たな関数を考えることができる。

定義 2-2　導関数

関数 $f(x)$ が区間 I 上で微分可能であるとする。区間 I に含まれる各点 c に対して，微分係数 $f'(c)$ を対応させることで，区間 I を定義域とする関数を新たに定めることができる。

この関数を，関数 $y=f(x)$ の **導関数** といい，次のように表す。

$$y' \quad \text{または} \quad f'(x) \quad \text{または} \quad \frac{df}{dx}(x) \quad \text{または} \quad \frac{d}{dx}f(x)$$

関数 $f(x)$ に対して，その導関数 $f'(x)$ を求めることを，関数 $f(x)$ を **微分する** という。

例 1　多項式関数の微分

関数 $f(x)=x^4$ の $x=a$ における微分係数は，次のように求められる。

$$\begin{aligned}
\lim_{x \to a}\frac{f(x)-f(a)}{x-a} &= \lim_{x \to a}\frac{x^4-a^4}{x-a} \\
&= \lim_{x \to a}\frac{(x+a)(x-a)(x^2+a^2)}{x-a} \\
&= \lim_{x \to a}(x+a)(x^2+a^2) \\
&= 2a \cdot 2a^2 = 4a^3
\end{aligned}$$

練習 1　$f(x)=x^4$ の $x=a$ における微分係数を，$\displaystyle\lim_{h \to 0}\frac{f(a+h)-f(a)}{h}$ を使って求めよ。

例 1 の計算から，関数 $f(x)=x^4$ の導関数は $f'(x)=4x^3$ となることがわかる。

一般に，任意の自然数 n に対して，$f(x)=x^n$ の導関数は，$f'(x)=nx^{n-1}$ となることを，二項定理（18 ページ）を用いて示すことができる。

練習 2　任意の自然数 n に対して，多項式関数 $f(x)=x^n$ の導関数が $f'(x)=nx^{n-1}$ となることを証明せよ。

例2　三角関数の微分

正弦関数 $f(x)=\sin x$ の $x=a$ における微分係数は，次のように求められる。

$$
\begin{aligned}
\lim_{h \to 0}\frac{\sin(a+h)-\sin a}{h} &= \lim_{h \to 0}\frac{2\cos\dfrac{(a+h)+a}{2}\cdot\sin\dfrac{(a+h)-a}{2}}{h} \\
&= \lim_{h \to 0}\frac{2\cos\dfrac{2a+h}{2}\sin\dfrac{h}{2}}{h} \\
&= \lim_{h \to 0}\cos\frac{2a+h}{2}\cdot\frac{\sin\dfrac{h}{2}}{\dfrac{h}{2}} \\
&= \cos\frac{2a}{2}\cdot 1 \\
&= \cos a
\end{aligned}
$$

　例2の計算から，正弦関数 $f(x)=\sin x$ の導関数は $f'(x)=\cos x$ となることがわかる。また，同様の計算を行えば，余弦関数 $f(x)=\cos x$ の導関数は，$f'(x)=-\sin x$ となることが示される。

練習3　余弦関数 $f(x)=\cos x$ の導関数が $f'(x)=-\sin x$ となることを証明せよ。

例3　指数関数の微分

51 ページで導入した自然対数の底（ネイピア定数）e に対して，指数関数 $f(x)=e^x$ の $x=a$ における微分係数は，次のように求められる。

$$
\lim_{h \to 0}\frac{e^{a+h}-e^a}{h}=\lim_{h \to 0}e^a\cdot\frac{e^h-1}{h}=e^a\cdot 1=e^a
$$

　途中の極限の計算には，52 ページの例題6 (2) の計算を利用した。

　例3の計算から，指数関数 $f(x)=e^x$ の導関数は $f'(x)=e^x$ となることがわかる。一般に，a を1ではない正の定数とするとき，$f(x)=a^x$ の導関数は $f'(x)=a^x\log a$ となることが示される。

練習4　a を1ではない正の定数とするとき，$a^x=e^{x\log a}$ であることを用いて，$f(x)=a^x$ の導関数が $f'(x)=a^x\log a$ となることを証明せよ。

例4　対数関数の微分

51ページで導入した自然対数の底 e に対して，対数関数 $f(x)=\log x$ の $x=a$ における微分係数は，次のように求められる。

$$\lim_{h\to 0}\frac{\log(a+h)-\log a}{h}=\lim_{h\to 0}\frac{1}{h}\log\left(1+\frac{h}{a}\right)$$
$$=\frac{1}{a}\lim_{h\to 0}\frac{a}{h}\log\left(1+\frac{h}{a}\right)$$
$$=\frac{1}{a}\lim_{h\to 0}\log\left(1+\frac{h}{a}\right)^{\frac{a}{h}}$$

$\dfrac{h}{a}=k$ とおくと $h\longrightarrow 0$ のとき $k\longrightarrow 0$ であるから

$$\lim_{h\to 0}\frac{\log(a+h)-\log a}{h}=\frac{1}{a}\lim_{k\to 0}\log(1+k)^{\frac{1}{k}}$$
$$=\frac{1}{a}\log e$$
$$=\frac{1}{a}$$

例4の計算から，対数関数 $f(x)=\log x$ の導関数は $f'(x)=\dfrac{1}{x}$ となることがわかる。

一般に，a を1ではない正の定数とするとき，$f(x)=\log_a x$ の導関数は $f'(x)=\dfrac{1}{x\log a}$ となることが示される。

注意　対数関数の微分は，後述の逆関数の微分法を用いても求められる（74ページの例8）。

練習5　a を1ではない正の定数とするとき，$\log_a x=\dfrac{\log x}{\log a}$ であることを用いて，$f(x)=\log_a x$ の導関数が $f'(x)=\dfrac{1}{x\log a}$ となることを証明せよ。

例題 1 双曲線余弦関数 $f(x)=\cosh x$ の導関数が $f'(x)=\sinh x$ となることを証明せよ。

考え方▶ 双曲線余弦関数の定義と，導関数の定義にもとづいて計算すればよい。

解答

$$
(\cosh x)'=\lim_{h\to 0}\frac{\cosh(x+h)-\cosh x}{h}
$$

$$
=\frac{1}{2}\lim_{h\to 0}\frac{\{e^{x+h}+e^{-(x+h)}\}-(e^x+e^{-x})}{h}
$$

$$
=\frac{1}{2}\lim_{h\to 0}\left\{\frac{e^{x+h}-e^x}{h}+\frac{e^{-(x+h)}-e^{-x}}{h}\right\}
$$

$$
=\frac{1}{2}\lim_{h\to 0}\frac{e^{x+h}-e^x}{h}-\frac{1}{2}\lim_{h\to 0}\frac{e^{-x+(-h)}-e^{-x}}{-h}
$$

$-x=y,\ -h=k$ とおくと，$h\longrightarrow 0$ のとき $k\longrightarrow 0$ であるから

$$
\lim_{h\to 0}\frac{e^{-x+(-h)}-e^{-x}}{-h}=\lim_{k\to 0}\frac{e^{y+k}-e^y}{k}=e^y=e^{-x}
$$

よって　$(\cosh x)'=\dfrac{1}{2}e^x-\dfrac{1}{2}e^{-x}=\dfrac{e^x-e^{-x}}{2}=\sinh x$

注意 $(\cosh x)'=\sinh x$ は $(\cos x)'=-\sin x$ と似ているが符号が変わらない。

　双曲線正弦関数 $\sinh x$ の導関数については，正弦関数 $\sin x$ と類似の式 $(\sinh x)'=\cosh x$ が成り立つ。

練習 6 双曲線正弦関数 $f(x)=\sinh x$ の導関数が $f'(x)=\cosh x$ となることを証明せよ。

　高等学校で学んだように，関数 $f(x)$ が $x=a$ で微分可能であるとき，次の式で表される直線を，関数 $y=f(x)$ のグラフ上の点 $A(a, f(a))$ における **接線** という。

$$
y-f(a)=f'(a)(x-a)
$$

　この直線と関数のグラフは **接する** といい，点Aを **接点** という。つまり，関数 $f(x)$ の $x=a$ における微分係数 $f'(a)$ が，関数 $y=f(x)$ のグラフ上の点 $A(a, f(a))$ における接線の傾きに一致する。

練習7 関数 $y=\dfrac{x^6}{6}-2$ のグラフの接線で，点 $\left(\dfrac{5}{6}, -2\right)$ を通るものを求めよ。

B 微分可能性と連続性

関数 $f(x)$ が $x=a$ で微分可能であるとき，その関数のグラフは $x=a$ で接線をもつ。このことから，関数 $f(x)$ が $x=a$ で連続であることが予想される。実際に，$x=a$ で微分可能な関数 $f(x)$ について

$$\lim_{x \to a} f(x)=\lim_{x \to a}\left\{\frac{f(x)-f(a)}{x-a}\cdot(x-a)+f(a)\right\}=f'(a)\cdot0+f(a)=f(a)$$

となるので，関数 $f(x)$ が $x=a$ で連続であることがわかる。

したがって，次の定理が成り立つ。

微分可能性と連続性の定理

関数 $f(x)$ が $x=a$ で微分可能ならば，$x=a$ で連続である。

上の定理の逆は成立しない。次の例で確認してみよう。

例5 連続であるが，微分可能でない関数

関数 $f(x)=|x|$ について
$$\lim_{x \to 0} f(x)=f(0)=0$$
よって，関数 $f(x)$ は $x=0$ で連続である。
一方，$f(x)=|x|$ について
$$\frac{f(0+h)-f(0)}{h}=\frac{|h|}{h} \quad \cdots\cdots ①$$
である。ここで

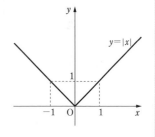

$$\lim_{h \to +0}\frac{|h|}{h}=\lim_{h \to +0}\frac{h}{h}=1, \quad \lim_{h \to -0}\frac{|h|}{h}=\lim_{h \to -0}\frac{-h}{h}=-1$$
であるから，$h \longrightarrow 0$ のとき ① の極限は存在しない。
よって，関数 $f(x)=|x|$ は $x=0$ で微分可能でない。

練習8 関数 $y=|\sin x|$ は $x=0$ で連続か，また微分可能か調べよ。

C 導関数の性質

2つの関数 $f(x)$ と $g(x)$ はともに $x=a$ で微分可能であるとする。このとき，関数 $f(x)+g(x)$ も $x=a$ で微分可能であり，その微分係数は次のように求められる。

$$\lim_{h \to 0}\frac{\{f(a+h)+g(a+h)\}-\{f(a)+g(a)\}}{h}$$

$$=\lim_{h \to 0}\frac{f(a+h)-f(a)}{h}+\lim_{h \to 0}\frac{g(a+h)-g(a)}{h}$$

$$=f'(a)+g'(a)$$

同じように，微分可能な関数から四則演算で得られる関数は微分可能になる。このことは，次の定理としてまとめることができる。

導関数の性質の定理

関数 $f(x)$, $g(x)$ が開区間 I 上で微分可能であるとき，次が成り立つ。ただし，k は実数の定数，4. では $g(x) \neq 0$ とする。

1. $\{kf(x)\}'=kf'(x)$
2. $\{f(x)+g(x)\}'=f'(x)+g'(x)$
   $\{f(x)-g(x)\}'=f'(x)-g'(x)$
3. $\{f(x)g(x)\}'=f'(x)g(x)+f(x)g'(x)$　（積の微分公式）
4. $\left\{\dfrac{f(x)}{g(x)}\right\}'=\dfrac{f'(x)g(x)-f(x)g'(x)}{\{g(x)\}^2}$　（商の微分公式）

補足 1. と 2. から，一般に次のことが成り立つ。
$$\{kf(x)+lg(x)\}'=kf'(x)+lg'(x) \quad (k, l \text{ は実数の定数})$$
また，3. を繰り返し適用することで，3つの関数 $f(x)$, $g(x)$, $h(x)$ の積の導関数について，次のことが成り立つことがわかる。
$$\{f(x)g(x)h(x)\}'=f'(x)g(x)h(x)+f(x)g'(x)h(x)+f(x)g(x)h'(x)$$
積の微分公式は「ライプニッツ則」とも呼ばれる。

3. の積の微分公式を証明してみよう。その証明には，前ページで学んだ微分可能性と連続性の定理が利用される。

証明　任意の $a \in I$ について

$$\frac{f(x)y(x)-f(a)g(a)}{x-a}$$

$$=\frac{f(x)g(a)-f(a)g(a)+f(x)g(x)-f(x)g(a)}{x-a}$$

$$=\frac{f(x)-f(a)}{x-a}\cdot g(a)+f(x)\cdot\frac{g(x)-g(a)}{x-a}$$

ここで $f(x)$ は $x=a$ で微分可能なので，$x=a$ で連続である。

よって，$x \longrightarrow a$ で $f(x)$ は $f(a)$ に収束する。

これと $f(x)$ と $g(x)$ の $x=a$ における微分可能性を合わせると，$\{f(x)g(x)\}'$ は $x \longrightarrow a$ で $f'(a)g(a)+f(a)g'(a)$ に収束する。

これが任意の $a \in I$ でいえるから，$f(x)g(x)$ は I 上で微分可能であり，導関数は $f'(x)g(x)+f(x)g'(x)$ で与えられる。　■

練習9　$g(x) \neq 0$ のとき，$\left\{\dfrac{1}{g(x)}\right\}'=-\dfrac{g'(x)}{\{g(x)\}^2}$ であることを証明せよ。また，このことと，3. の積の微分公式を使って，4. の商の微分公式を証明せよ。

例題2　正接関数 $\tan x$ と双曲線正接関数 $\tanh x$ について次を示せ。

(1)　$(\tan x)'=\dfrac{1}{\cos^2 x}$　　　　(2)　$(\tanh x)'=\dfrac{1}{\cosh^2 x}$

解答

(1)　$(\tan x)'=\left(\dfrac{\sin x}{\cos x}\right)'=\dfrac{(\sin x)'\cos x-\sin x(\cos x)'}{\cos^2 x}$

$$=\frac{\cos^2 x+\sin^2 x}{\cos^2 x}=\frac{1}{\cos^2 x}$$

(2)　$(\tanh x)'=\left(\dfrac{\sinh x}{\cosh x}\right)'$

$$=\frac{(\sinh x)'\cosh x-\sinh x(\cosh x)'}{\cosh^2 x}$$

$$=\frac{\cosh^2 x-\sinh^2 x}{\cosh^2 x}=\frac{1}{\cosh^2 x}$$

注意　(2) の最後の式変形には，58 ページの双曲線関数の性質1を利用した。

注意 正接関数 $f(x)=\tan x$ は $x=\dfrac{\pi}{2}+n\pi$（n は整数）以外において微分可能であり，双曲線正接関数 $g(x)=\tanh x$ は実数全体で微分可能である。

ここで，三角関数と双曲線関数の導関数をまとめておこう。

$$(\sin x)'=\cos x, \qquad (\cos x)'=-\sin x, \qquad (\tan x)'=\dfrac{1}{\cos^2 x}$$

$$(\sinh x)'=\cosh x, \qquad (\cosh x)'=\sinh x, \qquad (\tanh x)'=\dfrac{1}{\cosh^2 x}$$

練習 10 次の関数を微分せよ。

(1) $f(x)=\dfrac{x^5}{x^4+1}$ 　　　　　　　　(2) $f(x)=\dfrac{1}{\cosh x}$

補充問題

1 関数 $f(x)=x^8-x^6+3$ のグラフ上の点 $(1,\ 3)$ における接線の方程式を求めよ。

2 関数 $f(x)=x\sinh x\cosh x$ の導関数を求めよ。

3 区間 I 上で微分可能な2つの関数 $f(x)$ と $g(x)$ について，以下に答えよ。ただし，$g(x)\neq 0$ とする。

(1) $\dfrac{f(x)}{g(x)}-\dfrac{f(a)}{g(a)}=\dfrac{-f(x)\{g(x)-g(a)\}+\{f(x)-f(a)\}g(x)}{g(x)g(a)}$

　　が成り立つことを示せ。

(2) (1)で示した式を利用して，商の導関数の公式

　　$\left\{\dfrac{f(x)}{g(x)}\right\}'=\dfrac{f'(x)g(x)-f(x)g'(x)}{\{g(x)\}^2}$ を証明せよ。

4 自然数 n に対して，関数 $f(x)=\dfrac{1}{x^n}$ の導関数を求めることにより，任意の整数 $k\ (k\neq 0)$ に対して，関数 $f(x)=x^k$ の導関数が $f'(x)=kx^{k-1}$ となることを証明せよ。

第2節　いろいろな関数の微分

ここでは，合成関数と逆関数の微分，および高階導関数について学ぼう。

A　合成関数の微分

微分可能な関数 $f(x)$ と $g(x)$ に対して，その合成関数を考えよう。

例えば，$f(x)=x^3$，$g(x)=\sin x$ とすると，$(g \circ f)(x)=g(f(x))=\sin x^3$ となる。この導関数を求める。まず

$$\lim_{x \to a} \frac{(g \circ f)(x)-(g \circ f)(a)}{x-a}=\lim_{x \to a} \frac{\sin x^3 - \sin a^3}{x-a}$$

$$=\lim_{x \to a} \left\{ \frac{\sin x^3 - \sin a^3}{x^3 - a^3} \cdot \frac{x^3 - a^3}{x-a} \right\}$$

と計算される。

ここで，$z=x^3$，$b=a^3$ とおくと，$x \longrightarrow a$ のとき $z \longrightarrow b$ なので

$$\lim_{x \to a} \frac{\sin x^3 - \sin a^3}{x^3 - a^3}=\lim_{z \to b} \frac{\sin z - \sin b}{z-b}=\cos b=\cos a^3$$

となる。また　　$\displaystyle \lim_{x \to a} \frac{x^3 - a^3}{x-a}=3a^2$

である。以上から，次のようになることがわかる。

$$(g \circ f)'(a)=\lim_{x \to a} \frac{(g \circ f)(x)-(g \circ f)(a)}{x-a}=(\cos a^3) \cdot (3a^2)=3a^2 \cos a^3$$

同様の計算から，一般に次の定理が成り立つことがわかる。

合成関数の微分の定理

$f(x)$ を開区間 I 上で微分可能な関数，$g(x)$ を開区間 J 上で微分可能な関数とし，すべての $x \in I$ に対して $f(x) \in J$ とする。

このとき，合成関数 $(g \circ f)(x)$ は開区間 I 上において微分可能で，次が成り立つ。

$$\{(g \circ f)(x)\}'=g'(f(x))f'(x)$$

合成関数の微分は，$y=f(x)$, $z=g(y)$ として変数を省略すると，次のようにみやすく表すことができる。

$$\frac{dz}{dx}=\frac{dz}{dy}\cdot\frac{dy}{dx}$$

補足 合成関数の微分の公式は，さらに合成を繰り返し行ったときも，同様に表すことができる。つまり，合成を重ねていったとき，導関数 $\frac{dz}{dy}$ などを次々と掛け合わせることで表すことができる。

例えば，3つの関数の合成関数の微分は，

$$\frac{dw}{dx}=\frac{dw}{dz}\cdot\frac{dz}{dy}\cdot\frac{dy}{dx}$$

のように表される。

このように，次々に重ね合わせる様子が「鎖（チェイン）」のようにみえることから，合成関数の微分の法則（公式）を鎖法則（チェインルール），または連鎖律ともいう。

例6 合成関数の微分

関数 $f(x)=\sinh^6 x$ の導関数を求めよう。

$g(x)=\sinh x$, $h(x)=x^6$ とすると，$f(x)=(h\circ g)(x)$ となる。

また，$g'(x)=\cosh x$, $h'(x)=6x^5$ であるから，合成関数の微分の定理により

$$f'(x)=h'(g(x))g'(x)=6\sinh^5 x\cosh x$$

練習 11 次の関数 $f(x)$ と $g(x)$ に対して合成関数 $g\circ f$ を微分せよ。

(1) $f(x)=\dfrac{1}{x^2}$, $g(x)=\cos x$ 　　　　(2) $f(x)=\log 2x$, $g(x)=\cosh x$

任意の実数 a に対して，関数 $f(x)=x^a$ を定義しよう。

x の有理数乗 $x^{\frac{p}{q}}$（p, q は整数，$q\neq 0$）は，x^p の q 乗根として定義された。ただし，q が偶数のとき，負の数の q 乗根は実数の範囲に存在しないから，$x>0$ とする。

x の実数乗 x^a については，実数 a に収束する有理数の列 $\{r_n\}$ を考え，正の実数 x に対し，$\{x^{r_n}\}$ の極限として x^a を対応させることで定義する。

このように定義された関数 $f(x)=x^a$ を **べき関数** という。ただし，定義域は $x>0$ とする。

例7　べき関数の微分

べき関数の導関数を求めてみよう。$x^a = e^{a\log x}$ と表せるので，x^a は
$y = a\log x$ と $z = e^y$ の合成関数とみなせる。

よって，合成関数の微分の式より

$$\frac{d}{dx}x^a = \frac{d}{dy}e^y \cdot \frac{dy}{dx} = e^y \cdot \frac{a}{x} = e^{a\log x} \cdot \frac{a}{x} = x^a \cdot \frac{a}{x} = ax^{a-1}$$

B　逆関数の微分

関数 $f(x)$ とその逆関数 $f^{-1}(x)$ について，その定義から，関数 $f(x)$ の定義域の任意の x について，$f^{-1}(f(x)) = x$ が成り立つ。つまり，関数 $y = f(x)$ とその逆関数 $x = f^{-1}(y)$ について，$(f^{-1} \circ f)(x) = x$ が常に成り立つ。

両辺を x で微分すると　　　　$\{(f^{-1} \circ f)(x)\}' = 1$

合成関数の微分の定理により　　$\{(f^{-1} \circ f)(x)\}' = \{f^{-1}(y)\}' f'(x)$

したがって，$\{f^{-1}(y)\}' f'(x) = 1$ より，逆関数の導関数について，次の式が得られる。

$$\{f^{-1}(y)\}' = \frac{1}{f'(x)}$$

逆関数の微分の定理

開区間 I 上で微分可能な関数 $y = f(x)$ が逆関数 $x = f^{-1}(y)$ をもつとする。

このとき，逆関数 $f^{-1}(y)$ は微分可能であり，その導関数について

$$\{f^{-1}(y)\}' = \frac{1}{f'(x)} = \frac{1}{f'(f^{-1}(y))}$$

が成り立つ。

この式は，微分する変数をはっきり書くと

$$\frac{df^{-1}}{dy}(y) = \frac{1}{\frac{df}{dx}(x)} = \frac{1}{\frac{df}{dx}(f^{-1}(y))}$$

のようにも表せる。

補足　$x=f^{-1}(y)$ より，逆関数の導関数 $\dfrac{df^{-1}}{dy}(y)$ は変数 y を省略し $\dfrac{dx}{dy}$ とも表せる。

一方，$y=f(x)$ より，$\dfrac{df}{dx}(x)$ は変数 x を省略し $\dfrac{dy}{dx}$ とも表せる。

これを使うと，逆関数の微分の式は次のように簡潔に表せる。

$$\frac{dx}{dy}=\frac{1}{\dfrac{dy}{dx}}$$

練習 12　次の関数の逆関数を求め，その逆関数を微分せよ。

(1)　$y=x^5$　　　　　　　　　　　　(2)　$y=2^{x+3}$

例 8　対数関数の微分

65 ページで説明した対数関数の微分の式を，指数関数の微分と逆関数の微分を使って導いてみよう。

$y=\log_a x$ に対して $x=a^y$ である。

2 章 1 節 A の例 4（65 ページ）より

$$(a^y)'=\frac{dx}{dy}=a^y\log a$$

である。

よって，$f(x)=\log_a x,\ f^{-1}(y)=a^y$ として，逆関数の微分の式を使

うと　$\{f^{-1}(y)\}'=\dfrac{1}{f'(x)}$

となる。

また　$\{f^{-1}(y)\}'=(a^y)'=a^y\log a=x\log a$

となる。

したがって

$$f'(x)=\frac{1}{x\log a}$$

が成り立つ。

特に，$a=e$（e は自然対数の底）とすると，$(\log x)'=\dfrac{1}{x}$ が成り立つ。

例題 3　(1)　逆正弦関数 $\mathrm{Sin}^{-1}x$ $(-1<x<1)$ の導関数を求めよ。

(2)　逆正接関数 $\mathrm{Tan}^{-1}x$ $(-\infty<x<\infty)$ の導関数を求めよ。

解答　(1)　$y=\sin x$ に対して $x=\mathrm{Sin}^{-1}y$ である。$-1<y<1$ におい

て，$x=\mathrm{Sin}^{-1}y$ の値域は $-\dfrac{\pi}{2}<x<\dfrac{\pi}{2}$ である。

逆関数の微分の定理より

$$\frac{d}{dy}\mathrm{Sin}^{-1}y=\frac{1}{(\sin x)'}=\frac{1}{\cos x}$$

$-\dfrac{\pi}{2}<x<\dfrac{\pi}{2}$ より $\cos x>0$ であるから　$\cos x=\sqrt{1-\sin^2 x}$

$y^2=\sin^2 x$ より，$\cos x=\sqrt{1-y^2}$ であるから

$$\frac{d}{dy}\mathrm{Sin}^{-1}y=\frac{1}{\sqrt{1-y^2}}$$

よって，x と y を入れかえて　$\dfrac{d}{dx}\mathrm{Sin}^{-1}x=\dfrac{1}{\sqrt{1-x^2}}$

(2)　$y=\tan x$ に対して，$x=\mathrm{Tan}^{-1}y$ である。逆関数の微分の

定理より　$\dfrac{d}{dy}\mathrm{Tan}^{-1}y=\dfrac{1}{(\tan x)'}=\cos^2 x$

$$=\frac{1}{1+\tan^2 x}=\frac{1}{1+y^2}$$

よって，x と y を入れかえて　$\dfrac{d}{dx}\mathrm{Tan}^{-1}x=\dfrac{1}{1+x^2}$

練習 13　逆余弦関数 $\mathrm{Cos}^{-1}x$ $(-1<x<1)$ の導関数を求めよ。

ここで，逆三角関数の導関数をまとめておこう。

$$(\mathrm{Sin}^{-1}x)'=\frac{1}{\sqrt{1-x^2}}\quad(-1<x<1)$$

$$(\mathrm{Cos}^{-1}x)'=-\frac{1}{\sqrt{1-x^2}}\quad(-1<x<1)$$

$$(\mathrm{Tan}^{-1}x)'=\frac{1}{1+x^2}\quad(-\infty<x<\infty)$$

C 高次導関数

関数 $f(x)$ が開区間 I 上で微分可能であるとき，その導関数 $f'(x)$ は開区間 I 上の関数である。

したがって，$f'(x)$ についても I 上の微分可能性を考えることができる。

例9 微分可能であるが2回微分不可能な関数

$$f(x) = \begin{cases} x^2 & (x \geqq 0) \\ -x^2 & (x < 0) \end{cases}$$

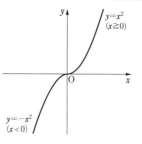

で定まる関数 $f(x)$ を考えよう。

$f(x)$ は，$x < 0$ と $x > 0$ で，それぞれ多項式関数であるから，これらの範囲で微分可能である。

$x = 0$ での微分可能性を調べるために，$\dfrac{f(x) - f(0)}{x - 0}$ を計算すると，

これは $x > 0$ のとき x に等しく，$x < 0$ のとき $-x$ に等しい。

よって，$\displaystyle\lim_{x \to -0} \dfrac{f(x) - f(0)}{x - 0} = \lim_{x \to +0} \dfrac{f(x) - f(0)}{x - 0} = 0$ なので，$f(x)$ は

$x = 0$ でも微分可能であり，その微分係数は $f'(0) = 0$ である。

また，$x > 0$ のとき $f'(x) = 2x$，$x < 0$ のとき $f'(x) = -2x$ であるから，導関数 $f'(x)$ は $f'(x) = 2|x|$ で与えられる。

関数 $g(x) = |x|$ を考えると $\displaystyle\lim_{x \to +0} |x| = \lim_{x \to -0} |x| = g(0) = 0$

であるから，関数 $g(x)$ は $x = 0$ で連続である。

次に，$\dfrac{g(x) - g(0)}{x - 0}$ は $x > 0$ のとき $\dfrac{x}{x} = 1$，$x < 0$ のとき $\dfrac{-x}{x} = -1$

であるから $\displaystyle\lim_{x \to +0} \dfrac{g(x) - g(0)}{x - 0} = 1$，$\displaystyle\lim_{x \to -0} \dfrac{g(x) - g(0)}{x - 0} = -1$

よって，右側極限と左側極限は一致しない。

以上から，関数 $g(x)$ は $x = 0$ で連続であるが微分可能でない。

したがって，関数 $f'(x)$ は，$x = 0$ で微分可能ではない。

　多項式関数や三角関数などの初等関数については，その導関数は，また微分可能になることが知られている。

　導関数が微分可能であるときは，さらに微分して次の導関数を得ることができる。このことを，次のように定義する。

定義 2-3　高次導関数

微分可能な関数 $f(x)$ の導関数 $f'(x)$ が，また微分可能であるとき，関数 $f(x)$ は 2 回微分可能という。その導関数を $y=f(x)$ の第 2 次導関数といい，次のように書く。

$$y'', \quad f''(x), \quad \frac{d^2f}{dx^2}(x), \quad \frac{d^2}{dx^2}f(x)$$

同様に，第 2 次導関数が微分可能であるとき，その導関数を第 3 次導関数という。さらに整数 n に対して，この操作を n 回繰り返して行うことができるとき，関数 $f(x)$ は **n 回微分可能** という。得られた関数を **第 n 次導関数** といい，$y^{(n)}$, $f^{(n)}(x)$, $\dfrac{d^nf}{dx^n}(x)$, $\dfrac{d^n}{dx^n}f(x)$ のように書く。

一般に，2 次以降の導関数のことを総称して，**高次導関数** という。

|注意|　便宜的に，関数 $f^{(0)}(x)$ を第 0 次導関数，その導関数 $f^{(1)}(x)$ を第 1 次導関数としておくと，任意の $n \geq 0$ について，第 n 次導関数を $f^{(n)}(x)$ と表すことができ便利である。

例 10　高次導関数

1.　指数関数 $f(x)=e^x$ は，$f'(x)=e^x$ よりすべての n について
　　$f^{(n)}(x)=e^x$ が成り立つ。

2.　正弦関数 $f(x)=\sin x$ の導関数は，次のようになる。
　　$f'(x)=\cos x, \quad f''(x)=-\sin x, \quad f^{(3)}(x)=-\cos x, \quad f^{(4)}(x)=\sin x$
　　第 5 次導関数以降は，この繰り返しになる。

3.　双曲線正弦関数 $f(x)=\sinh x$ の導関数は，次のようになる。
　　$f'(x)=\cosh x, \quad f''(x)=\sinh x$
　　第 3 次導関数以降は，この繰り返しになる。

練習14 　対数関数 $f(x)=\log x$ $(x>0)$ と逆正弦関数 $g(x)=\text{Sin}^{-1}x$ $(-1<x<1)$ について，第3次導関数まで求めよ。

例9のように，微分可能ではあるが，その導関数は微分可能でない関数もある。そこで次のような定義を考える。

定義 2-4　 C^n 級関数

n を0以上の整数とし，関数 $f(x)$ は開区間 I 上で定義された関数であるとする。

・開区間 I 上で関数 $f(x)$ が n 回微分可能であり，その第 n 次導関数 $f^{(n)}(x)$ が I 上で連続であるとき，関数 $f(x)$ は **I 上で n 回連続微分可能である**，または **C^n 級関数** であるという。

・開区間 I 上で関数 $f(x)$ が何回でも微分可能であるとき，関数 $f(x)$ は **I 上で無限回微分可能である**，または **C^∞ 級関数** であるという。

注意　関数 $f(x)$ を第0次導関数とみて，関数 $f(x)$ が連続であるとき，関数 $f(x)$ は C^0 級関数であるということにする。

例11　 C^n 級関数

例9の関数 $f(x)$ は，微分可能であるが，その第1次導関数 $f'(x)$ は微分可能でない。しかし，第1次導関数 $f'(x)$ は連続関数であるので，関数 $f(x)$ は C^1 級である。

例12　 C^∞ 級関数

関数 $f(x)=\dfrac{1}{x+1}$ $(x\neq-1)$ は

$$f'(x)=-\frac{1}{(x+1)^2}, \qquad f''(x)=\frac{2}{(x+1)^3}, \qquad f'''(x)=-\frac{6}{(x+1)^4}$$

この操作は何回でも繰り返せるので，関数 $f(x)$ は無限回微分可能，つまり，C^∞ 級関数である。

練習15 　対数関数 $f(x)=\log x$ $(x>0)$ が無限回微分可能，つまり，C^∞ 級関数であることを示せ。

補充問題

1　次の関数を微分せよ。

　(1)　$f(x) = 4x^{\sqrt{2}} + 3$　　　　　　　(2)　$f(x) = \sinh(\log x)$

2　関数 $y = \dfrac{x+2}{x-5}$ $(x \neq 5)$ の逆関数を求めてから，その導関数を求めよ。

3　関数 $f(x)$ に対して，$\log_a |f(x)|$ の導関数が $\dfrac{f'(x)}{f(x) \log a}$ となること

　を示せ。

4　関数 $f(x) = |x^3|$ が C^2 級関数であることを証明せよ。

コラム　速度と加速度

　道のりと時間から速さを求めることは，小学校で学んだ。

　物体の運動における速度と加速度は，導関数を用いて表される事柄として身近なものである。

[速度・加速度]　直線上を運動する点 P の時刻 t における座標を $x = f(t)$ とすると，点 P の時刻 t における速度 v，加速度 α は，次のようになる。

$$v = \frac{dx}{dt} = f'(t), \qquad \alpha = \frac{dv}{dt} = \frac{d^2x}{dt^2} = f''(t)$$

座標平面上を運動する点 P について，時刻 t における点 P の座標を (x, y) とすると，x, y は t の関数であり，$\vec{v} = \left(\dfrac{dx}{dt}, \dfrac{dy}{dt} \right)$ を，時刻 t における点

P の速度，$\vec{a} = \left(\dfrac{d^2x}{dt^2}, \dfrac{d^2y}{dt^2} \right)$ を，時刻 t における点 P の加速度という。

　速度は速度ベクトル，加速度は加速度ベクトルともいう。

[速さと加速度の大きさ]　速度 $\vec{v}$ の大きさ $|\vec{v}|$ を速さ，加速度 $\vec{a}$ の大きさ $|\vec{a}|$ を加速度の大きさという。

　すなわち

$$|\vec{v}| = \sqrt{\left(\frac{dx}{dt} \right)^2 + \left(\frac{dy}{dt} \right)^2}, \qquad |\vec{a}| = \sqrt{\left(\frac{d^2x}{dt^2} \right)^2 + \left(\frac{d^2y}{dt^2} \right)^2}$$

第3節　微分法の応用

　ここでは，微分法の応用として，極大値・極小値の問題を考え，平均値の定理やロルの定理，さらにはロピタルの定理，テイラーの定理といった重要な定理について学ぼう。

A　極大値と極小値

　2章1節Aで学習したように，関数 $f(x)$ の $x=a$ における微分係数は，関数のグラフの $x=a$ における接線の傾きと一致する。このことから，$x=a$ における微分係数を確認することにより，高等学校で学んだように，関数 $f(x)$ の $x=a$ の"近く"での増減の様子や関数 $f(x)$ の増減が入れかわる x の値を調べることができる。

　関数の極大値と極小値の厳密な定義の前に，まずは関数のグラフから，関数 $f(x)$ の $x=a$ の近くでの増減の様子をつかむことはできないだろうか。コンピュータを使って与えられた関数のグラフをかいて関数の増減などを調べてみよう。

例 13　関数のグラフ，増減

　関数 $f(x)=x^5-5x$ のグラフは図のようになる。図からわかるように，関数 $f(x)$ は $x=1$ で減少から増加に変化し，$x=1$ で局所的に"最小"となっている。

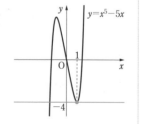

このとき，グラフの接線の傾きも，$x=1$ で負から正へと変わることがわかる。

また，$x=1$ で接線の傾きが 0 となっているので，微分係数 $f'(1)=0$ となっていることもわかる。

　例13から，関数の局所的な様子として，その範囲での"極大・極小"と微分係数の関係が観察できた。

高等学校では多くの場合，連続な関数 $f(x)$ が $x=a$ を境にして，

「増加から減少に移るとき $f(x)$ は $x=a$ で極大，$f(a)$ を極大値

減少から増加に移るとき $f(x)$ は $x=a$ で極小，$f(a)$ を極小値」

と定義していた。

ここでは改めて，高等学校での定義の拡張として，関数の極大値・極小値を次のように定義する。

定義 2-5　関数の極大・極小

関数 $f(x)$ の定義域が $x=a$ を含むとする。

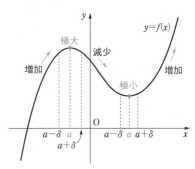

・ある正の実数 δ が存在して，関数 $f(x)$ の定義域内の x が $a-\delta<x<a+\delta$ かつ $x \neq a$ を満たし $f(x)<f(a)$ となるとき，$f(x)$ は $x=a$ で **極大** であるといい，$f(a)$ を **極大値** という。

・ある正の実数 δ が存在して，関数 $f(x)$ の定義域内の x が $a-\delta<x<a+\delta$ かつ $x \neq a$ を満たし $f(x)>f(a)$ となるとき，$f(x)$ は $x=a$ で **極小** であるといい，$f(a)$ を **極小値** という。

極大値と極小値を合わせて **極値** という。

注意 定義 2-5 は，$x=a$ で連続でない関数についても取り扱えるため，高等学校の定義よりもより広い場合に適用できる。

練習 16 関数 $f(x)=\begin{cases} x^2 & (x \neq 0) \\ 1 & (x=0) \end{cases}$ が，$x=0$ で極大値 1 をとることを示せ。

例 13 のように，微分可能な関数 $f(x)$ が $x=a$ で減少から増加（増加から減少）に変化するとき，関数のグラフの接線の傾きが負から正（正から負）に変わるので，$f(x)$ の $x=a$ における微分係数 $f'(a)$ は 0 となることがわかる。

実際，次の定理が成り立つ。

関数の極値と導関数の定理

微分可能な関数 $f(x)$ が $x=a$ で極大値または極小値をとるならば，$f'(a)=0$ である。

証明 微分可能な関数 $f(x)$ が $x=a$ で極小値をとる場合の証明を与える。$x=a$ における微分係数について，関数の極限と片側極限の定理（36 ページ）より

$$f'(a)=\lim_{x\to a-0}\frac{f(x)-f(a)}{x-a}=\lim_{x\to a+0}\frac{f(x)-f(a)}{x-a}$$

が成り立つ。ここで，$f(a)$ は極小値なので，x が a に十分近い場合，$f(x)-f(a)\geqq0$ が成り立つ。一方で $x-a$ は，$x\longrightarrow a-0$ のとき負であり，$x\longrightarrow a+0$ のとき正である。

このことと，関数の大小関係と極限の定理（33 ページ）および関数の極限と片側極限の定理より，次が成り立つ。

$$\lim_{x\to a-0}\frac{f(x)-f(a)}{x-a}\leqq0 \quad かつ \quad \lim_{x\to a+0}\frac{f(x)-f(a)}{x-a}\geqq0$$

したがって，$f'(a)=0$ が示された。

$f(x)$ が $x=a$ で極大値の場合も，同様に示すことができる。　■

注意 微分可能な関数 $f(x)$ の最大値・最小値は，特に極大値・極小値でもあるので，上の定理により，最大値・最小値を与える $x=a$ においても微分係数 $f'(a)$ は 0 になる。

補足 微分可能な関数 $f(x)$ について，$x=a$ で $f'(a)=0$ となるとき，関数 $f(x)$ のグラフ上の点 $(a, f(a))$ を $f(x)$ の **停留点**，もしくは **臨界点** という。

関数の極値と導関数の定理の逆は成り立たない。つまり，$x=a$ で微分可能な関数 $f(x)$ について，$f'(a)=0$ であっても，$f(a)$ が極値でないこともある。例えば，$f(x)=x^3$ については，$f'(0)=0$ であるが，$f(0)$ が極値にならない。

練習 17 関数 $f(x)=x^3$ について，$f'(0)=0$ であるが，$f(0)$ が極値にはならないことを確かめよ。また，関数 $g(x)=x^5$ についても同じことが成り立つことを示せ。

例題 4 　関数 $f(x)=\dfrac{x^5}{5}-\dfrac{x^3}{3}+4$ の極値を求めよ。

解答 　導関数を求めると

$$f'(x)=x^4-x^2=x^2(x^2-1)=x^2(x+1)(x-1)$$

$f'(x)=0$ とすると 　　$x=-1,\ 0,\ 1$

$f(x)$ の増減表は次のようになる。

x		-1		0		1	
$f'(x)$	$+$	0	$-$	0	$-$	0	$+$
$f(x)$	↗	$\dfrac{62}{15}$	↘	4	↘	$\dfrac{58}{15}$	↗

よって, $f(x)$ は $x=-1$ で極大値 $\dfrac{62}{15}$, $x=1$ で極小値 $\dfrac{58}{15}$ を

とる。

練習 18 　関数 $f(x)=\mathrm{Sin}^{-1}x^2\ (-1<x<1)$ の極値を求めよ。

B 平均値の定理・ロルの定理

80 ページの例 13 では, グラフと接線の様子から, 微分係数と関数の増
減の関係について直感的に予想した。ここでは, このことを数学的に厳密
に証明する。そのために, 2 つの定理を準備する。

ロルの定理

閉区間 $[a,\ b]\ (a<b)$ 上で連続で, 開
区間 $(a,\ b)$ で微分可能な関数 $f(x)$ に
ついて, 次が成り立つ。

$f(a)=f(b)$ ならば, $f'(c)=0$ となる実
数 $c\ (a<c<b)$ が少なくとも 1 つ存在す
る。

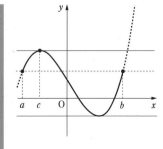

証明 最大値・最小値原理 (45ページ) より，$f(x)$ は $[a, b]$ 上で最大値と最小値をとる。

$f(x)$ が開区間 (a, b) の点 $x=c$ で最大値または最小値をとるなら，関数の極値と導関数の定理 (82ページ) より $f'(c)=0$ である。

$f(x)$ が $[a, b]$ 上の端点 a，b でのみ最大値・最小値をとるなら，$f(a)=f(b)$ より，最大値と最小値が等しい。

よって，$f(x)$ は定数関数であり，この場合はすべての $x\in(a, b)$ で $f'(x)=0$ である。 ∎

平均値の定理

閉区間 $[a, b]$ $(a<b)$ 上で連続で，開区間 (a, b) で微分可能な関数 $f(x)$ について，次が成り立つ。

$f'(c)=\dfrac{f(b)-f(a)}{b-a}$ となる実数 c

$(a<c<b)$ が少なくとも1つ存在する。

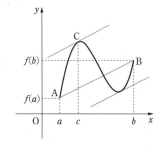

証明 関数 $g(x)$ を $g(x)=f(x)-\dfrac{f(b)-f(a)}{b-a}(x-a)$ で定義すると，これは閉区間 $[a, b]$ $(a<b)$ 上で連続で，開区間 (a, b) 上で微分可能である。

また，$g(a)=g(b)=f(a)$ である。

よって，ロルの定理より，$g'(c)=0$ となる $c\in(a, b)$ が，少なくとも1つ存在する。

このとき，$g'(c)=0$ かつ $g'(c)=f'(c)-\dfrac{f(b)-f(a)}{b-a}$ であるから

$$f'(c)=\frac{f(b)-f(a)}{b-a}$$

したがって，平均値の定理は成り立つ。 ∎

例題 5 関数 $f(x)=2\sqrt{x}$ と区間 $[1, 4]$ について，平均値の定理の式
$$\frac{f(b)-f(a)}{b-a}=f'(c), \quad a<c<b$$ を満たす実数 c の値を求めよ。

解答 関数 $f(x)$ は区間 $(1, 4)$ で微分可能で
$$f'(x)=\frac{1}{\sqrt{x}}$$

平均値の定理の式 $\dfrac{f(4)-f(1)}{4-1}=f'(c)$ を満たす c の値は，

$$\frac{4-2}{3}=\frac{1}{\sqrt{c}} \text{ から } \qquad \sqrt{c}=\frac{3}{2}$$

ゆえに $\qquad c=\dfrac{9}{4}$

これは $1<c<4$ を満たすから，求める c の値である。

　平均値の定理を使うと，微分係数と関数の増減の関係について，例えば，次のことがわかる。

例題 6 関数 $f(x)$ が開区間 I 上で微分可能であり，任意の $x\in I$ について $f'(x)>0$ であるならば，$f(x)$ は I で増加関数であることを示せ。

解答 $a\in I$，$b\in I$ に対して $a<b$ ならば $f(a)<f(b)$ が成り立つことを示せばよい。

平均値の定理より，$f'(c)=\dfrac{f(b)-f(a)}{b-a}$ となる実数 c

$(a<c<b)$ が少なくとも 1 つ存在する。

このとき，任意の $x\in I$ について $f'(x)>0$ より $\qquad f'(c)>0$

よって，$b-a>0$ ならば $\qquad f(b)-f(a)>0$ ∎

練習 19 関数 $f(x)$ が開区間 I 上で微分可能であり，任意の $x\in I$ について $f'(x)<0$ であるならば，$f(x)$ は I で減少関数である，すなわち，$a\in I$，$b\in I$ に対して $a<b$ ならば $f(a)>f(b)$ が成り立つことを示せ。

次に，微分係数が常に 0 の場合を考えてみよう。

例14　微分係数が常に 0 である関数

関数 $f(x)$ が開区間 I 上で微分可能であり，任意の $x \in I$ について $f'(x) = 0$ であるとする。

ある $c \in I$ を選び $C = f(c)$ とおく。

$x \in I$ かつ $x < c$ のとき，平均値の定理より，$f'(d) = \dfrac{f(c) - f(x)}{c - x}$

となる実数 d $(x < d < c)$ が少なくとも 1 つ存在する。

任意の $x \in I$ について $f'(x) = 0$ より $f'(d) = 0$ であるから

$$f(x) = f(c) = C$$

$x > c$ のときも同様である。

したがって，任意の $x \in I$ について $f(x) = C$（C は定数），すなわち，$f(x)$ は I 上で定数関数となる。

ここまでの事実をまとめると次のようになる。

微分係数の符号と関数の増減

関数 $f(x)$ が開区間 I 上で微分可能であるとする。

このとき，以下が成り立つ。

1.　任意の $x \in I$ について $f'(x) > 0$ ならば，$f(x)$ は I 上で増加関数である。

2.　任意の $x \in I$ について $f'(x) < 0$ ならば，$f(x)$ は I 上で減少関数である。

3.　任意の $x \in I$ について $f'(x) = 0$ ならば，$f(x)$ は I 上で定数関数である。

練習20　双曲線余弦関数 $f(x) = \cosh x$ の増減を調べよ。

さらに，第 2 次導関数を使うと，第 1 次導関数が 0 になる点において，関数が極値をとるか否かの判定をすることができる（証明は 272 ページを参照）。

系　第2次導関数と極値

関数 $f(x)$ が開区間 (a, b) $(a<b)$ 上で2回微分可能であるとし，
$c\in(a, b)$ において，$f'(c)=0$ とする。

(1)　$f''(c)>0$ ならば，$f(x)$ は $x=c$ で極小値をとる。

(2)　$f''(c)<0$ ならば，$f(x)$ は $x=c$ で極大値をとる。

注意　上の系において，$f''(c)=0$ の場合は極値をとるかどうかわからない。極値をとる場合もとらない場合もある。

　系の(1)の直感的な説明は，次のようになる。

　$f''(c)>0$ のとき，c に十分近い x では
$f''(x)>0$ となり，$f'(x)$ は増加する。

　ここで，$f'(c)=0$ であるから

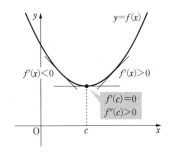

$$x<c \text{ では }\quad f'(x)<0$$
$$x>c \text{ では }\quad f'(x)>0$$

　よって，このとき $f(c)$ は極小値である。

系の(2)についても，同様にして説明する
ことができる。

例15　第2次導関数と極値の判定

例題4（83ページ）で求めた関数 $f(x)=\dfrac{x^5}{5}-\dfrac{x^3}{3}+4$ の極値を確認し
てみよう。$f'(x)=0$ とすると　　$x=-1, 0, 1$

一方，$f''(x)=(x^4-x^2)'=4x^3-2x$ となるから

$$f''(-1)=-2, \quad f''(0)=0, \quad f''(1)=2$$

よって，第2次導関数と極値の系より，$f(x)$ は $x=-1$ で極大値，
$x=1$ で極小値をとることがわかる。

注意　この方法では $x=0$ のとき，$f(x)$ が極値をとるかどうかはわからない。

練習21　関数 $f(x)=6x^5-15x^4-10x^3+30x^2$ の極値を，第2次導関数を利用
して求めよ。

C ロピタルの定理

平均値の定理の応用として，関数の極限を計算するのに有効な次の定理を得ることができる。

ロピタルの定理(1)

$f(x)$, $g(x)$ を開区間 (a, b) 上で微分可能な関数とする（ただし，$a<b$）。$\alpha \in (a, b)$ について，関数 $f(x)$, $g(x)$ は次を満たすとする。

(a) $\displaystyle \lim_{x \to \alpha} f(x) = \lim_{x \to \alpha} g(x) = 0$

(b) $x \neq \alpha$ であるすべての $x \in (a, b)$ において $g'(x) \neq 0$ である。

(c) 極限 $\displaystyle \lim_{x \to \alpha} \frac{f'(x)}{g'(x)}$ が存在する。

このとき，極限 $\displaystyle \lim_{x \to \alpha} \frac{f(x)}{g(x)}$ も存在し，$\displaystyle \lim_{x \to \alpha} \frac{f(x)}{g(x)} = \lim_{x \to \alpha} \frac{f'(x)}{g'(x)}$ が成り立つ。

補足 この定理において，「極限 $\lim\limits_{x \to \alpha}$」となっているところを「右側極限 $\lim\limits_{x \to \alpha+0}$」もしくは「左側極限 $\lim\limits_{x \to \alpha-0}$」とおき換えても，同じ主張が成り立つ。

例題 7 $\displaystyle \lim_{x \to 0} \frac{\sinh x}{x} = 1$ を証明せよ。

解答 $\sinh x$ と x は微分可能な関数で，$\displaystyle \lim_{x \to 0} \sinh x = 0$, $\displaystyle \lim_{x \to 0} x = 0$ である。また，$(x)' = 1 \neq 0$ であり

$$\lim_{x \to 0} \frac{(\sinh x)'}{(x)'} = \lim_{x \to 0} \frac{\cosh x}{1} = 1$$

よって，上記の条件 (a), (b), (c) が満たされるので，ロピタルの定理(1)より，$\displaystyle \lim_{x \to 0} \frac{\sinh x}{x} = 1$ が成り立つ。∎

補足 ギョーム・ド・ロピタルは，フランスの数学者。著書の中で，この定理が初めて紹介されているが，この定理の実際の発見者は，ヨハン・ベルヌーイである。

練習 22 次の極限値を求めよ。

(1) $\displaystyle \lim_{x \to 0} \frac{\sinh x}{\sin x}$ (2) $\displaystyle \lim_{x \to 0} \frac{\mathrm{Tan}^{-1} x}{\sqrt[3]{x}}$ (3) $\displaystyle \lim_{x \to 0} \frac{x - \sinh x}{x - \sin x}$

$f(x)$ と $g(x)$ がともに $x \longrightarrow \alpha$ で収束しない場合にも，ロピタルの定理は次のように成り立つ。

ロピタルの定理 (2)

$f(x)$, $g(x)$ を開区間 (a, b) 上で微分可能な関数とし，次を満たすとする（ただし，$a<b$）。

(a) $\displaystyle\lim_{x\to a+0} f(x)=\pm\infty$ かつ $\displaystyle\lim_{x\to a+0} g(x)=\pm\infty$

(b) すべての $x\in(a, b)$ において $g'(x)\neq0$ である。

(c) 極限 $\displaystyle\lim_{x\to a+0} \frac{f'(x)}{g'(x)}$ が存在する。

このとき，右側極限 $\displaystyle\lim_{x\to a+0} \frac{f(x)}{g(x)}$ も存在し，

$$\lim_{x\to a+0} \frac{f(x)}{g(x)}=\lim_{x\to a+0} \frac{f'(x)}{g'(x)}$$ が成り立つ。

補足 この定理において，「右側極限 $\displaystyle\lim_{x\to a+0}$」を「左側極限 $\displaystyle\lim_{x\to b-0}$」とおき換えても，同じ主張が成り立つ。

例題 8 $\displaystyle\lim_{x\to +0} x^2\log x=0$ を証明せよ。

考え方▶ $x^2\log x=\dfrac{\log x}{x^{-2}}$ と変形する。

解答

$x^2\log x=\dfrac{\log x}{x^{-2}}$ と変形すると，$\log x$ と x^{-2} は $x>0$ で微分可能で，$\displaystyle\lim_{x\to +0}\log x=-\infty$，$\displaystyle\lim_{x\to +0} x^{-2}=\infty$ である。

また，$(x^{-2})'=-2x^{-3}\neq0$ であり

$$\lim_{x\to +0}\frac{(\log x)'}{(x^{-2})'}=\lim_{x\to +0}\frac{\dfrac{1}{x}}{-2x^{-3}}=\lim_{x\to +0}\left(-\frac{x^2}{2}\right)=0$$

よって，上記の条件 (a)，(b)，(c) が満たされるので，ロピタルの定理 (2) より，$\displaystyle\lim_{x\to +0} x^2\log x=0$ が成り立つ。 ∎

補足 例題 8 のように，ロピタルの定理 (2) における条件 (a) は
「$\lim_{x\to\alpha} f(x)=\infty$ かつ $\lim_{x\to\alpha} g(x)=-\infty$」や「$\lim_{x\to\alpha} f(x)=-\infty$ かつ $\lim_{x\to\alpha} g(x)=\infty$」
であってもよく，次のように表すこともできる。

(a) $\lim_{x\to\alpha}|f(x)|=\infty$ かつ $\lim_{x\to\alpha}|g(x)|=\infty$

例題 9

$$\lim_{x\to\frac{\pi}{2}-0} \frac{\log\dfrac{1}{\cos x}}{\tan x}=0 \text{ を証明せよ。}$$

考え方▶ $x \longrightarrow \dfrac{\pi}{2}-0$ であるから，$0<x<\dfrac{\pi}{2}$ の範囲で考える。

解答

$\log\dfrac{1}{\cos x}$ と $\tan x$ は $0<x<\dfrac{\pi}{2}$ で微分可能で

$$\lim_{x\to\frac{\pi}{2}-0} \log\frac{1}{\cos x}=\infty,$$

$$\lim_{x\to\frac{\pi}{2}-0} \tan x=\infty$$

である。

また，$0<x<\dfrac{\pi}{2}$ において $(\tan x)'=\dfrac{1}{\cos^2 x}\neq 0$ であり

$$\lim_{x\to\frac{\pi}{2}-0} \frac{\left(\log\dfrac{1}{\cos x}\right)'}{(\tan x)'}=\lim_{x\to\frac{\pi}{2}-0} \frac{\dfrac{1}{\dfrac{1}{\cos x}}\cdot\left(\dfrac{1}{\cos x}\right)'}{\dfrac{1}{\cos^2 x}}$$

$$=\lim_{x\to\frac{\pi}{2}-0} \cos^3 x\cdot\left(-\frac{-\sin x}{\cos^2 x}\right)$$

$$=\lim_{x\to\frac{\pi}{2}-0} \sin x\cos x$$

$$=0$$

よって，前記の条件 (a)，(b)，(c) が満たされるので，ロピタル

の定理 (2) より，$\lim_{x\to\frac{\pi}{2}-0} \dfrac{\log\dfrac{1}{\cos x}}{\tan x}=0$ が成り立つ。 ∎

ロピタルの定理(1)は，次のように条件を変えても成り立つ。

ロピタルの定理(3)

$f(x)$，$g(x)$ を開区間 (b, ∞) 上で微分可能な関数とし，$f(x)$ と $g(x)$ は次を満たすとする。

(a) $\displaystyle\lim_{x\to\infty}f(x)=\lim_{x\to\infty}g(x)=0$

(b) $x>b$ であるすべての x において $g'(x)\neq 0$ である。

(c) 極限 $\displaystyle\lim_{x\to\infty}\frac{f'(x)}{g'(x)}$ が存在する。

このとき，極限 $\displaystyle\lim_{x\to\infty}\frac{f(x)}{g(x)}$ も存在し，$\displaystyle\lim_{x\to\infty}\frac{f(x)}{g(x)}=\lim_{x\to\infty}\frac{f'(x)}{g'(x)}$ が成り立つ。

例題 10 $\displaystyle\lim_{x\to\infty}x\left(\mathrm{Tan}^{-1}x-\frac{\pi}{2}\right)=-1$ を証明せよ。

考え方▶ $x\left(\mathrm{Tan}^{-1}x-\dfrac{\pi}{2}\right)=\dfrac{\mathrm{Tan}^{-1}x-\dfrac{\pi}{2}}{x^{-1}}$ と変形する。

解答

$\mathrm{Tan}^{-1}x-\dfrac{\pi}{2}$ と x^{-1} は微分可能な関数であり，

$\displaystyle\lim_{x\to\infty}\left(\mathrm{Tan}^{-1}x-\frac{\pi}{2}\right)=0$，$\displaystyle\lim_{x\to\infty}x^{-1}=0$ である。

また，$(x^{-1})'=-x^{-2}\neq 0$ であり

$$\lim_{x\to\infty}\frac{\left(\mathrm{Tan}^{-1}x-\dfrac{\pi}{2}\right)'}{(x^{-1})'}=\lim_{x\to\infty}\frac{\dfrac{1}{1+x^2}}{-x^{-2}}=\lim_{x\to\infty}\left(-\frac{x^2}{1+x^2}\right)$$

$$=\lim_{x\to\infty}\left(-\frac{1}{\dfrac{1}{x^2}+1}\right)=-1$$

よって，上記の条件 (a)，(b)，(c) が満たされるので，ロピタルの定理(3)より，$\displaystyle\lim_{x\to\infty}x\left(\mathrm{Tan}^{-1}x-\frac{\pi}{2}\right)=-1$ が成り立つ。∎

ロピタルの定理(3)は，次のように条件を変えても成り立つ。

ロピタルの定理(4)

$f(x)$, $g(x)$ を開区間 (b, ∞) 上で微分可能な関数とし，$f(x)$ と $g(x)$ は次を満たすとする。

(a) $\displaystyle\lim_{x \to \infty} f(x) = \pm\infty$ かつ $\displaystyle\lim_{x \to \infty} g(x) = \pm\infty$

(b) $x > b$ であるすべての x において $g'(x) \neq 0$ である。

(c) 極限 $\displaystyle\lim_{x \to \infty} \frac{f'(x)}{g'(x)}$ が存在する。

このとき，極限 $\displaystyle\lim_{x \to \infty} \frac{f(x)}{g(x)}$ も存在し，$\displaystyle\lim_{x \to \infty} \frac{f(x)}{g(x)} = \lim_{x \to \infty} \frac{f'(x)}{g'(x)}$ が成り立つ。

注意　条件(a)における「$\pm\infty$」の意味は定理(2)の場合と同じである。
また，ロピタルの定理(3)と(4)において，開区間 (b, ∞) を $(-\infty, b)$ とし，合わせて「極限 $\displaystyle\lim_{x \to \infty}$」を「極限 $\displaystyle\lim_{x \to -\infty}$」とおき換えても，同じ主張が成り立つ。

例題 11　$\displaystyle\lim_{x \to \infty} \frac{\log x}{x} = 0$ を証明せよ。

解答　$\log x$ と x は微分可能な関数であり，$\displaystyle\lim_{x \to \infty} \log x = \infty$，$\displaystyle\lim_{x \to \infty} x = \infty$ である。

また，$(x)' = 1 \neq 0$ であり

$$\lim_{x \to \infty} \frac{(\log x)'}{(x)'} = \lim_{x \to \infty} \frac{\dfrac{1}{x}}{1} = 0$$

よって，上記の条件(a), (b), (c)が満たされるので，ロピタルの定理(4)より，$\displaystyle\lim_{x \to \infty} \frac{\log x}{x} = 0$ が成り立つ。　■

練習 23　次の極限値を求めよ。

(1) $\displaystyle\lim_{x \to \infty} \frac{x}{e^x}$

(2) $\displaystyle\lim_{x \to \infty} \frac{x^2}{\sinh x}$

例題 12 $\lim_{x\to\infty} x^{\frac{1}{x}}=1$ を証明せよ。

解答

$f(x)=x^{\frac{1}{x}}$ として $\log f(x)=\dfrac{\log x}{x}$ を考える。

例題 11 より $\quad \lim_{x\to\infty}\log f(x)=\lim_{x\to\infty}\dfrac{\log x}{x}=0$

指数関数の連続性より $\quad \lim_{x\to\infty}f(x)=e^0=1$

よって $\quad \lim_{x\to\infty}x^{\frac{1}{x}}=1$ ∎

練習 24 $\lim_{x\to\frac{\pi}{2}-0}(\tan x)^{\cos x}=1$ を証明せよ。

4つのロピタルの定理の証明は 273～278 ページを参照。

補充問題

1 関数 $f(x)=x^6-3x^2+1$ の極大値と極小値を求めよ。

2 $a,\ b$ は実数とする。平均値の定理を用いて，次の不等式が成り立つことを証明せよ。

$$a<b \quad ならば \quad \sinh a<\frac{\cosh b-\cosh a}{b-a}<\sinh b$$

3 次の極限値を求めよ。

(1) $\displaystyle\lim_{x\to1}\frac{\log x}{\cos\dfrac{\pi}{2x}}$ 　　(2) $\displaystyle\lim_{x\to0}\frac{2\sin x-\sin 2x}{x-\sin x}$

研究　ロピタルの定理の結果が成り立たない例

ロピタルの定理 (1) から (4) においては，考えている関数 $f(x)$，$g(x)$ について，それらの条件 (a)，(b)，(c) が成り立たなければ，一般にその結果である極限の間の等式も成り立たない。

そのような例の 1 つを挙げよう。

$f(x) = x + \cos x \sin x$，$g(x) = e^{\sin x}(x + \cos x \sin x)$ とする。この場合，$\lim\limits_{x \to \infty} f(x) = +\infty$，$\lim\limits_{x \to \infty} g(x) = +\infty$ なので，ロピタルの定理 (4) の条件 (a) が成り立つ。

また
$$f'(x) = 1 - \sin^2 x + \cos^2 x = 2\cos^2 x$$
$$g'(x) = e^{\sin x} \cos x (x + \cos x \sin x) + e^{\sin x} \cdot 2\cos^2 x$$
$$= e^{\sin x} \cos x (x + \cos x \sin x + 2\cos x)$$

より
$$\lim_{x \to \infty} \frac{f'(x)}{g'(x)} = \lim_{x \to \infty} \frac{2\cos x}{e^{\sin x}(x + \cos x \sin x + 2\cos x)}$$
$$= 0$$

なので，条件 (c) も成り立つ。

しかし，$g'(x) = e^{\sin x}(x + \cos x \sin x + 2\cos x)\cos x$ は，$\cos x = 0$ となる $x = \dfrac{1}{2}\pi + n\pi$ （n は任意の整数）で 0 となる。

よって，b をどんな実数にとっても，条件 (b) は成立しない。

そして，このとき
$$\frac{f(x)}{g(x)} = \frac{1}{e^{\sin x}}$$

は $\dfrac{1}{e}$ と e の間を振動するので，$x \longrightarrow \infty$ で極限をもたない。

すなわち，ロピタルの定理 (4) の結果は成り立たない。

このように，ロピタルの定理を利用して極限を求めるときは，条件 (a)，(b)，(c) がすべて成り立つかどうかを確認することが大切である。

D テイラーの定理

2章1節Aで説明したように，関数の $x=a$ における微分係数は，関数のグラフの $x=a$ での接線の傾きと一致する。

つまり，関数 $y=f(x)$ のグラフと $x=a$ におけ
る接線 $y=f'(a)(x-a)+f(a)$ は，$x=a$
に十分近い場所では，よく似た曲線となっ
ている。

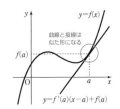

いい換えると，$x=a$ の十分近くで，関数 $f(x)$
は1次関数 $f'(a)(x-a)+f(a)$ で近似される。

では，近似の精度をより上げるために，2次近似，3次近似（例えば，3次近似とは，関数を3次の多項式関数で近似すること），……と関数を近似することはできないだろうか。

微分法を用いて，この方法を与えるのが，次のテイラーの定理である。

テイラーの定理

$f(x)$ を開区間 I 上で n 回微分可能な関数とし，$a \in I$ とする。このとき，任意の $x \in I$ に対して，a と x の間にある定数 c_x が存在して，次が成り立つ。

$$f(x)=f(a)+f'(a)(x-a)+\frac{1}{2!}f''(a)(x-a)^2+\frac{1}{3!}f'''(a)(x-a)^3$$

$$+\cdots\cdots+\frac{1}{(n-1)!}f^{(n-1)}(a)(x-a)^{n-1}+\frac{1}{n!}f^{(n)}(c_x)(x-a)^n$$

上の式は，記号 $\sum$ を使うと，次のようにも表される。

$$f(x)=\sum_{k=0}^{n-1}\frac{1}{k!}f^{(k)}(a)(x-a)^k+\frac{1}{n!}f^{(n)}(c_x)(x-a)^n$$

証明は，$n=3$ の場合について，本節の最後で与える。

補足 自然数 n に対して，$n!$ は n の階乗を表す。つまり，$n!=n\times(n-1)\times\cdots\cdots\times2\times1$ である。なお，$0!=1$ と定義する。

ここで，テイラーの定理の意味を確認しよう。

$n=2$ の場合，テイラーの定理は

$$f(x)=f(a)+f'(a)(x-a)+\frac{1}{2}f''(c_x)(x-a)^2$$

となる。

x が a に十分近いとき，$(x-a)^2$ は非常に小さな値になる。したがって，$n=2$ の場合のテイラーの定理は，$x=a$ の近くで，関数 $f(x)$ が 1 次関数 $f'(a)(x-a)+f(a)$ で近似されることを示している。

一般の n についても同様に，テイラーの定理は次のことを意味している。

$x=a$ の十分近くで，関数 $f(x)$ は $(n-1)$ 次関数

$$\frac{f^{(n-1)}(a)}{(n-1)!}(x-a)^{n-1}+\cdots\cdots+\frac{f''(a)}{2!}(x-a)^2+f'(a)(x-a)+f(a)$$

で近似される。

この多項式関数（もしくは多項式）を，$x=a$ における関数 $f(x)$ の **$(n-1)$ 次近似** という。また，テイラーの定理における最後の項

$\dfrac{1}{n!}f^{(n)}(c_x)(x-a)^n$ を **剰余項**（または，ラグランジュ剰余項）という。

関数 $f(x)$ を **$(n-1)$ 次近似＋剰余項** の形に表すこと，もしくはその形を，**関数 $f(x)$ の n 次テイラー展開** という。

例 16 正弦関数の原点の近くでの多項式関数による近似

図は，正弦関数 $f(x)=\sin x$ が

$$P_1(x)=x$$

$$P_3(x)=x-\frac{1}{6}x^3$$

$$P_5(x)=x-\frac{1}{6}x^3+\frac{1}{120}x^5$$

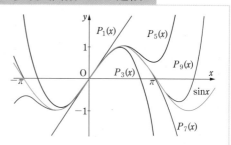

などによって，原点の十分近く

で，次第によく近似されていく様子を表している。

練習 25 余弦関数 $f(x)=\cos x$ の $x=0$ における近似を 4 次まで求めよ。

テイラーの定理において，$\dfrac{c_x-a}{x-a}=\theta$ とおくと，

$a<c_x<x$，$x<c_x<a$ のどちらの場合も $0<\theta<1$ で，

$c_x=a+\theta(x-a)$ となる。

よって，剰余項 $\dfrac{1}{n!}f^{(n)}(c_x)(x-a)^n$ は，$0<\theta<1$ である実数 θ を用いて，次のようにも表される。

$$\frac{1}{n!}f^{(n)}(a+\theta(x-a))(x-a)^n$$

$x=0$ におけるテイラー展開は，非常によく使われるため，特に，**マクローリン展開** と呼ばれる。

例 17 指数関数 $f(x)=e^x$ のマクローリン展開

指数関数 e^x は，すべての自然数 k について，$(e^x)^{(k)}=e^x$ を満たす。よって，e^x のマクローリン展開は，次で与えられる。

$$e^x=1+x+\frac{x^2}{2!}+\frac{x^3}{3!}+\cdots\cdots+\frac{x^{n-1}}{(n-1)!}+\frac{e^{\theta x}x^n}{n!}$$

ただし，θ は $0<\theta<1$ を満たす定数。

練習 26 (1) 正弦関数 $f(x)=\sin x$ の 4 次のマクローリン展開を求めよ。
(2) 正接関数 $f(x)=\tan x$ の 4 次のマクローリン展開を求めよ。

ここで，初等関数のマクローリン展開をまとめておこう。

$$e^x=1+x+\frac{x^2}{2!}+\frac{x^3}{3!}+\cdots\cdots+\frac{x^{n-1}}{(n-1)!}+\frac{e^{\theta x}x^n}{n!} \quad (0<\theta<1)$$

$$\log(x+1)=x-\frac{1}{2}x^2+\cdots\cdots+\frac{(-1)^n}{n-1}x^{n-1}+\frac{(-1)^{n+1}}{n(\theta x+1)^n}x^n \quad (0<\theta<1)$$

$$\sin x=x-\frac{1}{3!}x^3+\frac{1}{5!}x^5-\cdots\cdots+\frac{(-1)^{m-1}}{(2m-1)!}x^{2m-1}+\frac{(-1)^m\sin\theta x}{(2m)!}x^{2m}$$
$$(0<\theta<1)$$

$$\cos x=1-\frac{1}{2!}x^2+\frac{1}{4!}x^4-\cdots\cdots+\frac{(-1)^{m-1}}{(2m-2)!}x^{2m-2}+\frac{(-1)^m\sin\theta x}{(2m-1)!}x^{2m-1}$$
$$(0<\theta<1)$$

　最後に，テイラーの定理の $n=3$ の場合の証明を与えよう。

証明 $x=a$ ならば，（左辺）$=f(a)=$（右辺）が成り立つ。

　$x \neq a$ のとき，関数 $f(x)$ を多項式関数で近似するために

$$f(x)=f(a)+f'(a)(x-a)+\frac{1}{2!}f''(a)(x-a)^2+A(x-a)^3$$

とおいて，定数 A の値を求める。

　ここで，x の値を固定し

$$g(t)=f(x)-\left\{f(t)+f'(t)(x-t)+\frac{1}{2!}f''(t)(x-t)^2+A(x-t)^3\right\}$$

で定まる関数 $g(t)$ $(t \in I)$ を考える。

　このとき，$g(t)$ は I 上で微分可能な関数であり，$g(a)=g(x)=0$ を満たす。

　よって，ロルの定理 (83 ページ) より，$g'(c_x)=0$ となる実数 c_x $(c_x$ は a と x の間の実数) が存在する。

　そこで，$g'(t)$ を計算してみると

$$\begin{aligned}g'(t)=&-\{f'(t)+f''(t)(x-t)-f'(t)\\&+\frac{1}{2!}f'''(t)(x-t)^2-f''(t)(x-t)-3A(x-t)^2\}\\=&-\left\{\frac{1}{2!}f'''(t)(x-t)^2-3A(x-t)^2\right\}\end{aligned}$$

となる。

　この式と $g'(c_x)=0$ より

$$-\frac{1}{2!}f'''(c_x)(x-c_x)^2+3A(x-c_x)^2=0$$

よって　　$A=\frac{1}{3!}f'''(c_x)$

　したがって，$f(x)$ について次が成り立つ。

$$f(x)=f(a)+f'(a)(x-a)+\frac{1}{2!}f''(a)(x-a)^2+\frac{1}{3!}f'''(c_x)(x-a)^3 \quad ■$$

　一般の n の場合も，同様に示すことができる。

研究 級数

　高等学校では，無限級数について基本的な事柄を学んだ。まずは，それらを簡単に振り返っておこう。

　無限数列 a_1, a_2, a_3, ……, a_n, …… において，各項を前から順に＋の記号で結んで得られる式

$$a_1+a_2+a_3+\cdots\cdots+a_n+\cdots\cdots \quad \cdots\cdots ①$$

を **無限級数** といい，a_1 をその初項，a_n を第 n 項という。この無限級数 ① を $\sum\limits_{n=1}^{\infty} a_n$ とも書き表す。また，この無限級数において，数列 $\{a_n\}$ の初項から第 n 項までの和

$$S_n=\sum_{k=1}^{n} a_k=a_1+a_2+a_3+\cdots\cdots+a_n$$

を，無限級数 ① の第 n 項までの **部分和** という。

　部分和のつくる無限数列 $\{S_n\}$ が収束して，その極限値が S であるとき，すなわち $\lim\limits_{n\to\infty} S_n=\lim\limits_{n\to\infty}\sum\limits_{k=1}^{n} a_k=S$ となるとき，無限級数 ① は収束するという。このとき，数列 $\{S_n\}$ の極限値 S を無限級数 ① の和という。この和 S も $\sum\limits_{n=1}^{\infty} a_n$ と書き表すことがある。

　数列 $\{S_n\}$ が発散するとき，無限級数 ① は発散するという。

　初項 a，公比 r の無限等比数列 $\{ar^{n-1}\}$ によってつくられる無限級数

$$a+ar+ar^2+\cdots\cdots+ar^{n-1}+\cdots\cdots \quad \cdots\cdots ②$$

を，初項 a，公比 r の **無限等比級数** という。

　無限等比級数 ② は

　　$a\neq 0$ のとき

　　　　$|r|<1$ ならば収束し，その和は $\dfrac{a}{1-r}$ である。

　　　　$|r|\geq 1$ ならば発散する。

　　$a=0$ のとき収束し，その和は 0 である。

無限級数の収束と発散については，以下のことが成り立つ。

[1]　無限級数 $\sum\limits_{n=1}^{\infty} a_n$ が収束する　$\Longrightarrow$　$\lim\limits_{n\to\infty} a_n = 0$

[2]　数列 $\{a_n\}$ が 0 に収束しない　$\Longrightarrow$　無限級数 $\sum\limits_{n=1}^{\infty} a_n$ は発散する

注意　命題 [2] は命題 [1] の対偶である。命題 [1] の逆は偽である。すなわち $\lim\limits_{n\to\infty} a_n = 0$ であっても，無限級数 $\sum\limits_{n=1}^{\infty} a_n$ が収束するとは限らない。

（例）　$a_n = \dfrac{1}{n}$ で表される数列 $\{a_n\}$ は，$\lim\limits_{n\to\infty} a_n = 0$ であるが $\sum\limits_{n=1}^{\infty} a_n = \infty$

関数 $f(x)$ が $x=a$ の近くで何回でも微分可能である，つまり C^{∞} 級関数であるとき

$$\sum_{k=0}^{\infty} \frac{1}{k!} f^{(k)}(a)(x-a)^k = f(a) + f'(a)(x-a)$$

$$+ \frac{1}{2!} f''(a)(x-a)^2 + \frac{1}{3!} f'''(a)(x-a)^3 + \cdots\cdots$$

という無限級数を考えることができる。この級数が以下に述べる正の収束半径をもち，これが定める関数が $x=a$ の十分近くで $f(x)$ と一致するとき，関数 $f(x)$ は $x=a$ で **テイラー展開可能**，あるいは **解析的である** といい，$\sum\limits_{k=0}^{\infty} \dfrac{1}{k!} f^{(k)}(a)(x-a)^k$ を $f(x)$ の $x=a$ における **テイラー級数** という。

ここで数列 $\{a_n\}$ と実数 b，および変数 x によって

$$\sum_{n=0}^{\infty} a_n(x-b)^n = a_0 + a_1(x-b) + a_2(x-b)^2 + \cdots\cdots$$

と表される級数を，$x=b$ を中心とした **べき級数** という。

なお，べき級数 $\sum\limits_{n=0}^{\infty} a_n x^n$ が，$x=u$ で収束するときの $|u|$ の値の上限を r とするとき，この r をべき級数 $\sum\limits_{n=0}^{\infty} a_n x^n$ の収束半径という。ただし，上限とは，その集合のすべての要素以上の数の中の最小値をいう。

研究　ランダウ記号と漸近展開

　テイラー展開では，関数 $f(x)$ を n 次多項式で近似できる。では，その
ときの誤差 ($(n+1)$ 次以上の項) はどうなっているのだろうか。それを説
明するために，まず，次の記号を導入する。

　$x=a$ の十分近くで定義されている関数 $f(x)$ と $g(x)$ について，

$\displaystyle\lim_{x\to a}\dfrac{f(x)}{g(x)}=0$ が成り立つとき　　$f(x)=o(g(x))$　$(x\longrightarrow a)$

と書く。

　ここで「o」は **ランダウ記号** と呼ばれるもので，このような記法を **ラ
ンダウの漸近記法** という。これは，「$x=a$ の近くでは $f(x)$ は $g(x)$ より
もはるかに小さい」ということを表している。

　ランダウ記号を用いると，テイラー展開は次の定理のように書き表せる。

漸近展開

$f(x)$ が a を含む開区間上で C^n 級の関数とする。このとき，次の等式が
成り立つ。

$$f(x)=f(a)+f'(a)(x-a)+\frac{1}{2!}f''(a)(x-a)^2$$

$$+\cdots\cdots+\frac{1}{n!}f^{(n)}(a)(x-a)^n+o((x-a)^n)\quad(x\longrightarrow a)$$

　この展開は，n 次の多項式関数

$P_n(x)=f(a)+f'(a)(x-a)+\dfrac{1}{2!}f''(a)(x-a)^2+\cdots\cdots+\dfrac{1}{n!}f^{(n)}(a)(x-a)^n$

で $f(x)$ を近似したとき，その差 $f(x)-P_n(x)$ が，$x=a$ の十分近くでは
$(x-a)^n$ よりもはるかに小さいということを表している。上のような展開
を $f(x)$ の $x=a$ における n 次の **漸近展開** という。

章末問題 A

1 次の関数の導関数を求めよ。

(1) $\mathrm{Sin}^{-1}(-2x^3+1)$　　(2) $\tan(\mathrm{Cos}^{-1}x)$　　(3) $\log(\cosh(3x+2))$

2 $x>0$ のとき，$\dfrac{x}{1+x^2}<\mathrm{Tan}^{-1}x<x$ を示せ。

3 関数 $f(x)=\sqrt[3]{x}$ が $x=0$ で微分可能でないことを示せ。

4 次の関数 $f(x)$ について，与えられた点における 4 次のテイラー展開を求めよ。

(1) $f(x)=\dfrac{1}{x+1}$, $x=1$　　　　(2) $f(x)=\sinh x$, $x=0$

章末問題 B

5 次の極限値を求めよ。

(1) $\displaystyle\lim_{x\to0}\dfrac{\cosh x-1}{x^2}$　　(2) $\displaystyle\lim_{x\to0}\dfrac{\mathrm{Tan}^{-1}x-x}{x^3}$　　(3) $\displaystyle\lim_{x\to\infty}\dfrac{x^5}{e^x}$

6 関数 $f(x)=e^x$ の 4 次のマクローリン展開を求め，e の近似値を求めよ。

7 次で定義される関数 $f(x)$ は $x=0$ で微分可能であることを示せ。

$$f(x)=\begin{cases} x^2 & (x\text{ は有理数}) \\ 0 & (x\text{ は無理数}) \end{cases}$$

8 n 回微分可能な関数 $f(x)$ と $g(x)$ に対して，次の等式が成り立つことを示せ。

$$\{f(x)g(x)\}^{(n)}=\sum_{k=0}^{n}{}_n\mathrm{C}_k\,f^{(n-k)}(x)g^k(x)$$

第3章　積分（1変数）

　この章では，積分法の厳密な定義からスタートし，微分積分学の基本定理を説明してから，高等学校の積分の拡張である「広義積分」を学ぶ。

　最後に，いくつかの積分法の重要な応用について触れる。

古代ギリシャのアルキメデス（紀元前3世紀頃）は，無限に小さくなっていく図形の列を考える方法により，円周率を計算し，円の面積，球の体積・表面積の公式を導いた。これが積分法の1つの起源とされている。

このように無限小を考えて図形の面積を求める方法であった「積分法」と，前章で学んだ「微分法」が，実は表裏一体であることを示したのが，ニュートンとライプニッツである。その結果は重要な定理として，今では「微分積分学の基本定理」と呼ばれている。

アルキメデス，紀元前287年-紀元前212年

第1節　積分とは

　積分の定義について，高等学校で行われたものと大学以降の数学で行われるものの違いを，ここであらためて明確にする。

A　積分可能性と定積分

　高等学校では，積分は微分の逆操作であるという考え方をもとにして，

不定積分　　$F'(x)=f(x)$ のとき　$\int f(x)dx=F(x)+C$（Cは積分定数）

定積分　　　$F'(x)=f(x)$ のとき　$\int_a^b f(x)dx=F(b)-F(a)$

の順に定義した後，定積分と面積について，次のように説明した。

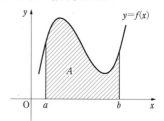

> 　関数 $f(x)$ について，閉区間 $[a, b]$ で常に $f(x)\geqq 0$ のとき，定積分 $\int_a^b f(x)dx$ は，曲線 $y=f(x)$ と x 軸，および，x 軸と垂直な2直線 $x=a$，$x=b$ によって囲まれた図の斜線部分の領域 A の面積を表す。

　この説明を正当化するために，まず面積とは何かを考えよう。

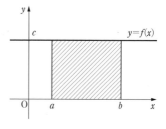

　まず，長方形の面積を「縦の長さ×横の長さ」として定義することにする。このとき，定数関数 $f(x)=c$（c は実数の定数，$c>0$）に対して，曲線 $y=f(x)$ と x 軸，および，x 軸と垂直な2直線 $x=a$，$x=b$ によって囲まれた領域は，縦の長さが c，横の長さが $b-a$ の長方形であり，その面積は $c(b-a)$ となる（ただし，$a<b$）。

　これに対して，関数 $F(x)=cx$ を考えると，確かに $F'(x)=f(x)$ であり，$F(b)-F(a)=c(b-a)$ が成り立つ。

　以下，関数 $f(x)$ は閉区間 $[a, b]$ で連続で $f(x) \geqq 0$ を満たすと仮定して，前ページの上の図の斜線部分の領域 A の面積を，長方形の面積の和で近似して求めていくことを考える。

　そのために，まず閉区間 $[a, b]$ を，次のような実数列を用いて，より小さい区間に分割をする。

$$a = a_0 < a_1 < a_2 < \cdots\cdots < a_{n-1} < a_n = b$$

この数列に対して，区間の列

$$[a_0, a_1], \ [a_1, a_2], \ \cdots\cdots, \ [a_{n-1}, a_n]$$

を考える（この小区間の列を，区間 $[a, b]$ の **分割** ともいう）。

　次に，$i = 0, 1, \cdots\cdots, n-1$ について，各小区間 $[a_i, a_{i+1}]$ における $f(x)$ の値の最小値を m_i，最大値を M_i とする。

　すなわち

$$m_i = \min \{f(x) \mid a_i \leqq x \leqq a_{i+1}\},$$
$$M_i = \max \{f(x) \mid a_i \leqq x \leqq a_{i+1}\}$$

とする。このとき，次の和は，斜線部分の領域 A の面積の近似を与えていると考えられる。

$$s = \sum_{i=0}^{n-1} m_i(a_{i+1} - a_i),$$
$$S = \sum_{i=0}^{n-1} M_i(a_{i+1} - a_i)$$

また

$$s \leqq (斜線部分の領域 A の面積) \leqq S$$

が成り立っていると考えられる。

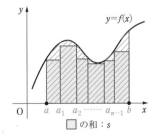

□ の和：s

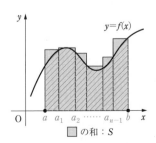

□ の和：S

以上を踏まえて，積分可能性と定積分を次のように定義する。

定義 3-1　積分可能と定積分

閉区間 $[a, b]$ に対して，前ページのような小区間の列をいろいろとり直して，より細かな分割を考えていくとき，（どのような分割にしても）s と S の極限が存在して一致するならば，関数 $f(x)$ は区間 $[a, b]$ 上で **積分可能** という。またこのときの極限の値を $\int_a^b f(x)dx$ と書いて，区間 $[a, b]$ における関数 $f(x)$ の **定積分** という。

補足　この定義における積分可能性は，リーマン積分可能とも呼ばれる[1]。これは，1854年にドイツの数学者ベルンハルト・リーマン（1826-1866）によって導入されたことにちなんでいる。リーマンは解析学，幾何学，数論の分野で非常に優れた先駆的な業績を上げた。リーマン積分をより一般化した概念としてルベーグ積分と呼ばれるものもある。

105ページの説明では関数 $f(x)$ が連続な場合を考えたが，連続でない関数についても同じように積分可能性は定義される[2]。

また，$f(x) \leqq 0$ の範囲においても，x 軸の下方にある領域の面積を負とした面積（符号つき面積）を考えることによって，

「曲線 $y=f(x)$ と x 軸，および，x 軸と垂直な2直線 $x=a$，$x=b$ によって囲まれた領域の面積は定積分の値に一致する」

ということができる。

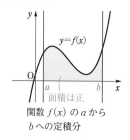

関数 $f(x)$ の a から b への定積分

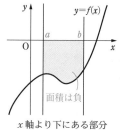

x 軸より下にある部分の面積は負の数

---

1) より厳密な定義については，『数研講座シリーズ　大学教養　微分積分』を参照。

2) 連続でない関数については，各小区間において，最大値・最小値が存在しない場合がありうる。その場合には，代わりに上限・下限という概念を使う。詳しくは，『数研講座シリーズ　大学教養　微分積分』を参照。

例1 面積と定積分

$\int_0^1 x^2\,dx$ を計算してみよう。$n \geqq 2$ のとき，

区間 $[0,\ 1]$ の分割として，以下を考える。

$$0 = \frac{0}{n} < \frac{1}{n} < \frac{2}{n} < \cdots\cdots < \frac{n-1}{n} < \frac{n}{n} = 1$$

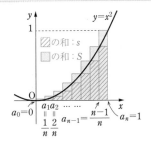

$a_i = \dfrac{i}{n}\ (0 \leqq i \leqq n-1)$ とするとき，各小区間

$[a_i,\ a_{i+1}] = \left[\dfrac{i}{n},\ \dfrac{i+1}{n}\right]$ においては，次のようになっている。

$$m_i = \left(\frac{i}{n}\right)^2, \qquad M_i = \left(\frac{i+1}{n}\right)^2$$

このとき

$$s = \sum_{i=0}^{n-1} m_i(a_{i+1} - a_i) = \sum_{i=0}^{n-1} \left(\frac{i}{n}\right)^2 \cdot \frac{1}{n}$$

$$= \frac{1}{n^3} \sum_{i=0}^{n-1} i^2 = \frac{1}{n^3} \sum_{i=1}^{n-1} i^2 = \frac{1}{n^3} \cdot \frac{1}{6}(n-1)(n-1+1)\{2(n-1)+1\}$$

$$= \frac{1}{n^3} \cdot \frac{1}{6}(n-1)n(2n-1) = \frac{1}{6}\left(1 - \frac{1}{n}\right)\left(2 - \frac{1}{n}\right)$$

$$S = \sum_{i=0}^{n-1} M_i(a_{i+1} - a_i) = \sum_{i=0}^{n-1} \left(\frac{i+1}{n}\right)^2 \cdot \frac{1}{n}$$

$$= \frac{1}{n^3} \sum_{i=0}^{n-1} (i+1)^2 = \frac{1}{n^3} \sum_{i=1}^{n} i^2$$

$$= \frac{1}{n^3} \cdot \frac{1}{6}n(n+1)(2n+1) = \frac{1}{6}\left(1 + \frac{1}{n}\right)\left(2 + \frac{1}{n}\right)$$

分割をどんどん細かくする，つまり $n \longrightarrow \infty$ として s, S の極限を考えると

$$s = \frac{1}{6}\left(1 - \frac{1}{n}\right)\left(2 - \frac{1}{n}\right) \longrightarrow \frac{1}{3}, \qquad S = \frac{1}{6}\left(1 + \frac{1}{n}\right)\left(2 + \frac{1}{n}\right) \longrightarrow \frac{1}{3}$$

よって，$s \leqq \int_0^1 x^2\,dx \leqq S$ において，$n \longrightarrow \infty$ とすると，はさみうちの

原理から $\quad \int_0^1 x^2\,dx = \dfrac{1}{3}$

練習1 関数 $f(x)=1-x^2$ に対して，例1と同様の方法で $\int_0^1 f(x)dx$ を計算せよ。

関数 $f(x)$ が積分可能であるとわかっているとき，「どのような」分割を考えても定積分の値が存在することから，例1のように区間の分割として n 等分を考えてもよい。

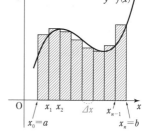

さらに，関数 $f(x)$ が積分可能であるときは，各小区間での最大値・最小値の両方についての極限が存在し一致することから，各小区間内の「どの」x の値を用いて計算してもよい。

以上のことから，関数 $f(x)$ が積分可能であるとわかっているとき，次の公式で定積分の値を計算することができる。このように，定積分を和の極限として求めることを，定積分の **区分求積法** という。

> ### 区分求積法
>
> 関数 $f(x)$ が閉区間 $[a, b]$ で連続ならば
> $$\int_a^b f(x)dx=\lim_{n\to\infty}\sum_{k=0}^{n-1} f(x_k)\varDelta x=\lim_{n\to\infty}\sum_{k=1}^{n} f(x_k)\varDelta x$$
>
> ただし $\quad \varDelta x=\dfrac{b-a}{n}, \quad x_k=a+k\varDelta x$

上の公式において，$a=0$，$b=1$ とすると，$\varDelta x=\dfrac{1}{n}$，$x_k=\dfrac{k}{n}$ となり

$$\int_0^1 f(x)dx=\lim_{n\to\infty}\frac{1}{n}\sum_{k=0}^{n-1} f\left(\frac{k}{n}\right)=\lim_{n\to\infty}\frac{1}{n}\sum_{k=1}^{n} f\left(\frac{k}{n}\right)$$

が成り立つ。

注意 この公式により，次の2つのことがいえる。

(1) 等式の右辺で表されるような和の極限 $\lim_{n\to\infty}\sum_{k=0}^{n-1} f(x_k)\varDelta x$, $\lim_{n\to\infty}\sum_{k=1}^{n} f(x_k)\varDelta x$ を，定積分 $\int_a^b f(x)dx$ を利用して求めることができる。

(2) $f(x)$ の不定積分が求められない場合でも，和 $\sum_{k=0}^{n-1} f(x_k)\varDelta x$, $\sum_{k=1}^{n} f(x_k)\varDelta x$ において n を大きくすることにより，その定積分の近似値を求めることができる。

例題 1　$\lim\limits_{n\to\infty}\sum\limits_{k=1}^{n}\left(\dfrac{n+k}{n^4}\right)^{\frac{1}{3}}$ の極限値を求めよ。

解答

$$\left(\frac{n+k}{n^4}\right)^{\frac{1}{3}}=\left(\frac{n+k}{n^3\cdot n}\right)^{\frac{1}{3}}=\frac{1}{n}\left(\frac{n+k}{n}\right)^{\frac{1}{3}}=\frac{1}{n}\left(1+\frac{k}{n}\right)^{\frac{1}{3}}$$

であるから

$$\lim\limits_{n\to\infty}\sum\limits_{k=1}^{n}\left(\frac{n+k}{n^4}\right)^{\frac{1}{3}}=\lim\limits_{n\to\infty}\frac{1}{n}\sum\limits_{k=1}^{n}\left(1+\frac{k}{n}\right)^{\frac{1}{3}}$$

$$=\int_0^1(1+x)^{\frac{1}{3}}dx=\left[\frac{3}{4}(1+x)^{\frac{4}{3}}\right]_0^1=\frac{3\sqrt[3]{2}}{2}-\frac{3}{4}$$

　一般には，前ページの公式の計算により極限値が得られたからといって，関数 $f(x)$ が積分可能であるとは限らない。実際，他の分割をとったとき，別の値に収束する可能性もありうる。

　では，具体的にどのような関数が積分可能となるのだろうか。実は，次の定理のように，連続な関数はいつでも積分可能であることが知られている。

連続関数の積分可能性の定理

閉区間 $[a,\ b]$ 上で連続な関数は，$[a,\ b]$ 上で積分可能である。

　この定理の証明には，連続関数の閉区間上の **一様連続性** という性質を使う。一様連続性とは，その関数のグラフがその区間上で「一様な幅に収まっている」というような性質であり，（名称は似ているが）関数の連続性とは異なる概念である。例えば，関数 $f(x)=x^2$ は連続関数であるが，実数全体上では一様連続にならない。一方，関数 $f(x)=\sin x$ は実数全体上で一様連続になる。なお，連続関数の一様連続性，および連続関数の積分可能性の定理の証明については，実数についての厳密な議論が必要であることから，本書では省略する[3]。

　連続でない関数の中には，積分不可能な関数も多くあるが，その一方で，連続でなくとも積分可能な関数も存在する。

---

3) 証明について興味のある読者は『数研講座シリーズ　大学教養　微分積分』を参照のこと。

例題 2

関数 $f(x)=\begin{cases} 1 & (0\leqq x\leqq 1) \\ 0 & (1<x\leqq 2) \end{cases}$ は $x=1$ で連続でない。しかし，

$f(x)$ は区間 $[0,\ 2]$ で積分可能であり，$\displaystyle\int_0^2 f(x)dx=1$ である。

このことを示せ。

解答

$n\geqq 2$ として，閉区間 $[0,\ 2]$ 内に数列 $\{a_n\}$ を

$$0=a_0<a_1<a_2<\cdots\cdots<a_{n-1}<a_n=2$$

となるようにとって，以下のように区間の分割を考える。

$$[a_0,\ a_1],\ [a_1,\ a_2],\ \cdots\cdots,\ [a_{n-1},\ a_n]$$

このとき，ある 1 つの小区間 $[a_k,\ a_{k+1}]$ だけが 1 を含むようにできる。

よって，各小区間 $[a_i,\ a_{i+1}]$ における $f(x)$ の最小値 m_i，最大値 M_i は，$m_i=\begin{cases} 1 & (i<k) \\ 0 & (i=k), \\ 0 & (i>k) \end{cases} M_i=\begin{cases} 1 & (i<k) \\ 1 & (i=k) \\ 0 & (i>k) \end{cases}$ のようになる。

分割をどんどん細かくすれば，小区間 $[a_k,\ a_{k+1}]$ の幅 $|a_{k+1}-a_k|$ は，どんどん小さくなり 0 に収束する。また，そのとき，$a_k\longrightarrow 1$ かつ $a_{k+1}\longrightarrow 1$ である。

よって $\displaystyle s=\sum_{i=0}^{n-1} m_i(a_{i+1}-a_i),\quad S=\sum_{i=0}^{n-1} M_i(a_{i+1}-a_i)$

とすると，分割を限りなく細かくしていくとき極限は一致し，その値は $\displaystyle s=\sum_{i=0}^{k-1} 1\cdot(a_{i+1}-a_i)+\sum_{i=k}^{n-1} 0\cdot(a_{i+1}-a_i)=a_k\longrightarrow 1$

$$S=\sum_{i=0}^{k} 1\cdot(a_{i+1}-a_i)+\sum_{i=k+1}^{n-1} 0\cdot(a_{i+1}-a_i)=a_{k+1}\longrightarrow 1$$

したがって，$f(x)$ は $[0,\ 2]$ で積分可能であり，$\displaystyle\int_0^2 f(x)dx=1$ となる。∎

練習 2

関数 $f(x)=[x]$ が区間 $[0,\ 3]$ で積分可能であることを示し，$\displaystyle\int_0^3 f(x)dx$ の値を求めよ。ただし，$[\ \ ]$ はガウス記号を表す。

研究　数値積分（台形公式）

　式で与えられた関数の定積分の値を，解析的に（微分積分学の理論を用いて）求めるのではなく，数値的に求める求積法のことを **数値積分** という。区分求積法も数値積分の一種である。ここでは，数値積分の1つとして台形公式と呼ばれる方法を紹介しよう。

　積分区間 $[a,\ b]$ を N 等分して $a=x_0,\ x_1,\ \cdots\cdots,\ x_N=b$ とし，各点での関数の値を $f(x_0),\ f(x_1),\ \cdots\cdots,\ f(x_N)$ で表す。つまり，$x_i=a+hi$，$h=\dfrac{b-a}{N}$ とする。曲線 $y=f(x)$ を $(x_0,\ f(x_0)),\ (x_1,\ f(x_1)),\ \cdots\cdots,$ $(x_N,\ f(x_N))$ をつないだ折れ線で近似する。このとき，各 i について，4点 $(x_i,\ 0)$, $(x_i,\ f(x_i)),\ (x_{i+1},\ f(x_{i+1})),\ (x_{i+1},\ 0)$ を頂点とする台形の面積は $\dfrac{1}{2}h\{f(x_i)+f(x_{i+1})\}$ となり，（積分値≒台形の総面積）から次の台形公式が導ける。

$$\int_a^b f(x)dx=\sum_{i=0}^{N-1}\frac{1}{2}h\{f(x_i)+f(x_{i+1})\}+E$$

$$=h\left\{\frac{1}{2}f(a)+\sum_{i=1}^{N-1}f(x_i)+\frac{1}{2}f(b)\right\}+E$$

　ここで，E は誤差項を表し，以下が成り立つ。

$$|E|\leqq\frac{(b-a)^3M}{12N^2},\qquad M=\max\{f''(x)\,|\,a\leqq x\leqq b\}$$

この公式は，1次関数による近似なので精度はあまり良くないが，誤差の評価がしやすいという利点がある。2次以上の近似を利用する方法として，より精密なシンプソンの公式と呼ばれるものもある。

B　定積分の性質

ここでは，前項で定義した定積分についての基本的な性質を紹介する。

まず，定積分の記号として，$a < b$ のとき $\displaystyle\int_a^b f(x)dx = -\int_b^a f(x)dx$ と定義する。これは，定積分が領域の面積であるとみなしての約束である。

さらに，定積分の定義から，次の定理が成り立つ。

定積分の性質の定理

1. 閉区間 $[a, b]$ 上で積分可能な関数 $f(x)$ に対して，

$\displaystyle\int_a^a f(x)dx = 0$ が成り立つ。

2. 関数 $f(x)$ が閉区間 $[a, b]$ 上で積分可能であるとする。このとき，$a < c < b$ を満たす実数 c に対して，次が成り立つ。

$$\int_a^b f(x)dx = \int_a^c f(x)dx + \int_c^b f(x)dx$$

3. 関数 $f(x)$ と $g(x)$ が閉区間 $[a, b]$ 上で積分可能であるとする。このとき，任意の実数 k と l に対して，関数 $kf(x) + lg(x)$ も $[a, b]$ 上で積分可能であり，次が成り立つ。

$$\int_a^b \{kf(x) + lg(x)\}\,dx = k\int_a^b f(x)dx + l\int_a^b g(x)dx$$

補足　3. の性質を「定積分の線形性」ということもある。

この定積分の性質の定理は，定積分のより厳密な定義をもとにして証明されるべきであり，本書では省略する。

ただし，定積分が領域の面積であると考えれば，1. や 2. が成り立つことは直感的に明らかである。

また，$a < b$ のとき，$\displaystyle\int_a^b f(x)dx = -\int_b^a f(x)dx$ と約束したから，例えば，$a < b < c$ であるときも，次のように 2. が成り立つ。

$$\int_a^b f(x)dx = \int_a^c f(x)dx - \int_b^c f(x)dx = \int_a^c f(x)dx + \int_c^b f(x)dx$$

例題 3 閉区間 $[a, b]$ 上で積分可能な関数 $f(x)$ に対して，定積分 $\int_a^b f(x)dx$ は 108 ページの区分求積法の公式を用いて求めることができる。このことを利用して，実数 k に対して，$\int_a^b kf(x)dx = k\int_a^b f(x)dx$ が成り立つことを示せ。

解答 108 ページの区分求積法の公式より

$$\int_a^b kf(x)dx = \lim_{n\to\infty} \sum_{i=0}^{n-1} kf(x_i)\Delta x = k\lim_{n\to\infty}\sum_{i=0}^{n-1} f(x_i)\Delta x = k\int_a^b f(x)dx$$

ただし，$\Delta x = \dfrac{b-a}{n}$，$x_i = a + i\Delta x$ である。　■

練習 3 例題 3 と同様に，閉区間 $[a, b]$ 上で積分可能な関数 $f(x)$ と $g(x)$ に対して，$\int_a^b \{f(x)+g(x)\}dx = \int_a^b f(x)dx + \int_a^b g(x)dx$ が成り立つことを示せ。

C 微分積分学の基本定理

本書では 104 ページで，領域の面積との関連から定積分を定義した。

一方で，前章で学んだように「微分法」とは，関数の"瞬間の変化率"である微分係数を導くための導関数を求めるという操作を表しており，ここで定義した「定積分」とは，全く別の概念であるように思える。

この 2 つの概念が，実は「表裏一体」であることを示すのが，ニュートンとライプニッツによって独立に証明された，次の定理である。

微分積分学の基本定理

$f(x)$ を閉区間 I 上の連続関数とする。$a \in I$ を固定すると，$f(x)$ は I 上で積分可能なので，$x \in I$ に対し $F(x) = \int_a^x f(t)dt$ として，閉区間 I 上の関数 $F(x)$ を定義することができる。

このとき，$F(x)$ は閉区間 I 上で微分可能であり，$x \in I$ に対して $F'(x) = \left\{\int_a^x f(x)dx\right\}' = f(x)$ が成り立つ。

微分積分学の基本定理は，次のようにして証明される。

証明 定理の主張に従って，次の等式を計算によって証明すればよい。

$$\lim_{h \to 0} \frac{F(x+h) - F(x)}{h} = f(x) \qquad (*)$$

定積分の性質により

$$F(x+h) - F(x) = \int_a^{x+h} f(t)dt - \int_a^x f(t)dt = \int_x^{x+h} f(t)dt$$

である。

そこで，$[x,\ x+h]$ における $f(t)$ の最大値と最小値を，それぞれ $M,\ m$ とする（45ページの，最大値・最小値原理）。

また，$S \in [x,\ x+h]$, $s \in [x,\ x+h]$ を

$$m = f(s), \qquad M = f(S)$$

となるように選ぶ。

このとき

$$mh \leqq \int_x^{x+h} f(t)dt \leqq Mh$$

なので（図参照）

$$f(s) \leqq \frac{F(x+h) - F(x)}{h} \leqq f(S)$$

となる。

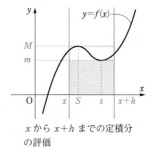

*x から x+h までの定積分
の評価*

$h \longrightarrow 0$ のとき，$S \longrightarrow x$, $s \longrightarrow x$ であり，関数 $f(x)$ は連続関数であるから，$h \longrightarrow 0$ のとき $f(S) \longrightarrow f(x)$ かつ $f(s) \longrightarrow f(x)$ である。

よって，はさみうちの原理より，等式 $(*)$ が示される。　■

補足 見方を変えると次のようにも表すことができる。

$f(x)$ を区間 I 上で微分可能な関数とし，その導関数 $f'(x)$ が積分可能であるとする。このとき，任意の $a \in I$, $b \in I$ に対して，次が成り立つ。

$$\int_a^b f'(x)dx = f(b) - f(a)$$

注意 概念としての積分は以上のように定義されたが，その実際の計算は，高等学校で学んだように，不定積分による方法を用いることが多い。不定積分の概念，および不定積分を用いた積分の計算方法は，この「微分積分学の基本定理」に基づいており，この定理は大雑把に言えば，**積分が微分の逆演算** であることを表している。

第 2 節　積分の計算

　この節では，微分積分学の基本定理を用いていろいろな積分を実際に計算する方法を学ぶ。これは「積分が微分の逆演算」であることを使って，高等学校までに学んだ不定積分を利用するものである。

A　原始関数と不定積分

　微分積分学の基本定理から，前ページの補足により，関数 $f(x)$ の定積分 $\int_a^b f(x)dx$ を計算するためには，$F'(x)=f(x)$ となる関数 $F(x)$ をみつければよい。

　そこで，次の定義を導入する。

定義 3-2　原始関数
開区間 I 上の関数 $f(x)$ に対して，$F'(x)=f(x)$ を満たす I 上の微分可能な関数 $F(x)$ を，関数 $f(x)$ の **原始関数** という。

例 2　原始関数

$f(x)=\sin x$ に対して，$(-\cos x)'=\sin x$ より，$F(x)=-\cos x$ は $f(x)=\sin x$ の原始関数。
$f(x)=\sinh x$ に対して，$(\cosh x)'=\sinh x$ より，$F(x)=\cosh x$ は $f(x)=\sinh x$ の原始関数。

練習 4　$f(x)=\cos x$ と $g(x)=\cosh x$ の原始関数をそれぞれ 1 つ求めよ。

　原始関数は元の関数 $f(x)$ に対して，ただ 1 つだけ存在するわけではない。例えば，関数 $F(x)$ が $f(x)$ の原始関数であるとき，C を任意の定数として

$$\{F(x)+C\}'=F'(x)+C'$$
$$=F'(x)=f(x)$$

が成り立つことから，関数 $F(x)+C$ も $f(x)$ の原始関数になる。

実際，2つの関数 $F(x)$ と $G(x)$ がともに，関数 $f(x)$ の原始関数であるとすると

$$\{F(x)-G(x)\}'=F'(x)-G'(x)$$
$$=f(x)-f(x)=0$$

であり，86ページ例14より，$F(x)-G(x)=C$（Cは定数）となる。つまり，$G(x)=F(x)+C$（Cは定数）と表せる。

このように，関数 $f(x)$ の原始関数は1つには定まらず，次の定理が成り立つ。

原始関数の存在と不定性の定理

開区間 I 上の関数 $f(x)$ が，原始関数 $F(x)$ をもつとき，$f(x)$ のすべての原始関数は $F(x)+C$（Cは定数）という形で表される。

この定理を踏まえて，不定積分を次のように定義しよう。

定義 3-3　不定積分・積分定数

開区間 I 上の関数 $f(x)$ が，原始関数 $F(x)$ をもつとき，$F(x)+C$（Cは定数）で表現された「関数の集合」をまとめて，関数 $f(x)$ の **不定積分** といい，$\int f(x)dx$ という記号で表す。また，上の定数 C を **積分定数** という。

注意 以後，本章では断りのない限り，C は積分定数を表すこととする。

例3　原始関数と不定積分

$-1<x<1$ において，逆正弦関数 $\mathrm{Sin}^{-1}x$ の導関数は $\dfrac{1}{\sqrt{1-x^2}}$ であった（75ページ，例題3）。

よって，関数 $\dfrac{1}{\sqrt{1-x^2}}$ の原始関数の1つは $\mathrm{Sin}^{-1}x$ であり，その不定積分は，次のようになる。

$$\int \frac{dx}{\sqrt{1-x^2}}=\mathrm{Sin}^{-1}x+C$$

練習 5　次の不定積分を求めよ。

(1) $\displaystyle\int\cosh(x+1)dx$　　　　　　　(2) $\displaystyle\int\frac{3}{1+x^2}dx$

　積分可能であっても関数は原始関数をもたないこともあるが，関数 $f(x)$ が区間 I 上で連続であれば積分可能であり，このとき $f(x)$ に対して原始関数は存在する。

　つまり，次の定理が成り立つ。

連続関数の原始関数の存在定理

関数 $f(x)$ が開区間 I 上で連続であれば，$f(x)$ は原始関数 $F(x)=\displaystyle\int_a^x f(t)dt$ をもつ。ただし，$a\in I$ は固定された定数とする。

例 4　連続関数と原始関数

関数 $f(x)$ が開区間 I 上で連続であるとする。$a\in I$ を 1 つ固定された定数とすると，微分積分学の基本定理により，$\displaystyle\int_a^x f(t)dt$ は $f(x)$ の原始関数である。

ここで，$b\in I$ を別の固定された定数とすると

$$\int_b^x f(t)dt=\int_b^a f(t)dt+\int_a^x f(t)dt$$

と表せ，$\displaystyle\int_b^a f(t)dt$ は定数であることから，$\displaystyle\int_b^x f(t)dt$ も $f(x)$ の原始関数であることがわかる。

　さらに，上の定理から，定積分の計算に役立つ，次の系が得られる。

連続関数の定積分の計算

関数 $f(x)$ が開区間 I 上で連続であるとき，その原始関数の 1 つを $F(x)$ とすると，任意の $a\in I$，$b\in I$ に対して，次が成り立つ。

$$\int_a^b f(x)dx=F(b)-F(a)$$

証明 定数 $c \in I$ を 1 つとって固定すると，$F(x) = \displaystyle\int_c^x f(t)dt$ は $f(x)$ の原始関数の 1 つである。よって，$f(x)$ の任意の原始関数は

$$F(x) + C = \int_c^x f(t)dt + C \text{ と表される。}$$

したがって，次が成り立つ。

$$\int_a^b f(x)dx = \int_a^c f(x)dx + \int_c^b f(x)dx = -\int_c^a f(x)dx + \int_c^b f(x)dx$$

$\displaystyle\int_c^a f(x)dx = F(a)$，$\displaystyle\int_c^b f(x)dx = F(b)$ であるから

$$\int_a^b f(x)dx = F(b) - F(a) \quad \blacksquare$$

以後，高校で学んだように，上式の右辺 $F(b) - F(a)$ を $\Big[F(x)\Big]_a^b$ と表す。

例題 4 関数 $f(x) = \dfrac{x^2 + x + 1}{x^3 + x}$ の不定積分を求めよ。

考え方▶ $f(x)$ を，よりわかりやすい分数関数の和の形に分解して考える。

解答 $f(x)$ の分母を因数分解すると $x^3 + x = x(x^2 + 1)$ となるので

$$f(x) = \frac{x^2 + x + 1}{x^3 + x} = \frac{(x^2 + 1) + x}{x(x^2 + 1)}$$

$$= \frac{x^2 + 1}{x(x^2 + 1)} + \frac{x}{x(x^2 + 1)} = \frac{1}{x} + \frac{1}{x^2 + 1}$$

したがって

$$\int f(x)dx = \int \frac{x^2 + x + 1}{x^3 + x}dx = \int \left(\frac{1}{x} + \frac{1}{x^2 + 1}\right)dx$$

$$= \int \frac{dx}{x} + \int \frac{dx}{x^2 + 1} = \log|x| + \mathrm{Tan}^{-1}x + C$$

補足 例題 4 の中の式変形のように，1 つの分数式をより簡単な分数式の和や差の形で表すことを **部分分数に分解する** という。

練習 6 不定積分 $\displaystyle\int \frac{dx}{x^4 - 1}$ を求めよ。

B　置換積分

　この項と次項では，連続関数の不定積分（原始関数）を求める計算方法
について考える。

　まず，71ページで学んだ「合成関数の微分」を使って不定積分を求め
る方法がある。

　連続関数 $f(x)$ において，x が開区間 J 上の C^1 級関数 $x=g(t)$ $(t\in J)$
で表されているとする。$f(x)$ の原始関数の1つを $F(x)$ とする。このと
き，$x=g(t)$ $(t\in J)$ と表されているから，$F(g(t))$ を t に関して微分する
と，合成関数の微分の定理より

$$\frac{d}{dt}F(g(t))=f(x)g'(t)=f(g(t))g'(t)$$

である。

　この式の両辺を積分することにより，次の定理が成り立つことがわかる。

置換積分の定理

連続関数 $f(x)$ において，x が開区間 J 上の C^1 級関数 $x=g(t)$
$(t\in J)$ で表されているとき，次が成り立つ。

1. $\displaystyle\int f(x)dx=\int f(g(t))g'(t)dt$

2. 任意の $a\in J$，$b\in J$ について，$\alpha=g(a)$，$\beta=g(b)$ とするとき

$$\int_\alpha^\beta f(x)dx=\int_a^b f(g(t))g'(t)dt$$

---

　2. の定積分に関する式は，$F(x)=\displaystyle\int_c^x f(x)dx$（$c$ は固定された定数）とし
て計算すればよい。

　置換積分の定理により，例えば，関数 $f(ax+b)$ の不定積分は，次のよ
うになることがわかる。

　$F'(x)=f(x)$，$a\neq0$ とするとき　　$\displaystyle\int f(ax+b)dx=\frac{1}{a}F(ax+b)+C$

例5　置換積分法を用いた計算

不定積分 $\displaystyle\int\frac{dx}{\sqrt{1+x^2}}$ を求めてみよう。

$1+x^2$ に着目すると，58 ページの双曲線関数の性質の 1

$$\cosh^2t-\sinh^2t=1 \quad \text{すなわち} \quad 1+\sinh^2t=\cosh^2t$$

を用いることができそうである。そこで，$x=\sinh t$ とおいて考える。

$f(x)=\dfrac{1}{\sqrt{1+x^2}}$，$g(t)=\sinh t$ とすると

$$f(g(t))=\frac{1}{\sqrt{1+\sinh^2t}}=\frac{1}{\sqrt{\cosh^2t}}$$

$\cosh t>0$ であるから $\qquad f(g(t))=\dfrac{1}{\cosh t}$

また，$g'(t)=(\sinh t)'=\cosh t$ である。

よって $\qquad \displaystyle\int f(x)dx=\int f(g(t))g'(t)dt$

$$=\int\frac{1}{\cosh t}\cosh t\,dt$$

$$=\int dt=t+C$$

求める不定積分は x で表す必要があるので，後は t を x で表せばよい。

$x=\sinh t=\dfrac{e^t-e^{-t}}{2}$ としていたので

$$(e^t)^2-2xe^t-1=0$$

ここで，$e^t>0$ より $\qquad e^t=x+\sqrt{x^2+1}$

よって $\qquad\qquad t=\log\left(x+\sqrt{x^2+1}\right)$

したがって $\qquad \displaystyle\int\frac{dx}{\sqrt{1+x^2}}=\log(x+\sqrt{x^2+1})+C$

練習7　不定積分 $\displaystyle\int\frac{dx}{\sqrt{1+x^2}}$ を，$x=\tan t\left(-\dfrac{\pi}{2}<t<\dfrac{\pi}{2}\right)$ とおいて求めよ。

例題 5　定積分 $\displaystyle\int_0^1 \sqrt{1-x^2}\,dx$ を求めよ。

考え方▶ $f(x)=\sqrt{1-x^2}$ より $x^2+y^2=1$ なので $x=\sin t$ とおく。

解答　$x=\sin t$ とおき，$f(x)=\sqrt{1-x^2}$，$g(t)=\sin t$ とする。

$x:0 \longrightarrow 1$ のとき，$t:0 \longrightarrow \dfrac{\pi}{2}$

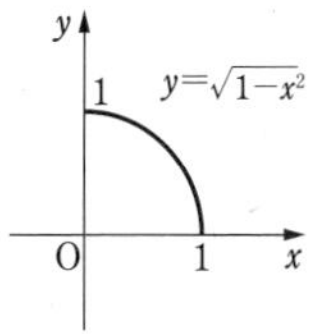

$\displaystyle\int f(x)dx=\int f(g(t))g'(t)dt,$

$g'(t)=\cos t$ であるから

$$\int_0^1 \sqrt{1-x^2}\,dx=\int_0^{\frac{\pi}{2}} \sqrt{1-\sin^2 t}\cdot\cos t\,dt=\int_0^{\frac{\pi}{2}}\cos^2 t\,dt$$

$$=\int_0^{\frac{\pi}{2}}\frac{1+\cos 2t}{2}\,dt=\frac{1}{2}\left[t+\frac{1}{2}\sin 2t\right]_0^{\frac{\pi}{2}}=\frac{\pi}{4}$$

補足　例題 5 の図のように $f(x)=\sqrt{1-x^2}$ のグラフは，原点中心で半径 1 の円周の上半分である。したがって，この例題で求めた定積分は，半径 1 の四分円の面積を表す。

練習 8　定積分 $\displaystyle\int_0^1 \frac{dx}{1+x^2}$ を求めよ。

　置換積分の定理の式 1. において，左辺と右辺を入れ替えて，変数を変えてみると，この式は次のようにみることもできる。

　$(*)$　$\displaystyle\int f(g(x))g'(x)dx=\int f(u)du,$　　ただし，$u=g(x)$

これを用いることにより，不定積分の計算ができることもある。

例 6　**置換積分と不定積分の公式**

上の式 $(*)$ において，$f(x)=\dfrac{1}{x}$ とすると

$$\int \frac{1}{g(x)}\cdot g'(x)dx=\int \frac{du}{u}=\log|u|+C=\log|g(x)|+C$$

つまり，$\displaystyle\int \frac{g'(x)}{g(x)}dx=\log|g(x)|+C$ が成り立つ。

練習 9　不定積分 $\displaystyle\int \tan x\,dx$ および $\displaystyle\int \tanh x\,dx$ を求めよ。

C 部分積分

68 ページの導関数の性質の定理 3.「積の微分公式（ライプニッツ則)」を用いて，不定積分を求める方法もある。

開区間 I 上で微分可能な関数 $f(x)$, $g(x)$ があり，その導関数 $f'(x)$, $g'(x)$ が I 上で連続であるとする。導関数の性質の定理 3. より

$$\{f(x)g(x)\}' = f'(x)g(x) + f(x)g'(x)$$

両辺の不定積分を考えると $\quad f(x)g(x) = \int f'(x)g(x)dx + \int f(x)g'(x)dx$

よって，次の定理が成り立つ。

部分積分の定理

開区間 I 上で微分可能な関数 $f(x)$, $g(x)$ があり，その導関数 $f'(x)$, $g'(x)$ が I 上で連続であるとする。このとき，次が成り立つ。

1. $\displaystyle \int f(x)g'(x)dx = f(x)g(x) - \int f'(x)g(x)dx$

2. 任意の $a \in I$, $b \in I$ について

$$\int_a^b f(x)g'(x)dx = \Big[f(x)g(x)\Big]_a^b - \int_a^b f'(x)g(x)dx$$

例題 6 部分積分法により不定積分 $\displaystyle \int \mathrm{Sin}^{-1}x\,dx$ を求めよ。

解答

$$\int \mathrm{Sin}^{-1}x\,dx = \int (x)'\,\mathrm{Sin}^{-1}x\,dx = x\,\mathrm{Sin}^{-1}x - \int x(\mathrm{Sin}^{-1}x)'\,dx$$

$$= x\,\mathrm{Sin}^{-1}x - \int x \cdot \frac{1}{\sqrt{1-x^2}}\,dx$$

$$= x\,\mathrm{Sin}^{-1}x + \int \frac{-2x}{2\sqrt{1-x^2}}\,dx$$

$$= x\,\mathrm{Sin}^{-1}x + \int \frac{(1-x^2)'}{2\sqrt{1-x^2}}\,dx$$

$$= x\,\mathrm{Sin}^{-1}x + \sqrt{1-x^2} + C$$

練習 10 不定積分 $\displaystyle \int \mathrm{Cos}^{-1}x\,dx$ を求めよ。

D　いろいろな関数の積分

ここでは，これまでの手法を応用し，いくつかの積分の計算を行う。
まず，部分積分の応用として，数列の漸化式を利用するものがある。

例題7 $\quad$ 0以上の整数 n について，定積分 $\displaystyle\int_0^{\frac{\pi}{2}}\cos^n x\,dx$ を求めよ。

解答

0以上の整数 n について，$I_n=\displaystyle\int_0^{\frac{\pi}{2}}\cos^n x\,dx$ とおく。

$n=0$ のとき $\quad I_0=\displaystyle\int_0^{\frac{\pi}{2}}(\cos x)^0\,dx=\int_0^{\frac{\pi}{2}}1\,dx=\frac{\pi}{2}$

$n=1$ のとき $\quad I_1=\displaystyle\int_0^{\frac{\pi}{2}}\cos x\,dx=\Big[\sin x\Big]_0^{\frac{\pi}{2}}=1$

$n\geqq2$ の場合，部分積分法を用いて計算する。

$\displaystyle I_n=\int_0^{\frac{\pi}{2}}\cos^n x\,dx=\int_0^{\frac{\pi}{2}}\cos x\cos^{n-1}x\,dx=\int_0^{\frac{\pi}{2}}(\sin x)'\cos^{n-1}x\,dx$

$\displaystyle\quad=\Big[\sin x\cos^{n-1}x\Big]_0^{\frac{\pi}{2}}-\int_0^{\frac{\pi}{2}}\sin x\,(\cos^{n-1}x)'\,dx$

$\displaystyle\quad=(n-1)\int_0^{\frac{\pi}{2}}\sin^2 x\cos^{n-2}x\,dx=(n-1)\int_0^{\frac{\pi}{2}}(1-\cos^2 x)\cos^{n-2}x\,dx$

$\displaystyle\quad=(n-1)\int_0^{\frac{\pi}{2}}\cos^{n-2}x\,dx-(n-1)\int_0^{\frac{\pi}{2}}\cos^n x\,dx$

$\displaystyle\quad=(n-1)I_{n-2}-(n-1)I_n$

したがって，数列 $\{I_n\}$ について $I_n=\dfrac{n-1}{n}I_{n-2}$ という漸化式
が成り立つ。この漸化式を利用し，順次計算することで，次の
等式が導かれる。

$$\int_0^{\frac{\pi}{2}}\cos^n x\,dx=\begin{cases}\dfrac{(n-1)(n-3)\cdots\cdots 3\cdot 1}{n(n-2)\cdots\cdots 4\cdot 2}\cdot\dfrac{\pi}{2} & (n\ \text{が偶数})\\[4mm]\dfrac{(n-1)(n-3)\cdots\cdots 4\cdot 2}{n(n-2)\cdots\cdots 5\cdot 3}\cdot 1 & (n\ \text{が奇数})\end{cases}$$

補足— 例題 7 の結果を用いれば，例えば $n=6$ のときは，

$$\int_0^{\frac{\pi}{2}} \cos^6 x\, dx = \frac{5\cdot3\cdot1}{6\cdot4\cdot2}\cdot\frac{\pi}{2} = \frac{5}{32}\pi \text{ となる。}$$

練習 11　定積分 $\displaystyle\int_0^{\frac{\pi}{2}} \sin^6 x\, dx$ を，漸化式を用いて求めよ。

次に，分数式で表される関数の不定積分について考えてみよう。

例 7　分数式で表される関数の不定積分

不定積分 $\displaystyle\int \frac{dx}{x^2+2x+c}$（ただし，$c$ は定数）を求めてみよう。

分母を平方完成すると　　$x^2+2x+c=(x+1)^2+c-1$

$c-1=0,\ c-1>0,\ c-1<0$ の 3 通りに場合分けして考える。

$I=\displaystyle\int \frac{dx}{x^2+2x+c}$ とおく。

[1]　$c-1=0$ のとき，すなわち $c=1$ のとき

$$I=\int \frac{dx}{(x+1)^2}=\int (x+1)^{-2}dx$$

$$=-(x+1)^{-1}+C=-\frac{1}{x+1}+C$$

[2]　$c-1>0$ のとき，すなわち $c>1$ のとき

$$I=\int \frac{dx}{(x+1)^2+(\sqrt{c-1})^2}=\frac{1}{\sqrt{c-1}}\mathrm{Tan}^{-1}\frac{x+1}{\sqrt{c-1}}+C$$

[3]　$c-1<0$ のとき，すなわち $c<1$ のとき

$$I=\int \frac{dx}{(x+1)^2-(\sqrt{1-c})^2}$$

$$=\int \frac{1}{2\sqrt{1-c}}\left(\frac{1}{x+1-\sqrt{1-c}}-\frac{1}{x+1+\sqrt{1-c}}\right)dx$$

$$=\frac{1}{2\sqrt{1-c}}(\log|x+1-\sqrt{1-c}|-\log|x+1+\sqrt{1-c}|)+C$$

$$=\frac{1}{2\sqrt{1-c}}\log\left|\frac{x+1-\sqrt{1-c}}{x+1+\sqrt{1-c}}\right|+C$$

補足　実は，どのような有理関数 (48 ページ) の不定積分も，部分分数分解を用いて，分数式の和や差に分解することにより求められる。そして，その不定積分は，有理関数，対数関数，および，逆正接関数を用いて表すことができる[1]。

練習 12　不定積分 $\displaystyle\int \dfrac{dx}{x^2-6x+10}$ を求めよ。

もう 1 つ，三角関数を含んだ形で表される関数についても考えてみよう。

例題 8　不定積分 $\displaystyle\int \dfrac{dx}{\sin x}$ を求めよ。

解答

$\tan\dfrac{x}{2}=t$ とおくと　$\sin x=2\sin\dfrac{x}{2}\cos\dfrac{x}{2}=2\tan\dfrac{x}{2}\cos^2\dfrac{x}{2}$

$$=2\tan\dfrac{x}{2}\cdot\dfrac{1}{1+\tan^2\dfrac{x}{2}}=\dfrac{2t}{1+t^2}$$

また，$\dfrac{1}{\cos^2\dfrac{x}{2}}\cdot\dfrac{1}{2}dx=dt$ から

$$dx=2\cos^2\dfrac{x}{2}dt=\dfrac{2}{1+\tan^2\dfrac{x}{2}}dt=\dfrac{2}{1+t^2}dt$$

よって　$\displaystyle\int\dfrac{dx}{\sin x}=\int\dfrac{1+t^2}{2t}\cdot\dfrac{2}{1+t^2}dt=\int\dfrac{dt}{t}$

$$=\log|t|+C=\log\left|\tan\dfrac{x}{2}\right|+C$$

補足　$\tan^2\dfrac{x}{2}=\dfrac{1-\cos x}{1+\cos x}$ から $\cos x=\dfrac{1-t^2}{1+t^2}$ と表される。この例題のように，

$t=\tan\dfrac{x}{2}$ とおくことにより，$\cos x$ と $\sin x$ についての分数式で表される関数の不定積分は，有理関数の不定積分に帰着できるので，すべて求めることができる[2]。

注意　例題 8 のように，置換積分の式 $\displaystyle\int f(x)dx=\int f(x(t))x'(t)dt$ を，$f(x)=f(x(t))$，$dx=x'(t)dt$ と 2 つに形式的に分けて書くと便利である。この書き方をすれば，置換積分の公式は，$f(x)dx=f(x(t))x'(t)dt$ の両辺を積分したものと解釈できる。

1,2) 詳しくは，『数研講座シリーズ　大学教養　微分積分』(139〜144 ページ) を参照。

練習 13 不定積分 $\displaystyle\int \frac{dx}{\cos x}$ を，$t=\tan\dfrac{x}{2}$ とおいて求めよ。

補足 $\csc x=\dfrac{1}{\sin x}$，$\sec x=\dfrac{1}{\cos x}$，$\cot x=\dfrac{1}{\tan x}$ を，それぞれ正割関数，余割関数，余接関数と呼び，正弦関数，余弦関数，正接関数に加えて三角関数と呼ぶこともある。なお，$\csc x$ は $\operatorname{cosec} x$ とも書く。

以下に，よく知られている関数の不定積分をまとめておこう。微分の逆演算が積分であるので，不定積分の確認は，「微分して被積分関数になること」を確かめればよい。

$a\neq-1$ のとき　　$\displaystyle\int x^a\,dx=\frac{1}{a+1}x^{a+1}+C$

$a=-1$ のとき　　$\displaystyle\int x^a\,dx=\int\frac{dx}{x}=\log|x|+C$

$$\int \frac{g'(x)}{g(x)}\,dx=\log|g(x)|+C$$

$F'(x)=f(x)$，$a\neq0$ のとき　　$\displaystyle\int f(ax+b)\,dx=\frac{1}{a}F(ax+b)+C$

$a\neq0$ のとき　　$\displaystyle\int \frac{dx}{\sqrt{a^2-x^2}}=\operatorname{Sin}^{-1}\frac{x}{|a|}+C$

$a\neq0$ のとき　　$\displaystyle\int \frac{dx}{a^2+x^2}=\frac{1}{a}\operatorname{Tan}^{-1}\frac{x}{a}+C$

$\displaystyle\int e^x\,dx=e^x+C$　　　　$a>0$，$a\neq1$ のとき　　$\displaystyle\int a^x\,dx=\frac{a^x}{\log a}+C$

$\displaystyle\int \log x\,dx=x\log x-x+C$

$\displaystyle\int \sin x\,dx=-\cos x+C$　　　$\displaystyle\int \sinh x\,dx=\cosh x+C$

$\displaystyle\int \cos x\,dx=\sin x+C$　　　$\displaystyle\int \cosh x\,dx=\sinh x+C$

$\displaystyle\int \frac{dx}{\cos^2 x}=\tan x+C$　　　$\displaystyle\int \frac{dx}{\cosh^2 x}=\tanh x+C$

　一般に，有理関数以外の初等関数については，その不定積分は存在しても初等関数で表されるとは限らないことが知られている。

　つまり，初等関数の中でも，その原始関数を初等関数で表すことができないものが存在する。

　例えば，$f(x)=e^{-x^2}$ や $f(x)=\dfrac{\sin x}{x}$ は，その原始関数を初等関数で表すことができないことが知られている。

補足　どのような初等関数の原始関数が初等関数で表されるかの 1 つの判定条件は，1830 年代に，フランスの数学者ジョゼフ・リウヴィル (1809 年-1882 年) によって与えられている。

補充問題

1　不定積分 $\displaystyle\int \dfrac{dx}{x^2(x+1)}$ を求めよ。

2　不定積分 $\displaystyle\int \dfrac{1+\sin x}{\sin x(1+\cos x)}\,dx$ を求めよ。

3　不定積分 $\displaystyle\int \dfrac{dx}{\sin^2 x}$ を求めよ。

4　$I=\displaystyle\int_0^{\frac{\pi}{2}} e^x \sin x\,dx,\ J=\int_0^{\frac{\pi}{2}} e^x \cos x\,dx$ とするとき，次の問いに答えよ。

(1)　部分積分法を用いて，次の等式が成り立つことを示せ。
$$I+J=e^{\frac{\pi}{2}},\ I-J=1$$

(2)　定積分 $\displaystyle\int_0^{\frac{\pi}{2}} e^x \sin x\,dx,\ \int_0^{\frac{\pi}{2}} e^x \cos x\,dx$ の値をそれぞれ求めよ。

第3節 広義積分

　この節では，これまでの定積分の考え方を拡張した関数の積分である広義積分を学んでいこう。

A 広義積分とは

　例えば，図のように，関数 $f(x) = \dfrac{1}{x^2}$ のグラフと，x 軸，直線 $x=1$ で囲まれた領域の面積を考えてみよう。

　この領域は，いわゆる"閉じた"領域ではなく，関数 $f(x)$ のグラフは $x \longrightarrow \infty$ のとき x 軸に限りなく近づいていく。しかし，無限大に伸びている部分が非常に"細い"ので，面積は有限確定な値に収束するようにもみえる。

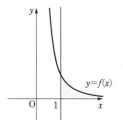

　実際に，定積分の定義を用いて，この領域の面積を考えてみよう。実数 $t>1$ について，直線 $x=t$ をとる。$f(x) = \dfrac{1}{x^2}$ のグラフと，x 軸，直線 $x=1$，直線 $x=t$ で囲まれた領域の面積は，今までの定積分の計算により，次のようになる。

$$\int_1^t \frac{dx}{x^2} = \left[-\frac{1}{x} \right]_1^t = -\frac{1}{t} + 1$$

ここで，$t \longrightarrow \infty$ のときの極限を考えると

$$\lim_{t \to \infty} \int_1^t \frac{dx}{x^2} = \lim_{t \to \infty} \left(-\frac{1}{t} + 1 \right) = 1$$

こうして得られた極限値 1 は，考えていた関数 $f(x) = \dfrac{1}{x^2}$ のグラフと，x 軸，直線 $x=1$ で囲まれた領域の面積とみなせるだろう。したがって，この値 1 を $\displaystyle\int_1^\infty \frac{dx}{x^2}$ の値と定めることにしよう。

　前ページのように，積分の概念を拡張したものを **広義積分** という。

　一般に，次のような定義を導入して，広義積分の収束性を定義すること
にする。

定義 3-4　$[a, \infty)$ および $(-\infty, b]$ 上の広義積分の収束性

半開区間 $[a, \infty)$ 上で連続な関数 $f(x)$ について

$$\lim_{t \to \infty} \int_a^t f(x)dx$$

が存在するとき，**広義積分 $\displaystyle\int_a^\infty f(x)dx$ が収束する** という。

同様に，半開区間 $(-\infty, b]$ についても，広義積分 $\displaystyle\int_{-\infty}^b f(x)dx$ が収束す

ることを定義する。

補足　区間 $a < x \le b$, $a \le x < b$ をそれぞれ $(a, b]$, $[a, b)$ で表し，半開区間と呼ぶ。
　　$a \le x$ を表す $[a, \infty)$ や $x \le b$ を表す $(-\infty, b]$ も半開区間である。

例 8　収束する広義積分

(1)　広義積分 $\displaystyle\int_0^\infty e^{-x}dx$ を考えよう。

$$\int_0^t e^{-x}dx = \Big[-e^{-x}\Big]_0^t = -e^{-t}+1$$

　　よって，この広義積分は

$$\int_0^\infty e^{-x}dx = \lim_{t \to \infty}(-e^{-t}+1) = 1$$

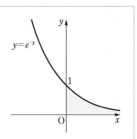

(2)　広義積分 $\displaystyle\int_{-\infty}^0 e^x dx$ を考えよう。

$$\int_t^0 e^x dx = \Big[e^x\Big]_t^0 = 1-e^t$$

　　よって，この広義積分は

$$\int_{-\infty}^0 e^x dx = \lim_{t \to -\infty}(1-e^t) = 1$$

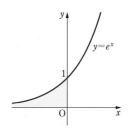

練習 14　次の広義積分の値を求めよ。

(1)　$\displaystyle\int_1^\infty \frac{4}{x^3}dx$　　　(2)　$\displaystyle\int_2^\infty \frac{2}{x^2-1}dx$　　　(3)　$\displaystyle\int_{-\infty}^0 xe^x dx$

一方で，広義積分が収束しない場合もある。

例9　収束しない広義積分

広義積分 $\displaystyle\int_1^\infty \dfrac{dx}{x}$ を考える。

$$\lim_{t\to\infty}\int_1^t \frac{dx}{x}=\lim_{t\to\infty}\Big[\log x\Big]_1^t$$
$$=\lim_{t\to\infty}\log t$$
$$=\infty$$

となるので，この広義積分 $\displaystyle\int_1^\infty \dfrac{dx}{x}$ は収束しない（正の無限大に発散する）。

注意 例8 (1) の関数 e^{-x} と例9の関数 $\dfrac{1}{x}$ は，$x \longrightarrow \infty$ のとき，ともに 0 に収束するが，一方の広義積分は収束して他方の広義積分は発散する。

練習 15 広義積分 $\displaystyle\int_{-\infty}^0 \dfrac{dx}{\sqrt{1-x}}$ は収束するか調べよ。

半開区間 $(-\infty,\ c]$ と $[c,\ \infty)$ の和集合として実数全体 $(-\infty,\ \infty)$ が得られることから，実数全体 $(-\infty,\ \infty)$ 上での広義積分の収束性を，次のように定義する。

定義 3-5　$(-\infty,\ \infty)$ 上の広義積分の収束性
実数全体 $(-\infty,\ \infty)$ 上で連続な関数 $f(x)$ について，ある実数 c に対して

$$\lim_{s\to-\infty}\int_s^c f(x)dx,\ \lim_{t\to\infty}\int_c^t f(x)dx$$

がともに収束するとき，広義積分 $\displaystyle\int_{-\infty}^\infty f(x)dx$ が収束するといい

$$\lim_{s\to-\infty}\int_s^c f(x)dx+\lim_{t\to\infty}\int_c^t f(x)dx$$

の値を $\displaystyle\int_{-\infty}^\infty f(x)dx$ と定義する。

例題9 　広義積分 $\displaystyle\int_{-\infty}^{\infty} \dfrac{dx}{1+x^2}$ の値を求めよ。

解答

$$\int_{-\infty}^{\infty} \frac{dx}{1+x^2}$$

$$= \lim_{s\to-\infty}\int_{s}^{0} \frac{dx}{1+x^2} + \lim_{t\to\infty}\int_{0}^{t} \frac{dx}{1+x^2}$$

$$= \lim_{s\to-\infty}\Big[\mathrm{Tan}^{-1}x\Big]_{s}^{0} + \lim_{t\to\infty}\Big[\mathrm{Tan}^{-1}x\Big]_{0}^{t}$$

$$= \lim_{s\to-\infty}(-\mathrm{Tan}^{-1}s) + \lim_{t\to\infty}\mathrm{Tan}^{-1}t = -\left(-\frac{\pi}{2}\right) + \frac{\pi}{2} = \pi$$

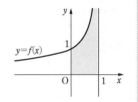

練習16 　広義積分 $\displaystyle\int_{-\infty}^{\infty} \dfrac{dx}{\cosh x}$ の値を求めよ。

　これまでは有限でない区間における広義積分を考えてきた。一方で，区間は有限で関数が発散する場合にも広義積分を考えることができる。

例10　発散する関数の広義積分

広義積分 $\displaystyle\int_{0}^{1} \dfrac{dx}{\sqrt{1-x}}$ を考えてみよう。

関数 $f(x)=\dfrac{1}{\sqrt{1-x}}$ は $x=1$ で定義されない

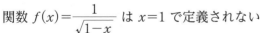

ので，前節までの定積分の計算法では求める

ことができない。

そこで，正の実数 ε に対して $\displaystyle\int_{0}^{1-\varepsilon} \dfrac{dx}{\sqrt{1-x}}$ を考えると

$$\int_{0}^{1-\varepsilon} \frac{dx}{\sqrt{1-x}} = \Big[-2\sqrt{1-x}\,\Big]_{0}^{1-\varepsilon} = -2\sqrt{\varepsilon}+2$$

ここで，$\varepsilon \longrightarrow +0$ の極限を考えると

$$\lim_{\varepsilon\to+0}\int_{0}^{1-\varepsilon} \frac{dx}{\sqrt{1-x}} = \lim_{\varepsilon\to+0}(-2\sqrt{\varepsilon}+2) = 2$$

が得られる。

例 10 を踏まえて，発散する関数の広義積分の収束性を次のように定義をする。

定義 3-6 **[a, b) 上，(a, b] 上，および (a, b) 上の広義積分の収束性**

半開区間 $[a, b)$ 上で連続な関数 $f(x)$ について $\displaystyle\lim_{\varepsilon \to +0}\int_a^{b-\varepsilon} f(x)dx$ が存在するとき，**広義積分 $\displaystyle\int_a^b f(x)dx$ が収束する** という。

同様に，半開区間 $(a, b]$ についても，広義積分 $\displaystyle\int_a^b f(x)dx$ が収束することを定義する。

さらに，開区間 (a, b) $(a<b)$ 上で連続な関数 $f(x)$ について，$a<c<b$ である c に対して $\displaystyle\lim_{\varepsilon \to +0}\int_{a+\varepsilon}^c f(x)dx$，$\displaystyle\lim_{\varepsilon' \to +0}\int_c^{b-\varepsilon'} f(x)dx$ が存在するとき，

$\displaystyle\int_a^b f(x)dx=\lim_{\varepsilon \to +0}\int_{a+\varepsilon}^c f(x)dx+\lim_{\varepsilon' \to +0}\int_c^{b-\varepsilon'} f(x)dx$ として，広義積分

$\displaystyle\int_a^b f(x)dx$ が収束することを定義する。

例題 10 広義積分 $\displaystyle\int_{-1}^1 \frac{dx}{\sqrt{1-x^2}}$ の値を求めよ。

解答

$$\int_{-1}^1 \frac{dx}{\sqrt{1-x^2}}$$

$$=\lim_{\varepsilon \to +0}\int_{-1+\varepsilon}^0 \frac{dx}{\sqrt{1-x^2}}+\lim_{\varepsilon' \to +0}\int_0^{1-\varepsilon'} \frac{dx}{\sqrt{1-x^2}}$$

$$=\lim_{\varepsilon \to +0}\Big[\mathrm{Sin}^{-1}x\Big]_{-1+\varepsilon}^0 +\lim_{\varepsilon' \to +0}\Big[\mathrm{Sin}^{-1}x\Big]_0^{1-\varepsilon'}$$

$$=\lim_{\varepsilon \to +0}\{-\mathrm{Sin}^{-1}(-1+\varepsilon)\}+\lim_{\varepsilon' \to +0}\mathrm{Sin}^{-1}(1-\varepsilon')$$

$$=-\Big(-\frac{\pi}{2}\Big)+\frac{\pi}{2}=\pi$$

よって，この広義積分は収束し $\displaystyle\int_{-1}^1 \frac{dx}{\sqrt{1-x^2}}=\pi$

$y=\dfrac{1}{\sqrt{1-x^2}}$

練習 17 次の広義積分が収束するか調べよ。

(1) $\displaystyle\int_1^2 \frac{dx}{\sqrt{x-1}}$ 　　(2) $\displaystyle\int_2^3 \frac{dx}{(2-x)^2}$ 　　(3) $\displaystyle\int_0^1 \frac{\log x}{x} dx$

　さらに，$[a,\ b)$ と $(b,\ c]$ の和集合のように，区間内のいくつかの点を除いた部分で連続な関数の積分を考えることもできる。

例11　ある点で定義されない関数の広義積分

$\displaystyle\int_{-1}^{1}\frac{dx}{\sqrt{|x|}}$ を考えてみよう。

関数 $f(x)=\dfrac{1}{\sqrt{|x|}}$ は $x=0$ で定義されないの

で，$\displaystyle\int_{-1}^{1}\frac{dx}{\sqrt{|x|}}$ は広義積分である。

正の定数 $\varepsilon,\ \varepsilon'$ に対して

$$\int_{-1}^{-\varepsilon}\frac{dx}{\sqrt{|x|}}+\int_{\varepsilon'}^{1}\frac{dx}{\sqrt{|x|}}=\int_{-1}^{-\varepsilon}\frac{dx}{\sqrt{-x}}+\int_{\varepsilon'}^{1}\frac{dx}{\sqrt{x}}$$

$$=\Big[-2\sqrt{-x}\Big]_{-1}^{-\varepsilon}+\Big[2\sqrt{x}\Big]_{\varepsilon'}^{1}=-2\sqrt{\varepsilon}+2+2-2\sqrt{\varepsilon'}$$

$\varepsilon,\ \varepsilon'\longrightarrow +0$ のとき

$$\int_{-1}^{-\varepsilon}\frac{dx}{\sqrt{|x|}}+\int_{\varepsilon'}^{1}\frac{dx}{\sqrt{|x|}}\longrightarrow 4$$

よって，この広義積分は収束し　$\displaystyle\int_{-1}^{1}\frac{dx}{\sqrt{|x|}}=4$

練習 18　広義積分 $\displaystyle\int_{-1}^{2}\frac{dx}{\sqrt[3]{x}}$ の値を求めよ。

B　広義積分の収束判定条件

　広義積分は，他の自然科学や工学への応用も多く，重要である。しかし，これまでの問題のように具体的に値が求まることはむしろ稀であり，実際には収束するかどうかをまず調べ，収束する場合には数値積分等を用いて値（近似値）を求めることが行われる。

　ここでは，与えられた広義積分が収束するかどうか判定するための条件（収束判定条件）を1つ紹介する。

> **優関数による広義積分の収束判定条件の定理**
>
> 半開区間 $(a, b]$ 上で連続な関数 $f(x)$ と $g(x)$ について，次の2つの条件が満たされているとき，広義積分 $\int_a^b f(x)dx$ は収束する。
>
> [1]　任意の $x \in (a, b]$ に対して $|f(x)| \leqq g(x)$ が成り立つ。
>
> [2]　広義積分 $\int_a^b g(x)dx$ は収束する。
>
> 半開区間 $[a, b)$ や，有限ではない区間，開区間，除外点を含む場合などについても，同様の定理がすべて成り立つ。

補足　上の定理の条件を満たす関数 $g(x)$ を，$f(x)$ の **優関数** という。

　例えば，$[0, 1)$ 上の連続関数 $f(x) = \dfrac{\sin x}{\sqrt{1-x}}$ は，$g(x) = \dfrac{1}{\sqrt{1-x}}$ を優関数にもつ。実際，$[0, 1)$ 上で $\left| \dfrac{\sin x}{\sqrt{1-x}} \right| \leqq \dfrac{1}{\sqrt{1-x}}$ であり，例10（131ページ）より広義積分 $\int_0^1 \dfrac{dx}{\sqrt{1-x}}$ は収束する。よって，広義積分 $\int_0^1 \dfrac{\sin x}{\sqrt{1-x}} dx$ は収束する。

　上の定理の証明は，279ページを参照。

例題 11　広義積分 $\int_1^\infty \dfrac{1-\cos x}{x^2} dx$ が収束するか調べよ。

解答

$x \geqq 1$ において，$\dfrac{1-\cos x}{x^2} \leqq \dfrac{2}{x^2}$ であり

$$\int_1^\infty \frac{2}{x^2} dx = \lim_{t \to \infty} \int_1^t \frac{2}{x^2} dx = \lim_{t \to \infty} \left[-\frac{2}{x} \right]_1^t$$

$$= \lim_{t \to \infty} 2\left(1 - \frac{1}{t}\right) = 2$$

よって，優関数の収束判定により，$\int_1^\infty \dfrac{1-\cos x}{x^2} dx$ は収束する。

練習 19　広義積分 $\int_1^\infty \dfrac{x}{x^3+5} dx$ が収束することを示せ。

第4節　積分法の応用

　この節では，これまでに学んだ積分法の応用として，曲線の長さの計算方法や，広義積分を用いて定義される新しい関数を紹介する。

A　曲線の長さ

　3章1節で学んだように，定積分の定義は，平面上の領域の面積を求めることをもとにしている。しかし，その定義をもとにすると，微分積分学の基本定理

$$\int_a^b f'(x)dx = f(b) - f(a)$$

(114ページの補足を参照) により，定積分とは，与えられた関数の微分係数，つまり，瞬間の変化量の総和を計算するものと捉えることができるようになる。この考え方は，さまざまな場面で応用されるものである。

　ここでは，平面上のなめらかな曲線の長さを計算する方法を紹介する。

　閉区間 $[a, b]$ を含む開区間で定義された2つの関数 $x(t)$ と $y(t)$ が C^1 級であるとする (ここでは独立変数を t で表している)。t が閉区間 $[a, b]$ 上を動くと，座標平面上の点 $(x(t), y(t))$ はなめらかな曲線 C を描く[1]。

　この曲線を図のように折れ線で近似して，その極限として長さを求めてみる。

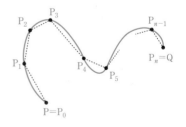

　図の各点 P_i の座標は $(x(t_i), y(t_i))$ としている。

　ここで t_i $(i=0, 1, \cdots, n-1, n)$ は，$a=t_0<t_1<\cdots<t_{n-1}<t_n=b$ により区間 $[a, b]$ の分割を与えている。

---

1) このように変数 t を用いて，$(x(t), y(t))$ の形に表されたとき，これを曲線 C の媒介変数表示またはパラメータ表示といい，変数 t を媒介変数，またはパラメータという。

このとき，各小線分 $P_i P_{i+1}$ の長さは

$$\sqrt{\{x(t_{i+1})-x(t_i)\}^2+\{y(t_{i+1})-y(t_i)\}^2}$$

となっている。

この式を次のように変形する。

$$\sqrt{\left\{\frac{x(t_{i+1})-x(t_i)}{t_{i+1}-t_i}\right\}^2+\left\{\frac{y(t_{i+1})-y(t_i)}{t_{i+1}-t_i}\right\}^2}\cdot(t_{i+1}-t_i)$$

ここで平均値の定理（84 ページ）を適用すると，実数 $c_i \in (t_i,\ t_{i+1})$，$c_i' \in (t_i,\ t_{i+1})$ が存在して

$$\frac{d}{dt}x(c_i)=\frac{x(t_{i+1})-x(t_i)}{t_{i+1}-t_i}$$

$$\frac{d}{dt}y(c_i')=\frac{y(t_{i+1})-y(t_i)}{t_{i+1}-t_i}$$

が成り立つ。

よって，各小線分 $P_i P_{i+1}$ の長さは

$$\sqrt{\left\{\frac{d}{dt}x(c_i)\right\}^2+\left\{\frac{d}{dt}y(c_i')\right\}^2}\cdot(t_{i+1}-t_i)$$

と表される。

曲線 C の長さは，分割を細かくしていったときの，このような小線分の長さの総和の極限であると考えることができる。

関数 $x(t)$ と $y(t)$ が C^1 級という仮定より，$\dfrac{d}{dt}x(t)$ と $\dfrac{d}{dt}y(t)$ は閉区間 $[a,\ b]$ において連続である。したがって，分割を細かくしていったときの小線分の長さの総和の極限は定積分で表すことができ，その値は次のようになることが導かれる。

$$\int_a^b \sqrt{\left\{\frac{d}{dt}x(t)\right\}^2+\left\{\frac{d}{dt}y(t)\right\}^2}\,dt$$

以上のことから，曲線 C の長さを次のように定義する[2]。

---

[2] より詳しい議論については，『数研講座シリーズ　大学教養　微分積分』（154～155 ページ）を参照。

定義 3-7　曲線の長さ

閉区間 $[a,\ b]$ を含む開区間で定義された 2 つの関数 $x(t)$ と $y(t)$ が C^1 級であるとする(ここでは独立変数を t で表している)。t が閉区間 $[a,\ b]$ 上を動くとき,座標平面上の点 $(x(t),\ y(t))$ が描く曲線を C とする。

このとき,曲線 C の長さを,次の値で定義する。

$$\int_a^b \sqrt{\left\{\frac{d}{dt}x(t)\right\}^2 + \left\{\frac{d}{dt}y(t)\right\}^2}\ dt$$

曲線の長さと道のりについて考えてみよう。

下の図のように,2 点 A$(x(a),\ y(a))$,B$(x(b),\ y(b))$ を端点とする曲線を C とする。

この曲線 C 上を動点 P$(x(t),\ y(t))$ が点 A から点 B まで動くとき,その「道のり(動いた軌跡の長さ)」が曲線 C の長さであると考えることができる。

もし,点 P が直線 C 上を一定の速さで進むならば

　　「(速さ)×(時間)=(道のり)」

となる。

この考え方を一般化すると,点 P が曲線 C 上を速さを変えながら進む場合も

　　「{(瞬間の速さ)×(微小時間)} の総和
　　　=(道のり)」

と考えることができる。

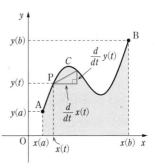

ここで,「瞬間の速さ」とは「その点における速度ベクトルの大きさ」と考えることができ

$$\sqrt{\left\{\frac{d}{dt}x(t)\right\}^2 + \left\{\frac{d}{dt}y(t)\right\}^2}$$

で求められる。(79 ページのコラムも参照)。

これに「微小時間を掛けて総和をとる」ということは,つまり,時間 t に関して定積分を行うということを意味していると考えると,上の定義の式が得られる。

例 12 　サイクロイド

$\begin{cases} x(t)=a(t-\sin t) \\ y(t)=a(1-\cos t) \end{cases}$ $(a>0,\ 0\le t\le 2\pi)$

で定まる曲線 C の長さ $l(C)$ を求めよう。

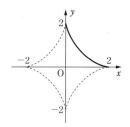

$\dfrac{dx}{dt}=a(1-\cos t),\ \dfrac{dy}{dt}=a\sin t$ であるから

$$l(C)=a\int_0^{2\pi}\sqrt{(1-\cos t)^2+\sin^2 t}\,dt=a\int_0^{2\pi}\sqrt{2(1-\cos t)}\,dt$$

$$=a\int_0^{2\pi}\sqrt{4\sin^2\frac{t}{2}}\,dt=2a\int_0^{2\pi}\sin\frac{t}{2}\,dt=2a\left[-2\cos\frac{t}{2}\right]_0^{2\pi}=8a$$

　上の曲線は，円が定直線に接しながら，滑ることなく回転するとき，円上の定点が描く軌跡として得られる。このような曲線を **サイクロイド** という。

練習 20　次の式で与えられる曲線の長さを求めよ。

$\begin{cases} x(t)=2\cos^3 t \\ y(t)=2\sin^3 t \end{cases}$ $\left(0\le t\le\dfrac{\pi}{2}\right)$

　$f(x)$ は閉区間 $[a,\ b]$ を含む開区間で定義された C^1 級の関数として，$x(t)=t,\ y(t)=f(t)$ とすると

$$\frac{d}{dt}x(t)=1,\quad \frac{d}{dt}y(t)=\frac{d}{dt}f(t)$$

よって，閉区間 $[a,\ b]$ における関数 $y=f(x)$ のグラフとして得られる曲線の長さは，次の式で求められることがわかる。

$$\int_a^b\sqrt{1+\left\{\frac{d}{dt}f(t)\right\}^2}\,dt$$

練習 21　双曲線余弦関数 $f(x)=\cosh x\ (0\le x\le 1)$ のグラフとして得られる曲線の長さを求めよ。

注意　練習 20 の曲線は，**アステロイド** と呼ばれる。また，練習 21 の $f(x)=\cosh x$ のグラフとして得られる曲線を **懸垂線**（カテナリー）という。

B ベータ関数・ガンマ関数

ここでは，広義積分を用いて定義される新しい関数を 2 つ紹介する。どちらも自然科学や統計学，工学において重要な役割を果たす。なおこれらの関数は初等関数ではないことが知られている。

任意の正の実数 p と q に対して

$$\int_0^1 x^{p-1}(1-x)^{q-1}\,dx$$

を考えよう。

この積分は p または q が 1 未満であると，関数 $x^{p-1}(1-x)^{q-1}$ が $x=0$，または $x=1$ で定義されないので広義積分になる。

よって，$0<p<1$ または $0<q<1$ において考える。

$$\int_0^1 x^{p-1}(1-x)^{q-1}\,dx=\int_0^{\frac{1}{2}} x^{p-1}(1-x)^{q-1}\,dx+\int_{\frac{1}{2}}^1 x^{p-1}(1-x)^{q-1}\,dx$$

と分けて考えると，例えば，$0<p<1$ で $0\leqq x\leqq\dfrac{1}{2}$ の場合，$q>0$ より閉区間 $\left[0,\ \dfrac{1}{2}\right]$ 上で関数 $(1-x)^{q-1}$ は連続であるから，最大値・最小値の原理（45 ページ）により最大値をもつ。

その最大値を M とすると，$(1-x)^{q-1}\leqq M$ であるから，$x^{p-1}(1-x)^{q-1}\leqq Mx^{p-1}$ となる。

ここで，$0<p<1$ であるから

$$\begin{aligned}
\lim_{\varepsilon\to+0}\int_\varepsilon^{\frac{1}{2}} Mx^{p-1}\,dx&=\lim_{\varepsilon\to+0}\left[\frac{M}{p}x^p\right]_\varepsilon^{\frac{1}{2}}\\
&=\lim_{\varepsilon\to+0}\frac{M}{p}\left(\frac{1}{2^p}-\varepsilon^p\right)\\
&=\frac{M}{p\cdot 2^p}
\end{aligned}$$

よって，134 ページの優関数による広義積分の収束判定条件の定理より，

$$\int_0^{\frac{1}{2}} x^{p-1}(1-x)^{q-1}dx \text{ は収束することがわかる。}$$

同様に $\int_{\frac{1}{2}}^1 x^{p-1}(1-x)^{q-1}dx$ が収束することがわかるので，結局，任意

の $0<p<1$ または $0<q<1$ を満たす正の実数 p と q に対して，広義積分

$\int_0^1 x^{p-1}(1-x)^{q-1}dx$ が収束することがわかった。

以上より，次のように定義することができる。

定義 3-8 ベータ関数

任意の正の実数 p と q に対して

$$B(p,\ q)=\int_0^1 x^{p-1}(1-x)^{q-1}dx$$

を **ベータ関数** という。

このベータ関数には，次のような基本的な性質がある。

ベータ関数の性質の定理

(1) 任意の正の実数 $p,\ q$ について $\quad B(p,\ q)>0$

(2) $B(p,\ q)=B(q,\ p)$

(3) $B(p,\ q+1)=\dfrac{q}{p}B(p+1,\ q)$

(1) は $0\leq x\leq 1$ において $x^{p-1}(1-x)^{q-1}\geq 0$ であることと定積分の定義よりわかる。

(2) は $t=1-x$ とおいて置換積分を用いることにより，(3) は部分積分を用いることにより示すことができる。

練習22 上のベータ関数の性質の定理 (2) と (3) が成り立つことを示せ。

補足 ベータ関数は，二項分布と関連があるベータ分布を通して統計学への応用がある。また，次で紹介するガンマ関数との関係式など，いくつかの関数等式が知られている。

練習23 $B\left(\dfrac{1}{2}, \dfrac{1}{2}\right)=\pi$ が成り立つことを示せ。

次に，より専門的な純粋数学においても，また工学などへの応用数学においても，幅広い応用があるガンマ関数を紹介しよう。

任意の正の実数 s に対して

$$\int_0^\infty e^{-x}x^{s-1}dx$$

を考えよう。

積分区間が $[0, \infty)$ であるので，これは広義積分になる。

また

$$\int_0^\infty e^{-x}x^{s-1}dx=\int_0^1 e^{-x}x^{s-1}dx+\int_1^\infty e^{-x}x^{s-1}dx$$

と分けて考えると，$0<x\leqq1$ において，$s<1$ のとき関数 $e^{-x}x^{s-1}$ は $x=0$ で定義されないので広義積分になる。

$0<x\leqq1$ において，$e^{-x}<1$ であるから

$$e^{-x}x^{s-1}\leqq x^{s-1}$$

$$\begin{aligned}\int_0^1 x^{s-1}dx&=\lim_{\varepsilon\to+0}\int_\varepsilon^1 x^{s-1}dx\\&=\lim_{\varepsilon\to+0}\left[\frac{x^s}{s}\right]_\varepsilon^1\\&=\lim_{\varepsilon\to+0}\frac{1-\varepsilon^s}{s}\\&=\frac{1}{s}\end{aligned}$$

よって，優関数による広義積分の収束判定条件より，$\displaystyle\int_0^1 e^{-x}x^{s-1}dx$ は収束する。

少し議論が難しくはなるが，同様に，$x \geqq 1$ のとき，s に対してある実数 C' が存在して，次が成り立つ。

$$e^{-x}x^{s-1} \leqq C'e^{-\frac{1}{2}x}$$

したがって，上の場合と同様に $\displaystyle\int_1^\infty e^{-x}x^{s-1}dx$ が収束することがわかる。

結局，任意の正の実数 s に対して，広義積分 $\displaystyle\int_0^\infty e^{-x}x^{s-1}dx$ が収束することがわかった[3]。

以上より，次のように定義することができる。

定義 3-9 ガンマ関数

任意の正の実数 s に対して

$$\Gamma(s) = \int_0^\infty e^{-x}x^{s-1}dx$$

を **ガンマ関数** という。

このガンマ関数には，次のような基本的な性質がある。

ガンマ関数の性質の定理

(1) 任意の正の実数 s について　$\Gamma(s) > 0$

(2) 任意の正の実数 s について　$\Gamma(s+1) = s\Gamma(s)$

(3) 任意の自然数 n について　$\Gamma(n) = (n-1)!$

(1)は $x \geqq 0$ において $e^{-x}x^{s-1} \geqq 0$ であることと定積分の定義よりわかる。

(2)は部分積分を用いることにより示すことができる。

(3)は(2)の特殊な場合である。

練習 24　上のガンマ関数の性質の定理(2)と(3)が成り立つことを示せ。

---

3) 詳しい議論については，『数研講座シリーズ　大学教養　微分積分』(156～157 ページ) を参照。

前ページの定理 (3) からわかるように，ガンマ関数は

$$自然数 n の階乗\ n!=n\times(n-1)\times\cdots\cdots\times2\times1$$

の正の実数上で定義された連続関数への拡張になっている。

補足　ガンマ関数は，自然数の階乗の自然な拡張として，1729 年にスイスの数学者レオンハルト・オイラー[4] が最初に導入したとされる（ここで与えた広義積分の形ではないが，一致することが証明されている）。

練習 25　$\Gamma\left(\dfrac{1}{2}\right)=2\displaystyle\int_0^\infty e^{-x^2}dx$ を示せ。

$\Gamma\left(\dfrac{1}{2}\right)=2\displaystyle\int_0^\infty e^{-x^2}dx$ の右辺の広義積分について，e^{-x^2} は偶関数であることから

$$2\int_0^\infty e^{-x^2}dx=\int_{-\infty}^\infty e^{-x^2}dx$$

が成り立つ。

広義積分 $\displaystyle\int_{-\infty}^\infty e^{-x^2}dx$ は **ガウス積分** とも呼ばれ，統計学では正規分布で用いられるなど必須の積分となっている。

実際，$\displaystyle\int_{-\infty}^\infty e^{-x^2}dx=\sqrt{\pi}$ が成り立つ。$\displaystyle\int_0^\infty e^{-x^2}=\dfrac{\sqrt{\pi}}{2}$ が成り立つことの証明は第 6 章で与える。

---

4) レオンハルト・オイラー（1707年-1783 年）は，スイス出身の数学者。18 世紀の最大の数学者とも呼ばれる。解析学・数論・幾何学など非常に幅広い分野において膨大な研究を行った。オイラーの公式，オイラーの定理と呼ばれるものも数多くある。史上最も多くの論文を書いた数学者ともいわれている。

1 次の不定積分を求めよ。

(1) $\displaystyle\int \frac{dx}{\tanh x}$　　　(2) $\displaystyle\int \mathrm{Tan}^{-1}x\,dx$　　　(3) $\displaystyle\int \tanh^2 x\,dx$

(4) $\displaystyle\int \frac{dx}{x^3+1}$　　　(5) $\displaystyle\int \frac{dx}{x^4-16}$

2 次の問いに答えよ。

(1) $y=\cosh x\ (x\geqq 0)$ の逆関数を求めよ。

(2) 不定積分 $\displaystyle\int \frac{dx}{\sqrt{x^2+1}}$ を，$x=\sinh t$ とおいて求めよ。

3 極限値 $\displaystyle\lim_{n\to\infty}\sum_{k=1}^{n}\left\{\frac{1}{n}\cdot\left(\frac{k}{n}\right)^2\right\}$ を求めよ。

4 次の広義積分の値を計算せよ。

(1) $\displaystyle\int_1^2 \frac{2}{x\sqrt{x-1}}\,dx$　　　(2) $\displaystyle\int_0^\infty xe^{-x}\,dx$　　　(3) $\displaystyle\int_{-\infty}^\infty \frac{dx}{x^2+2x+2}$

5 ベータ関数 $B(p,\,q)$ について，$B\left(\dfrac{3}{2},\,\dfrac{5}{2}\right)$ の値を求めよ。

6 ガンマ関数 $\varGamma(x)$ について，$\varGamma(1)=1$ を証明せよ。

7 放物線 $y=x^2$ の $x=0$ から $x=1$ の部分の長さを求めよ。

8 広義積分 $\displaystyle\int_0^\infty e^{-x^2}\,dx$ が収束することを，広義積分の収束判定条件を利用して証明せよ。ただし，$e^x>x$ は利用してよい。

第4章　関数（多変数）

　この章では，$z = f(x, y)$ のような変数が複数ある式で表される関数，いわゆる多変数関数を学ぶ。このような関数 $f(x, y)$ の定義域は，実数2個の組 (x, y) の集合であることから，平面上の領域であるとみなすことができるだろう。

　より一般に，$n \geqq 2$ として，n 変数関数 $f(x_1, x_2, \cdots\cdots, x_n)$ を考えると，その定義域は実数 n 個の組 $(x_1, x_2, \cdots\cdots, x_n)$ の集合と考えるのが自然である。まず1節で準備として，そのような実数 n 個の組 $(x_1, x_2, \cdots\cdots, x_n)$ の集合について学んでから，2節以降で多変数関数を定義して，その連続性まで学んでいく。

ユークリッド（またはエウクレイデス）は，古代ギリシャの数学者。生涯について詳しくはわかっていないが，数学史上最も重要な本『原論』（ユークリッド原論）の著者とされている。ユークリッドが研究したような幾何学は現在，ユークリッド幾何学と呼ばれている。その場となる平面や空間，およびその高次元への一般化であることから 147 ページで学習するように R^n はユークリッド空間と呼ばれる。

ユークリッド，紀元前3世紀？–

第1節　ユークリッド空間

ここでは，多変数関数を学ぶための準備として，実数 n 個の組 $(x_1, x_2, \cdots\cdots, x_n)$ の集合である n 次元ユークリッド空間と，その空間内の 2 点間の距離を定義し，基本的な性質をまとめる。

A　ユークリッド空間

直線とは何か，平面とは何か，ということを改めて問われると難しく，高等学校までは直感的に理解できるものとして，厳密な定義はしていない。

例えば，数直線とは

「直線上に数を対応させて表すとき，この直線を数直線という」

のように，先に「直線」があって，その上の点に数を対応させる，というイメージで説明されていた。

しかし今後は，より厳密に理論を組み立てるために，このイメージを逆にし，「実数全体の集合 R」こそが「数直線」であると定義する。このように考えた直線のことを **実直線** と呼ぶ。

次に座標平面を考えてみよう。

高等学校までは，数直線の場合と同様に，（直感的に定められた）平面上の点を実数の組 (x, y) で表すものとして説明されていた。

これに対して，今後は逆に，2 つの実数の組 (x, y) の集合を抽象的に考え，この集合を座標平面（もしくは，単に平面）と定義する[1]。この定義においては，座標平面上の「点」とは，抽象的な実数の組 (x, y) のことであり，直感的な幾何（図形）的対象ではないことに注意してほしい。

---

[1] なお，実数の組 (x, y) というときは，単に実数 2 つの集合 $\{x, y\}$ のことではなく，（x が第 1 成分で，y が第 2 成分というように）x と y に順序がついているとする。このように順序のついた集合の要素の組のことを **順序対** と呼ぶこともある。

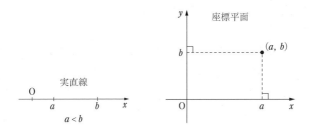

　この座標平面の考え方の，さらなる一般化として，次のように n 次元空間を定義する。

定義 4-1　n 次元ユークリッド空間 R^n

n を 1 以上の整数とする。実数 n 個の組全体の集合

$$\{(x_1,\ x_2,\ \cdots\cdots,\ x_n)\mid x_i \text{ は実数 } (i=1,\ 2,\ \cdots\cdots,\ n)\}$$

を n 次元ユークリッド空間または単に **n 次元空間** といい，R^n で表す。

> **注意**　記号 R^n の上付きの n は，いわゆる数の n 乗を表しているのではないので，R^n を「アールのエヌじょう」とは読まず，通常，「アールエヌ」などと読む。また，n 次元ユークリッド空間 R^n の要素 $(x_1,\ \cdots\cdots,\ x_n)$ のことを R^n の「点」と呼び，それをPで表すとき $P(x_1,\ \cdots\cdots,\ x_n)$ と書く。なお，ここでは次元という用語に（数学以外に関わる）特別な意味（縦・横，もしくは時間など）をもたせていない。

例 1　$R^2,\ R^3,\ R^4$

$n=2,\ 3$ の場合，$R^2,\ R^3$ は，高等学校までの座標平面，座標空間と同じものとみなすことができる。

$n=1$ の場合，R^1 はRそのもの，つまり実直線を表すこととする。

$n=4$ の場合，R^4 内の点 $P(1,\ 2,\ 3,\ -5)$ とは，単に抽象的な 4 つの実数の組 $(1,\ 2,\ 3,\ -5)$ を表している。具体的な（物理的な）4 次元空間の点を表しているわけではない。

練習 1　R^n 内で，$\{(0,\ \cdots\cdots,\ 0,\ x_k,\ 0,\ \cdots\cdots,\ 0)\mid x_k\in R\}$ で定義される部分集合を座標軸という。R^4 には何本の座標軸があるか，またそれらすべての共通部分はどのような集合か，答えよ。

研究 直積集合

2つの集合AとBに対して，Aの要素xとBの要素yの組(x, y)全体の集合を，AとBの **直積集合** といい，$A \times B$と表す（直積集合は，デカルト積といわれることもある）。

つまり，次のようになる。

$$A \times B = \{(a, b) \mid a \in A, \ b \in B\}$$

直積集合について，例えば，次のことが成り立つ。

1. 集合Aに対して，$A \times \varnothing = \varnothing \times A = \varnothing$　（$\varnothing$は空集合）

2. 集合A, B, Cに対して
   (a) $(A \cup B) \times C = (A \times C) \cup (B \times C)$
   (b) $(A \cap B) \times C = (A \times C) \cap (B \times C)$

3. $A \subset X$, $B \subset Y$ のとき
   $(X \times Y) - (A \times B) = ((X - A) \times Y) \cup (X \times (Y - B))$

2つ以上の集合 X_1, X_2, ……, X_n の直積集合 $X_1 \times X_2 \times \cdots\cdots X_n$ も，同様に定義される。

つまり，次のようになる。

$$X_1 \times X_2 \times \cdots\cdots \times X_n = \{(x_1, x_2, \cdots\cdots, x_n) \mid x_1 \in X_1, \ x_2 \in X_2, \ \cdots\cdots, \ x_n \in X_n\}$$

特に，1つの集合Xのn個の直積集合を X^n で表す。

$$X^n = \overbrace{X \times X \times \cdots\cdots \times X}^{n \text{個}}$$
$$= \{(x_1, x_2, \cdots\cdots, x_n) \mid x_i \in X \ (i = 1, 2, \cdots\cdots, n)\}$$

例えば，前のページで定義したn次元ユークリッド空間は，その要素が$(x_1, x_2, \cdots\cdots, x_n)$のような実数$n$個の組であるので，実数全体の集合$\mathrm{R}$の$n$個の直積集合になっている。

したがって，R^n で表されるのである。

注意 3の $(X \times Y) - (A \times B)$ は，**差集合** を示す。
集合P, Qに対し，Pに属する要素でQに属さないものの全体からなる集合を，PからQを引いた差集合といい $P - Q$ または $P \backslash Q$ と表す。

B ユークリッド距離

数直線において，2点 $P(p)$，$Q(q)$ の（数直線上の）距離は $|q-p|$ と定義されていた。また座標平面においては，三平方の定理（ピタゴラスの定理）をもとに，2点 $P(p_1, p_2)$，$Q(q_1, q_2)$ の距離は $\sqrt{(q_1-p_1)^2+(q_2-p_2)^2}$ と定義されていた。3次元座標空間についても同様の計算で，2点 $P(p_1, p_2, p_3)$，$Q(q_1, q_2, q_3)$ の距離は $\sqrt{(q_1-p_1)^2+(q_2-p_2)^2+(q_3-p_3)^2}$ と定義されていた。

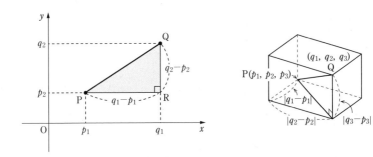

この拡張として，一般の n 次元ユークリッド空間内の2点間の距離を次のように定義しよう。

定義 4-2　2点間の距離

R^n 内の2点 $P(p_1, p_2, \cdots\cdots, p_n)$，$Q(q_1, q_2, \cdots\cdots, q_n)$ の距離を以下のように定義する。

$$\sqrt{(q_1-p_1)^2+(q_2-p_2)^2+\cdots\cdots+(q_n-p_n)^2}$$

また，この距離を $d(P, Q)$ で表す。

以降，n 次元ユークリッド空間 R^n 内には，この d を用いて距離が定まっていると仮定する。

補足　このように R^n 内の2点 P，Q の組 (P, Q) に対して，距離として実数が対応することから，この d も1つの関数とみなすことができる。その場合の関数 d のことを **ユークリッド距離関数** という。集合 R^n とユークリッド距離関数 d の組 (R^n, d) のことを，特に **ユークリッド距離空間** と呼ぶこともある。

この R^n 内の 2 点間の距離に関して，次のような基本的な性質がある。

> **距離の性質の定理**
>
> (1) 任意の $x \in R^n$，$y \in R^n$ について $d(x, y) \geqq 0$ であり，
> $d(x, y) = 0$ となるのは $x = y$ となるときに限る。
>
> (2) 任意の $x \in R^n$，$y \in R^n$ について，$d(x, y) = d(y, x)$
>
> (3) （三角不等式）$x \in R^n$，$y \in R^n$，$z \in R^n$ について，
> $d(x, z) \leqq d(x, y) + d(y, z)$

証明　(1) と (2) は明らかなので，(3) を示す。

$x = (x_1, x_2, \cdots\cdots, x_n)$, $y = (y_1, y_2, \cdots\cdots, y_n)$,
$z = (z_1, z_2, \cdots\cdots, z_n)$

として，$x_i - y_i = a_i$, $y_i - z_i = b_i$ $(i = 1, 2, \cdots\cdots, n)$ とすると，示す

べき不等式は $\sqrt{\sum_{i=1}^{n} (a_i + b_i)^2} \leqq \sqrt{\sum_{i=1}^{n} a_i^2} + \sqrt{\sum_{i=1}^{n} b_i^2}$ である。

両辺を 2 乗して整理し，さらに 2 乗・消去して整理した不等式*

$$\left(\sum_{i=1}^{n} a_i b_i \right)^2 \leqq \left(\sum_{i=1}^{n} a_i^2 \right) \left(\sum_{i=1}^{n} b_i^2 \right) \qquad (*)$$

を証明すればよいことがわかる。

ここで，t についての 2 次式 $\left(\sum_{i=1}^{n} a_i^2 \right) t^2 + 2 \left(\sum_{i=1}^{n} a_i b_i \right) t + \left(\sum_{i=1}^{n} b_i^2 \right)$

は $\sum_{i=1}^{n} (a_i t + b_i)^2$ と変形されるので，t の値に関係なく常に 0 以上

である。

$\sum_{i=1}^{n} a_i^2 = A$, $\sum_{i=1}^{n} b_i^2 = B$, $\sum_{i=1}^{n} a_i b_i = C$ とおくと　　$A \geqq 0$

$A = 0$ のとき $(*)$ は成り立つから，$A > 0$ のときを考えると

$$\sum_{i=1}^{n} (a_i t + b_i)^2 = At^2 + 2Ct + B = A \left(t + \frac{C}{A} \right)^2 + \frac{AB - C^2}{A}$$

これがすべての実数 t について 0 以上になるから

$$AB - C^2 \geqq 0 \quad \text{すなわち} \quad C^2 \leqq AB$$

よって，$(*)$ が導かれる。 ■

補足 左ページの(*)の不等式は，シュワルツの不等式，または，コーシー・シュワルツの不等式と呼ばれる。

練習 2 前ページの距離の性質の定理の(1)と(2)を証明せよ。

例題 1 R^4 内の 2 点 $(1,\ 2,\ 3,\ -1)$ と $(-2,\ 0,\ 1,\ 3)$ の距離を求めよ。

解答 2 点間の距離の定義から

$$\sqrt{(-2-1)^2+(0-2)^2+(1-3)^2+\{3-(-1)\}^2}=\sqrt{9+4+4+16}$$
$$=\sqrt{33}$$

練習 3 R^5 内の 2 点 $(1,\ 1,\ 0,\ -1,\ 2)$ と $(0,\ 3,\ -1,\ 2,\ 1)$ の距離を求めよ。

補足 座標平面上および座標空間内で成り立つ多くの定理・公式，例えば，内分点・外分点の座標の式などは，一般に n 次元空間でも成り立つ。

研究　極座標表示

平面上に点Oと半直線 OX を定めると，この平面上の点Pの位置は，OP の長さ r と OX から OP へ測った角 θ の大きさで決まる。

ただし，θ は弧度法で表された一般角である。

このとき，2 つの数の組 $(r,\ \theta)$ を，点Pの**極座標** という。極座標が $(r,\ \theta)$ である点Pを $P(r,\ \theta)$ と書くことがある。

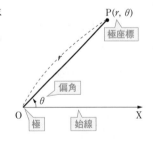

また，点Oを **極**，半直線 OX を **始線**，θ を **偏角** という。極Oと異なる点Pの偏角 θ は，$0 \leqq \theta < 2\pi$ の範囲ではただ 1 通りに定まる。

なお，θ の範囲を制限しないこともある。

〈注意〉 極Oの極座標は $(0,\ \theta)$ とし，θ は任意の値と考える。

第 2 節　多変数関数とは

この節で，第 1 章で学んだ（1 変数）関数の拡張として多変数関数を定義し，基本的な性質を学ぶ。

A　多変数関数の定義

1 章 1 節において，これまで学んできた（1 変数）関数は，次のように定義されていた（24 ページ）。

> 実数の集合 A，B において，A の 1 つの要素を定めたとき，それに対応して集合 B の要素が必ず 1 つ定まるとき，この<u>対応関係</u>を，A から B への関数であると定義する。また，この集合 A を関数の定義域という。

そして，式 $y=f(x)$ で決まる関数（または関数 $y=f(x)$）といった場合，x に定義域の値を代入したとき，対応して決まる値が y の値になるものとしていた。すなわち，x が独立変数，y が従属変数ということである。

この自然な一般化として，複数個の独立変数を含む式で表される関数 $f(x_1, x_2, \cdots\cdots, x_n)$ が考えられる。そのような関数では，1 つ 1 つの変数 x_i に実数を代入できるので，それらをまとめた実数 n 個の組 $(x_1, x_2, \cdots\cdots, x_n)$ の集合を定義域として考えるべきである。よって，そのような関数の定義域は n 次元ユークリッド空間 R^n の部分集合であると考えられる。

以上のことから，多変数関数を次のように定義する。

定義 4-3　多変数関数
自然数 n について，集合 $A \subset \mathrm{R}^n$ の 1 つの要素 $(x_1, x_2, \cdots\cdots, x_n)$ を定めたとき，それに対応して集合 $B \subset \mathrm{R}$ の要素 y が必ず 1 つ定まるとき，この<u>対応関係</u>を，集合 A から集合 B への **多変数関数** であるという。

注意　独立変数を複数個含む式で表される関数は多変数関数である。しかし，一般には，関数は式で表されている必要はない。

補足　多変数関数に対しても（1 変数）関数と同様に，定義域，値域，像，合成関数などの用語が定義され，用いられる（1 章 1 節，24〜27 ページを参照）。

例2　2 変数関数

式 $f(x, y)=x+y+1$ は 2 変数関数を表す。R^2 内の点 $(2, 1)$ の像は $f(2, 1)=2+1+1=4$ である。$z=x+y+1$ という式で表すこともでき，この場合，変数 x と y が独立変数で，変数 z が従属変数になる。また，$w=x_1+x_2+1$ という式でも表すことができ，この場合には，変数 x_1 と x_2 が独立変数で，変数 w が従属変数になる。

例3　3 変数関数

式 $f(x, y, z)=\sin x+\sqrt{y}\,(z+1)$ は 3 変数関数を表す。R^3 内の点 $(0, 1, 2)$ の像は $f(0, 1, 2)=\sin 0+\sqrt{1}\cdot(2+1)=3$ である。この $f(x, y, z)$ の式においては，変数 x, y, z が独立変数になる。
$f(x, y, z)$ の定義域は $\{(x, y, z)\in R^3 \mid y\geqq 0\}\subset R^3$，値域は R である。

練習4　2 変数関数 $f(x, y)=e^{x+\sqrt{y}}$ について，点 $(3, 4)$ の像を求めよ。また，その定義域と値域を答えよ。

　多変数関数は，これまでに学んだ（1 変数）関数とはさまざまな面で異なることが多い。一方で，2 変数関数で成り立つことの多くは一般の n 変数関数で成り立つ（$n\geqq 3$）。したがって，以降では主に，2 変数関数を扱っていく。

B　多変数関数のグラフ

　2 変数関数 $f(x, y)$ については，$z=f(x, y)$ として関数のグラフを考えることができる。ここでは，25 ページで定義した（1 変数）関数のグラフを，多変数関数に拡張して定義しよう。

　2変数関数の定義域は2次元ユークリッド空間 R^2 内，つまり座標平面の部分集合である。またその値域は実数の集合であり，Rの部分集合となる。したがって，次のように関数のグラフを定義すると，それは3次元ユークリッド空間 R^3 内の部分集合，つまり，座標空間内の図形になっている。

定義4-4　多変数関数のグラフ

一般に n 変数関数 $y=f(x_1, x_2, \cdots\cdots, x_n)$ のグラフとは，次で与えられる集合のことである。

$$\{(x_1, x_2, \cdots\cdots, x_n, y) \mid x_i \in R \ (1 \leqq i \leqq n), \ y=f(x_1, x_2, \cdots\cdots, x_n) \in R\}$$

特に $n=2$ の場合には，2変数関数 $z=f(x, y)$ のグラフは

$$\{(x, y, z) \mid x \in R, \ y \in R, \ z \in R, \ z=f(x, y)\} \subset R^3$$

となり，それは3次元ユークリッド空間 R^3 の部分集合，つまり，座標空間内の図形である。

> **注意**　2変数関数のグラフは3次元の座標空間の図形となり，視覚化して図示することができる。一方で，$n \geqq 3$ の場合，n 変数関数のグラフは4次元以上のユークリッド空間内の図形となり図示はできない。ただし，グラフは抽象的な高次元の図形（R^{n+1} の部分集合）として確かに存在する。

例4　2変数関数のグラフ

　2変数関数 $f(x, y)=x^2+y^2$ のグラフは右のように図示される。
　このように，一般には2変数関数のグラフは座標空間内の曲面になる。

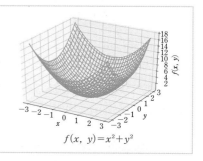

$f(x, y)=x^2+y^2$

　座標空間内の曲面を，紙面上に図示しても理解しにくい。コンピュータ・グラフィックス等の3次元画像を利用すれば，よりわかりやすい。ここでは，曲面の様子を理解するために，いくつかの平面で切った切り口をみていこう。

例 4 で与えられたグラフ（前ページの図の曲面）を S とする。つまり，S の方程式は $z=x^2+y^2$ である。

まず，座標空間内の xy 平面に平行な平面 $z=3$ で S を切った切り口を考える。

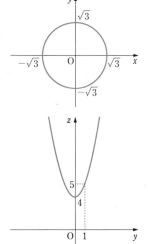

例 4 の式に $z=3$ を代入すると $x^2+y^2=3$ となる。つまり，平面 $z=3$ を xy 平面と同一視すれば，原点中心で半径 $\sqrt{3}$ の円を表している。

次に yz 平面に平行な平面 $x=2$ で S を切った切り口を考える。

例 4 の式に $x=2$ を代入すると $z=4+y^2$ となる。平面 $x=2$ を yz 平面と同一視すれば，これは $z=y^2$ で表される放物線を z 軸の正の方向に 4 だけ平行移動した放物線を表している。

練習5　平面で $z=4$ を xy 平面と同一視するとき，2 変数関数 $f(x,\ y)=x^2-y^2$ のグラフを，平面 $z=4$ で切った切り口を xy 平面上に図示せよ。

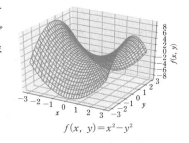

$f(x,\ y)=x^2-y^2$

補充問題

1　2 変数関数 $f(x,\ y)=\sqrt{x^2-4x+y^4+5}$ のグラフ上の点 $\mathrm{P}(x,\ y,\ f(x,\ y))$ と，原点 $(0,\ 0,\ 0)$ との距離の最小値を求めよ。

2　平面 $z=1$ を xy 平面と同一視するとき，2 変数関数 $f(x,\ y)=\sqrt{4-x^2-y^2}$ のグラフを，平面 $z=1$ で切った切り口を xy 平面上に図示せよ。

第3節　多変数関数の極限と連続性

　次の第5章から多変数関数の微分法と積分法を学んでいく。ここでは，その準備として多変数関数の極限と連続性を学ぼう。

A　多変数関数の極限

　定義域を $S \subset \mathbb{R}^2$ とする2変数関数 $f(x, y)$ を考える。点 (x, y) が点 (a, b) の十分近くにあるときの関数 $f(x, y)$ の極限はどう定義すればよいだろうか。

　まず，直感的な説明としては，1変数の場合と同じく，次のようにすればよい。

> 　関数 $f(x, y)$ において，(x, y) が $(x, y) \neq (a, b)$ を満たしながら (a, b) に近づくとき，その近づき方によらず，$f(x, y)$ の値が一定の値 α に限りなく近づくならば，この値 α を $(x, y) \longrightarrow (a, b)$ のときの $f(x, y)$ の極限値または極限という

　この「限りなく近づく」という表現は，1章2節（28ページ）でも述べたように厳密ではない。

　また，1変数関数の場合でも，右側極限と左側極限があり，他の近づき方も考えれば無限に多くの場合があった。

　さらに2変数関数の場合，点 (x, y) は平面上の点であり，平面上での定点 (a, b) への近づき方は，下の図のように，より多くの種類があることになる。

点 (a, b) への
近づき方

　そこで，$28 \sim 30$ ページでの説明をもとに，1 変数関数の極限の考え方を拡張して，$(x,\ y) \longrightarrow (a,\ b)$ のときの 2 変数関数 $f(x,\ y)$ の極限が α であることを，次のように定義する。（いわゆる $\varepsilon - \delta$ 論法を用いている。1 章 2 節の補足（30 ページ）も参照。）

定義 4-5　$(x,\ y) \longrightarrow (a,\ b)$ のときの $f(x,\ y)$ の極限が α

任意の正の実数 ε に対して，ある正の実数 δ が存在して，
$0 < d((x,\ y),\ (a,\ b)) < \delta$ を満たし，かつ，関数 $f(x,\ y)$ の定義域に含まれるすべての $(x,\ y)$ について，$|f(x,\ y) - \alpha| < \varepsilon$ が成り立つとき

$\qquad$ $(x,\ y) \longrightarrow (a,\ b)$ のときの関数 $f(x,\ y)$ の極限が α である

または

$\qquad$ 関数 $f(x,\ y)$ は $(x,\ y) \longrightarrow (a,\ b)$ で α に収束する

という。
このことを

$$\lim_{(x,y) \to (a,b)} f(x,\ y) = \alpha$$

または

$\qquad$ $(x,\ y) \longrightarrow (a,\ b)$ のとき $f(x,\ y) \longrightarrow \alpha$

などと表す。

　ここで，d は 4 章 1 節 B（149 ページ）で定義したユークリッド距離であり，座標平面上においては，高等学校までで学んだ座標平面上の距離のことである。

　つまり，$0 < d((x,\ y),\ (a,\ b)) < \delta$ は

$$0 < \sqrt{(x-a)^2 + (y-b)^2} < \delta$$

を意味している。

|注意|　1 章 2 節（30 ページ）における 1 変数関数の極限（$x \longrightarrow a$ のときの $f(x)$ の極限が α）の定義と比較すると，変数の数が変化している他に，「$0 < |x-a| < \delta$ を満たし」のところが，「$0 < d((x,\ y),\ (a,\ b)) < \delta$ を満たし」のように変わっている。これは 149 ページでも説明したように，数直線上の 2 点 P(p)，Q(q) 間の距離 $|q-p|$ の一般化が，ユークリッド距離 d であることによる。

例5 2変数関数の極限値

2変数関数 $f(x, y) = x + y + 1$ に対して，$\displaystyle\lim_{(x, y) \to (1, 1)} f(x, y) = 3$ である

ことを確かめてみよう。ただし，$f(x, y)$ の定義域は $\mathbb{R}^2$ 全体とする。
任意の正の実数 ε が与えられたとする。

これに対して，正の実数 δ を $\delta = \dfrac{\varepsilon}{2}$ として定める。

このとき，$0 < d((x, y), (1, 1)) < \delta$ を満たす (x, y) に対して
$$|f(x, y) - 3| = |(x + y + 1) - 3|$$
$$= |(x - 1) + (y - 1)| \leqq |x - 1| + |y - 1|$$

であり
$$|x - 1| = \sqrt{(x - 1)^2} \leqq \sqrt{(x - 1)^2 + (y - 1)^2}$$
$$= d((x, y), (1, 1))$$
$$< \delta = \frac{\varepsilon}{2}$$

かつ同様に，$|y - 1| < \delta = \dfrac{\varepsilon}{2}$ であるので
$$|f(x, y) - 3| \leqq |x - 1| + |y - 1|$$
$$< \frac{\varepsilon}{2} + \frac{\varepsilon}{2} = \varepsilon$$

が成り立つ。

したがって，$0 < d((x, y), (1, 1)) < \delta$ を満たし，かつ，関数 $f(x, y)$ の定義域に含まれるすべての (x, y) について，$|f(x, y) - 3| < \varepsilon$ が成り立つ。

よって，$(x, y) \longrightarrow (1, 1)$ のときの $f(x, y)$ の極限が 3 である，つまり，$\displaystyle\lim_{(x, y) \to (1, 1)} f(x, y) = 3$ が成り立つ。

練習6 2変数関数 $f(x, y) = x - y$ に対して，$\displaystyle\lim_{(x, y) \to (1, 0)} f(x, y) = 1$ を示せ。

例5では, $(x, y) \longrightarrow (1, 1)$ の近づき方には, あまり注意を払っていないが, 実際には, その近づき方によって $f(x, y)$ が近づく値が異なり, $f(x, y)$ の極限が存在しない場合がある。

例6　近づき方によって極限をもたない2変数関数

関数 $f(x, y) = \dfrac{x^2 - y^2}{x^2 + y^2}$ について,

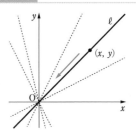

$(x, y) \longrightarrow (0, 0)$ のときの極限が存在しないことを示してみよう。

例えば, 原点 $(0, 0)$ を通る直線

$\ell : y = mx$ に沿って, (x, y) を $(0, 0)$ に近づけてみる。

このとき, $x \neq 0$ では

$$f(x, mx) = \frac{x^2 - m^2 x^2}{x^2 + m^2 x^2}$$

$$= \frac{1 - m^2}{1 + m^2}$$

となる。

これは $x \longrightarrow 0$ で $\dfrac{1 - m^2}{1 + m^2}$ に収束する。

しかし, その値は, 直線 ℓ の傾き m に依存している。

実際, $m = 1$ ならばこれは0であるが, $m = 0$ のときは1である。

したがって, $f(x, y)$ が近づく値は (x, y) の $(0, 0)$ への近づき方に依存し, $f(x, y)$ は $(x, y) \longrightarrow (0, 0)$ で極限をもたない。

練習7　関数 $f(x, y) = \dfrac{x^3 + 2y^3}{2x^3 + y^3}$ は, $(x, y) \longrightarrow (0, 0)$ のとき極限をもたないことを示せ。

| 例題 2 | 2 変数関数 $f(x, y) = \dfrac{x^2 y}{x^4 + y^2}$ は，$(x, y) \longrightarrow (0, 0)$ のとき極限をもたないことを示せ。 |

解答

原点 $(0, 0)$ を通る曲線 $C : y = mx^2$ に沿って，(x, y) を $(0, 0)$ に近づける。

$x \neq 0$ のとき $\quad f(x, mx^2) = \dfrac{mx^4}{(1 + m^2)x^4} = \dfrac{m}{1 + m^2}$

$x \longrightarrow 0$ のとき，$f(x, mx^2)$ は $\dfrac{m}{1 + m^2}$ に収束する。

しかし，$\dfrac{m}{1 + m^2}$ は，m に依存している。

実際，$m = 1$ のとき $\dfrac{m}{1 + m^2} = \dfrac{1}{2}$ であるが，$m = -1$ のとき

$\dfrac{m}{1 + m^2} = -\dfrac{1}{2}$ である。

したがって，(x, y) を $(0, 0)$ に近づけたとき，関数 $f(x, y)$ が近づく値は，(x, y) の $(0, 0)$ への近づけ方に依存する。

以上から関数 $f(x, y)$ は $(x, y) \longrightarrow (0, 0)$ で極限をもたない。∎

練習 8 例題 2 の関数 $f(x, y)$ について，例 6 のように，直線 $y = mx$ に沿って $(x, y) \longrightarrow (0, 0)$ と近づけたとき，$f(x, y)$ の値が m の値によらず 0 に近づくことを示せ。

補足 練習 8 から，例題 2 の関数 $f(x, y)$ について，例 6 のように，直線 $y = mx$ に沿って $(x, y) \longrightarrow (0, 0)$ と近づけても，m の値によらず $f(x, y)$ の値は 0 に近づくことがわかる。つまり，$(x, y) \longrightarrow (0, 0)$ の近づけ方には十分注意をする必要があり，極限値が存在することを示すときには，$\varepsilon - \delta$ 論法を用いて丁寧に証明する必要がある。

練習 9 2 変数関数 $f(x, y) = \dfrac{2x^3 y}{x^6 + y^2}$ は，$(x, y) \longrightarrow (0, 0)$ のとき極限をもたないことを示せ。

2 変数関数の極限について，1 変数関数の極限と同様に，次の定理が成り立つ。さらに，一般の n 変数関数の極限についても同様のことが成り立つ。

関数の極限の性質の定理

関数 $f(x, y)$, $g(x, y)$ および点 (a, b) について,

$$\lim_{(x, y) \to (a, b)} f(x, y) = \alpha, \quad \lim_{(x, y) \to (a, b)} g(x, y) = \beta \text{ とする。}$$

(1) $\displaystyle \lim_{(x, y) \to (a, b)} \{kf(x, y) + lg(x, y)\} = k\alpha + l\beta$ $(k, l$ は定数$)$

(2) $\displaystyle \lim_{(x, y) \to (a, b)} f(x, y)g(x, y) = \alpha\beta$

(3) $\displaystyle \lim_{(x, y) \to (a, b)} \frac{f(x, y)}{g(x, y)} = \frac{\alpha}{\beta}$ $(\text{ただし, } \beta \neq 0)$

|補足| 証明は1変数関数の場合とほぼ同じなので，省略する。

研究 　ε 近傍

157 ページの関数の極限の定義において，1変数関数の場合には「$0 < |x - a| < \delta$ を満たし」，2変数関数の場合には「$0 < d((x, y), (a, b)) < \delta$ を満たし」という仮定がある。さらに，一般の n 変数関数の場合にも同様の仮定をおく必要がある。ここで，次の用語を導入すると，これらの仮定をすべて同じ記号で表すことができる。

定義　ε 近傍

$n = 2$

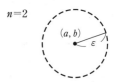

$\mathbb{R}^n$ 内の点 x と正の実数 ε について

$$N(x, \varepsilon) = \{y \in \mathbb{R}^n \mid d(x, y) < \varepsilon\}$$

とする。これを x の ε **近傍** という。

これを使うと，「$Z(x_1, x_2, \cdots\cdots, x_n) \longrightarrow P(p_1, p_2, \cdots\cdots, p_n)$ のときの $f(x_1, x_2, \cdots\cdots, x_n)$ の極限が α である」ことを，次のように定義できる。

定義　$Z \longrightarrow P$ のときの $f(x_1, x_2, \cdots\cdots, x_n)$ の極限が α

$f(x_1, x_2, \cdots\cdots, x_n)$ を，定義域を $S \subset \mathbb{R}^n$ とする n 変数関数とし，$P \in \mathbb{R}^n$ とする。任意の正の実数 ε に対し，ある正の実数 δ が存在して，$Z \in S$, かつ，$Z \in N(P, \delta)$ かつ $Z \neq P$ を満たすすべての Z について，$|f(Z) - \alpha| < \varepsilon$ が成り立つとき，$Z \longrightarrow P$ のときの $f(x_1, x_2, \cdots\cdots, x_n)$ の極限が α であるという。

ただし，$Z(x_1, x_2, \cdots\cdots, x_n)$ に対し，$f(Z)$ は $f(x_1, x_2, \cdots\cdots, x_n)$ を表す。

B 多変数関数の連続性

前項までの準備をもとに，2変数関数の連続性を次のように定義する。$n \geqq 3$ の場合の n 変数関数についても同様であり，基本的には1変数関数の場合と同じである（41ページ，関数の連続性の定義も参照）。

定義4-6 2変数関数の連続性

2変数関数 $f(x, y)$ について，その定義域 $S \subset \mathrm{R}^2$ が (a, b) を含むとき，**$f(x, y)$ が (a, b) で連続である**とは，極限値 $\displaystyle\lim_{(x,y)\to(a,b)} f(x, y)$ が存在し，かつ，$\displaystyle\lim_{(x,y)\to(a,b)} f(x, y) = f(a, b)$ が成り立つことである。

さらに，定義域内のすべての点で連続である関数を **連続関数** という。

連続関数の基本的な性質として，次の定理が成り立つ（42ページ，関数の四則演算と連続性の定理も参照）。

関数の四則演算と連続性の定理

2つの2変数関数 $f(x, y)$，$g(x, y)$ が (a, b) でともに連続であるならば，次の関数も (a, b) で連続である。ただし，k，l は定数であり，$\dfrac{f(x, y)}{g(x, y)}$ においては $g(a, b) \neq 0$ とする。

$$kf(x, y) + lg(x, y), \quad f(x, y)g(x, y), \quad \frac{f(x, y)}{g(x, y)}$$

この定理は，161ページの関数の極限の性質の定理から，証明される。

例7 2変数多項式関数の連続性

上の定理から，x と y の多項式で表される多項式関数は，座標平面 R^2 のすべての点において連続である。つまり，任意の2変数多項式関数は R^2 で連続関数である。

さらに，連続な1変数関数と2変数関数の合成については，例えば，次の定理が成り立つ。

関数の合成と連続性の定理

1. 1変数関数 $f(t)$ と2変数関数 $g(x, y)$ があり，$g(x, y)$ の値域が $f(t)$ の定義域に含まれているとする。このとき，$f(t)$ と $g(x, y)$ がともに連続関数であるならば，2変数関数 $f(g(x, y))$ も連続である。

2. 2つの1変数関数 $g(s)$，$h(t)$ と2変数関数 $f(x, y)$ があり，$g(s)$，$h(t)$ の値域を S，T とするとき，集合 $\{(s, t) \mid s \in S, t \in T\}$ が $f(x, y)$ の定義域に含まれているとする。このとき，$g(s)$，$h(t)$ と $f(x, y)$ がすべて連続関数であるならば，2変数関数 $f(g(s), h(t))$ も連続である。

　より一般の場合の多変数関数の合成についても，基本的に同様のことが成り立つと考えてよい。ただし，定理として正確に述べるには，一般の写像の合成について定義して考える必要があるため，本書では省略する[1]。

補足 上の 2. の仮定は，148 ページの研究で説明した直積集合を用いると，「$g(s)$，$h(t)$ の値域の直積集合が $f(x, y)$ の定義域に含まれている」となる。

例題 3 次の2変数関数が原点 $(0, 0)$ において連続であることを示せ。

$$f(x, y) = \begin{cases} \dfrac{\sin(\sqrt{x^2+y^2})}{\sqrt{x^2+y^2}} & ((x, y) \neq (0, 0)) \\ 1 & ((x, y) = (0, 0)) \end{cases}$$

考え方▶ (x, y) を $(r\cos\theta, r\sin\theta)$ と極座標表示し，$r \longrightarrow 0$ としたときの極限値が偏角 θ によらないことを示す。

解答 (x, y) を極座標表示して $(r\cos\theta, r\sin\theta)$ とすると，$(x, y) \neq (0, 0)$ では $r > 0$ である。

このとき　　$f(r\cos\theta, r\sin\theta) = \dfrac{\sin r}{r}$

さらに，$\displaystyle\lim_{r \to 0} \dfrac{\sin r}{r} = 1$ であるから θ の値によらず

$$\lim_{(x,y) \to (0,0)} f(x, y) = f(0, 0)$$

よって，関数 $f(x, y)$ は原点 $(0, 0)$ で連続である。■

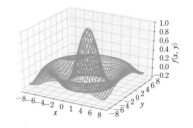

補足 例題3の関数は，原点以外では，連続関
数の合成や四則演算で定義されているため，
連続関数であることがわかる。
また関数 $f(x, y)$ のグラフは，右図のように
なる。

これは，xz 平面上の曲線 $z = \dfrac{\sin x}{x}$ を z 軸の
周りに1回転させてできる曲面である。

練習 10 関数 $f(x, y) = \begin{cases} \dfrac{xy^2}{x^2+y^2} & ((x, y) \neq (0, 0)) \\ 0 & ((x, y) = (0, 0)) \end{cases}$ は $\mathbb{R}^2$ で連続かどうか調
べよ。

C　多変数関数の中間値の定理と最大値・最小値原理

　1章3節（44～45ページ）において，1変数連続関数の性質として紹介
した2つの定理「中間値の定理」および「最大値・最小値原理」は，2変
数の連続関数についても，さらにより一般の多変数関数についても成り立
つ。

　以下では，2変数関数に関する場合を紹介しよう。

　ただし，仮定となる事柄を一般化するため，いくつかの用語を定義する
必要がある。

　中間値の定理について，1変数の場合では，「閉区間 $[a, b]$ 上で関数
$f(x)$ が連続」という仮定がおかれていた。この仮定において，1つの
"つながった"閉区間 $[a, b]$ 上で，という仮定は本質的である。

　例えば，中間値の定理は「2つの異なる閉区間の和集合
$[a, b] \cup [c, d]$」上では成り立たない。

　2変数関数の定義域は座標平面 $\mathbb{R}^2$ 内の領域であるので，そのような平
面上の領域が"つながっている"という仮定をおくため，次のような定義
を導入する。

---

1) 詳しくは，『数研講座シリーズ　大学教養　微分積分』を参照。

定義 4-7　弧状連結

R^2 内の領域 S が **弧状連結** であるとは，右図のように，S 内のどんな 2 点 P，Q も，S 内の連続な曲線によって結べることをいう。

上の定義はかなり直感的なものである[2]。

この定義を用いると，2 変数関数の中間値の定理は，次のように述べられる。

> **多変数関数の中間値の定理**
>
> 座標平面 R^2 内の弧状連結な集合 S 上で 2 変数関数 $f(x, y)$ が連続で，$(a_1, a_2) \in S$，$(b_1, b_2) \in S$ において $f(a_1, a_2) \neq f(b_1, b_2)$ ならば，$f(a_1, a_2)$ と $f(b_1, b_2)$ の間の任意の値 k に対して
> $$f(c_1, c_2) = k$$
> を満たす点 (c_1, c_2) が S 内に少なくとも 1 つ存在する。

この定理の証明は，一般の写像の合成とその連続性を使うので，本書では省略する[3]。

> **例 8　中間値の定理と方程式の解**
>
> 領域 $D = \{(x, y) \in R^2 \mid 0 \le x \le 1,\ 0 \le y \le 1\}$ が弧状連結であることはわかっているとして，方程式 $x^3 y + xy^3 - 1 = 0$ が，$0 \le x \le 1$ かつ $0 \le y \le 1$ の範囲に少なくとも 1 つの解をもつことを示そう。
> 関数 $f(x, y) = x^3 y + xy^3 - 1$ は D 上で連続である。
> また　$f(0, 0) = -1 < 0,\ f(1, 1) = 1 > 0$
> よって，中間値の定理により，方程式 $f(x, y) = 0$ は $0 \le x \le 1$ かつ $0 \le y \le 1$ の範囲に少なくとも 1 つの解をもつ。

---

2),3) 厳密な定義や，証明に興味ある読者は，『数研講座シリーズ　大学教養　微分積分』を参照。

練習11 方程式 $xy\log(x^2+y^2)-1=0$ が，$1\leq x\leq 2$ かつ $1\leq y\leq 2$ の範囲に少なくとも1つの解をもつことを示せ。ただし，集合
$\{(x,\ y)\in\mathbb{R}^2\,|\,1\leq x\leq 2,\ 1\leq y\leq 2\}$ が弧状連結であることはわかっているとする。

　次に最大値・最小値原理について考える。この定理についても，1変数関数の場合では「閉区間 $[a,\ b]$ 上で関数 $f(x)$ が連続」という仮定がおかれていた。

　この仮定においては，"有限"かつ"閉"区間 $[a,\ b]$ 上で，という仮定が本質的である。例えば，実数全体においてや開区間上などで最大値・最小値をとらない関数も存在するからである。

　前と同様に，2変数関数の定義域は座標平面 $\mathbb{R}^2$ 内の領域であるので，そのような平面上の領域が"有限"かつ"閉"という仮定をおくため，次のような定義を導入する。

定義4-8　有界閉集合
座標平面 $\mathbb{R}^2$ 内の部分集合 S が，次の2つの条件を満たすとき **有界閉集合** であるという。
・（有界性）ある実数 r が存在して，次を満たす。
$$S\subset\{(x,\ y)\in\mathbb{R}^2\,|\,x^2+y^2<r^2\}$$
・（閉集合性）任意の正の実数 ε に対して
$$\{(x,\ y)\,|\,d((x,\ y),\ (a,\ b))<\varepsilon\}\cap S\neq\varnothing$$
$$\{(x,\ y)\,|\,d((x,\ y),\ (a,\ b))<\varepsilon\}\cap\overline{S}\neq\varnothing$$
をともに満たす点 $\mathrm{P}(a,\ b)$ はすべて S に含まれる。
（ただし，$\overline{S}$ は S の補集合 $\{(x,\ y)\in\mathbb{R}^2\,|\,(x,\ y)\notin S\}$ を表す。）

補足 上の閉集合性の条件を満たす点 $\mathrm{P}(a,\ b)$ を領域 S の **境界点** という。数直線上の閉区間の端点を拡張した概念と考えることができる。

注意 閉集合の定義にはさまざまな方法があり，本によって異なる場合があるので注意が必要である。実際，多くの本では，先に開集合を定義してから，その補集合として閉集合を定義する。ただし，どれか1つの定義を採用した場合，他の定義はすべて同値である。

練習 12　R^2 の部分集合 $\{(x, y)\in\mathrm{R}^2 \mid 0\leq x\leq1,\ 0\leq y\leq1\}$ が有界閉集合であ
ることを示せ。

前ページの定義を用いると，2変数関数の最大値・最小値原理は，次の
ように述べられる。

> ### 最大値・最小値原理
>
> 有界閉集合 $F\subset\mathrm{R}^2$ 上で連続な2変数関数 $f(x, y)$ は，F 上で最大
> 値および最小値をもつ。つまり，F 内にある点 (M_1, M_2) が存在し
> て，すべての $(x, y)\in F$ について $f(x, y)\leq f(M_1, M_2)$ が成り立
> ち，また，F 内にある点 (m_1, m_2) が存在して，すべての
> $(x, y)\in F$ について $f(x, y)\geq f(m_1, m_2)$ が成り立つ。

この定理の証明は，n 次元ユークリッド空間内の点列の収束に関する議
論などが必要であるため，本書では省略する[4]。

補足　以上の中間値の定理と最大値・最小値原理を合わせると，座標平面 R^2 内の弧
状連結な有界閉集合で定義された2変数連続関数の値域は閉区間であることがわか
る。

上の定理を述べるために，有界閉集合を定義したが，その中での（閉集
合性）の条件を満たす集合を **閉集合** という。つまり，集合 $S\subset\mathrm{R}^2$ が閉集
合であるとは，S の境界点がすべて S に含まれるということである。

当然，閉集合に対して，開集合を考えることもでき，次章から使われる
ので，ここで定義しておこう。通常，多くの本において，開集合は次のよ
うに定義されている。

定義 4-9　開集合
R^2 内の領域 S が，次の条件を満たすとき，S は開集合であるという。S
の各点 $\mathrm{P}(a, b)$ に対して，ある正の実数 δ が存在して，以下が成り立つ。
$$\{(x, y) \mid d((x, y), (a, b))<\delta\}\subset S$$

---

4) 証明に興味ある読者は，『数研講座シリーズ　大学教養　微分積分』を参照。

実は，この開集合の定義から，次のような閉集合との関係の定理が成り立つ。

開集合と閉集合の定理

R^2 内の集合 S が開集合であることは，S の補集合 $\overline{S}$ が閉集合であるための必要十分条件である。

なお，座標平面上の弧状連結である集合を **領域** といい，特に開集合である場合は **開領域** という。これらは，数直線上の開区間の一般化であり，以降の章における多変数関数の微分積分の議論で基本的な役割を果たす。

研究　開集合と閉集合の定理の証明

[十分条件であることの証明]

R^2 内の集合 S が開集合であるとして，その補集合 $\overline{S}$ が閉集合であることを示す。そのためには，閉集合の定義より，次の条件 [1]，[2] を満たす点 $\mathrm{P}(a, b)$ がすべて $\overline{S}$ に含まれることを示せばよい。

　　任意の正の実数 ε に対して

　　　　[1]　$\{(x, y) \mid d((x, y), (a, b)) < \varepsilon\} \cap S \neq \varnothing$

　　　　[2]　$\{(x, y) \mid d((x, y), (a, b)) < \varepsilon\} \cap \overline{S} \neq \varnothing$

背理法で示すために，上の条件を満たすある点 $\mathrm{P}(a, b)$ が $\overline{S}$ に含まれていないとする。ここで補集合の定義より，$\overline{S}$ に含まれていないということは，つまり，S に含まれているということである。すると，開集合の定義と，S は開集合であるという仮定より，点 $\mathrm{P}(a, b)$ に対して，ある正の実数 δ が存在して

　　　　　　$\{(x, y) \mid d((x, y), (a, b)) < \delta\} \subset S$

が成り立つ。

しかし，これは条件 [2] を満たさない。

よって背理法より，条件を満たす点 $\mathrm{P}(a, b)$ がすべて $\overline{S}$ に含まれることが示される。したがって，$\overline{S}$ は閉集合である。　■

[必要条件であることの証明]

R²内の集合Sの補集合$\bar{S}$が閉集合であるとして，Sが開集合であることを示す。そのためには，Sの任意の点P(a, b)に対して，ある正の実数εが存在して

$$\{(x, y) \mid d((x, y), (a, b)) < \varepsilon\} \subset S$$

が成り立つことを示せばよい。

また背理法で示すために，そのような実数εが存在しないと仮定する。いい換えると，次が成り立つことになる。

任意の正の実数εに対して

$$\{(x, y) \mid d((x, y), (a, b)) < \varepsilon\} \not\subset S$$

となる。

これは$\{(x, y) \mid d((x, y), (a, b)) < \varepsilon\}$が「$S$の部分集合でない」ということなので，それはつまり，$\bar{S}$との交わりが空集合でない，ということを意味している。したがって，次が成り立つ。

任意の正の実数εに対して

$$\{(x, y) \mid d((x, y), (a, b)) < \varepsilon\} \cap \bar{S} \neq \varnothing$$

P$\in S$であるから，任意の正の実数εに対して

$$\{(x, y) \mid d((x, y), (a, b)) < \varepsilon\} \cap S \neq \varnothing$$

も成り立つから，以上を合わせて，点Pが$\bar{S}$に対して閉集合性の条件を満たすことがわかる。すると，$\bar{S}$が閉集合という仮定より，P$\in \bar{S}$とならなければならないが，これはP$\in S$という仮定に矛盾する。

したがって，Sが開集合であることが示された。 ■

章末問題A

1 以下の点の座標を求めよ。

(1) 座標空間 R^3 内の平面 $y=-2$ と平面 $z=3$ の共通部分に含まれている点で，原点との距離が $2\sqrt{5}$ となる点。

(2) (1)で求めた点から，zx 平面に下ろした垂線の足[1]。

2 次の2変数関数の定義域と値域を求めよ。

(1) $f(x,\,y)=\sqrt{1-x^2-y^2}$

(2) $f(x,\,y)=\dfrac{3y}{x^2-6}$

3 関数 $f(x,\,y)=\begin{cases} xy\log\sqrt{x^2+y^2} & ((x,\,y)\neq(0,\,0)) \\ 0 & ((x,\,y)=(0,\,0)) \end{cases}$ が R^2 で連続であるかどうか調べよ。

章末問題B

4 平面 $x=a$（a は定数）と yz 平面を同一視したとき，2変数関数 $f(x,\,y)=x^2+y^2+1$ のグラフを，平面 $x=a$ で切ったときの切り口を yz 平面上に図示せよ。

5 2変数関数 $f(x,\,y)=\dfrac{xy-x}{x^2+y^2-2y+1}$ は，$(x,\,y)\longrightarrow(0,\,1)$ のとき極限をもたないことを示せ。

6 R^n 内の点 $\mathrm{P}(x_1,\,x_2,\,\cdots\cdots,\,x_n)$ と $\mathrm{Q}(y_1,\,y_2,\,\cdots\cdots,\,y_n)$ に対して，$d(\mathrm{P},\,\mathrm{Q})=0$ となることが点Pと点Qが一致するための必要十分条件であることを示せ。

7 $D=\{(x,\,y)\in\mathrm{R}^2\,|\,x^2+y^2\leqq1\}$ とする。方程式 $\sinh(x-1)+\cosh(y+1)=0$ が，領域 D 内に解をもつことを示せ。ただし，領域 D が弧状連結であることはわかっているとする。

---

[1] 与えられた点から下ろした垂線と与えられた直線または平面との交点を **垂線の足** という。

第5章　微分（多変数）

　この章では，前章で導入した多変数関数の微分法を学ぶ。物理学，電磁気学，工学，情報科学，経済学など，多方面にわたる応用があり，基本的な考え方と計算方法を学ぶ意義は大きい。

　まずは1変数関数の微分法の拡張として，偏微分を導入し，その計算方法を学ぶ。また，関数の1次近似の観点から，1変数関数の微分法の一般化として，全微分の概念を導入し，全微分可能性と連続性，偏導関数の連続性と全微分可能性について学ぶ。その後，多変数関数の微分法の応用として，多変数関数のテイラーの定理や，極大・極小問題を扱う。

本書で触れることはできないが，未知関数の偏微分を含む微分方程式である偏微分方程式は，自然科学（流体力学，電磁気学，相対性理論）において現象を記述するのに用いられる。その応用として，コンピュータ・グラフィックスや天気予報や経済学（金融工学）にも適用されている。

ファラデー，1791-1867

第1節　多変数関数の微分（偏微分）

2章1節（62ページ）において，1変数関数の微分係数は，次のように定義されていた。

> 定義域が $x=a$ を含む開区間 I である関数 $f(x)$ について，$x=a$ で極限値 $\displaystyle\lim_{x\to a}\frac{f(x)-f(a)}{x-a}$　または　$\displaystyle\lim_{h\to 0}\frac{f(a+h)-f(a)}{h}$
>
> が存在するとき，その極限値を関数 $f(x)$ の $x=a$ における微分係数という。

これは，関数 $f(x)$ の $x=a$ から $x=b$ までの平均変化率 $\dfrac{f(b)-f(a)}{b-a}$ の $b \longrightarrow a$ における極限を考えることにより得られる。つまり，関数 $f(x)$ の $x=a$ における"瞬間の変化率"と考えることができる。

2変数関数 $f(x,\ y)$ についても同様に，例えば，y の値を固定したときの，x の値の変化のみに関する変化率を考えることができる。

例1　2変数関数の1つの変数に関する微分

2変数関数 $f(x,\ y)=(x^2-4y)^3$ において

　　y を定数とみなして，$f(x,\ y)$ を x で微分すると　$6x(x^2-4y)^2$

　　x を定数とみなして，$f(x,\ y)$ を y で微分すると　$-12(x^2-4y)^2$

となる（175ページの例題2も参照）。

ここでは，2変数関数 $f(x,\ y)$ において，一方の変数を固定して他方の変数のみに関する変化率を考える，という考え方に基づく，多変数関数の偏微分について学んでいこう。

A　偏微分

上のような考え方から，2変数関数のそれぞれの変数に対して，次のように偏微分係数を定義する。

定義 5-1　偏微分係数

定義域が (a, b) を含む，座標平面 R^2 の開領域である 2 変数関数 $f(x, y)$ について，$y=b$ を固定して極限値

$$\lim_{x \to a} \frac{f(x, b) - f(a, b)}{x - a} \quad \text{または} \quad \lim_{h \to 0} \frac{f(a+h, b) - f(a, b)}{h}$$

が存在するとき，その極限値を関数 $f(x, y)$ の (a, b) における **x について**

の偏微分係数 といい，$\dfrac{\partial f}{\partial x}(a, b)$ または $f_x(a, b)$ のように表す。

同様に，$x=a$ を固定して極限値

$$\lim_{y \to b} \frac{f(a, y) - f(a, b)}{y - b} \quad \text{または} \quad \lim_{h \to 0} \frac{f(a, b+h) - f(a, b)}{h}$$

が存在するとき，その極限値を関数 $f(x, y)$ の (a, b) における **y につ**

いての偏微分係数 といい，$\dfrac{\partial f}{\partial y}(a, b)$ または $f_y(a, b)$ のように表す。

2 変数関数 $f(x, y)$ が (a, b) において，x についての偏微分係数と y についての偏微分係数をともにもつとき，$f(x, y)$ は (a, b) で **偏微分可能**であるという。

なお，∂ はラウンド，ラウンド・ディーなどと読む。

(a, b) における x について偏微

分係数 $\dfrac{\partial f}{\partial x}(a, b)$ は，図のように，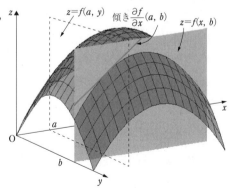

$z=f(x, y)$ のグラフを，zx 平面に平行な平面 $y=b$ で切った断面として得られる曲線 $z=f(x, b)$ を，x で微分して $x=a$ を代入したものである。

　よって，これは曲線 $z=f(x, b)$ の $x=a$ における接線の傾きに等しい（図参照）。

図　x 軸方向の接線の傾き

例題 1　2 変数関数 $f(x,\ y)=x^5-2xy^2+4x+5y+1$ の点 $(1,\ 1)$ にお

ける偏微分係数 $\dfrac{\partial f}{\partial x}(1,\ 1)$ と $\dfrac{\partial f}{\partial y}(1,\ 1)$ を求めよ。

解答　$f(x,\ y)$ に $y=1$ を代入して

$$f(x,\ 1)=x^5-2x+4x+5+1=x^5+2x+6$$

$f(x,\ 1)$ の $x=1$ における微分係数は，$f(x,\ 1)$ を x で微分した

$5x^4+2$ に $x=1$ を代入して 7 である。

よって　　$\dfrac{\partial f}{\partial x}(1,\ 1)=7$

$f(x,\ y)$ に $x=1$ を代入して　　$f(1,\ y)=-2y^2+5y+6$

$f(1,\ y)$ の $y=1$ における微分係数は，$f(1,\ y)$ を y で微分した

$-4y+5$ に $y=1$ を代入して 1 である。

よって　　$\dfrac{\partial f}{\partial y}(1,\ 1)=1$

　例題 1 で求めた偏微分係数は，曲線 $z=x^5+2x+6$ 上の点 $(1,\ 9)$ にお
ける接線の傾きが 7，曲線 $z=-2y^2+5y+6$ 上の点 $(1,\ 9)$ における接線
の傾きが 1 であることをそれぞれ表している。

練習 1　次の 2 変数関数の点 $(a,\ b)$ における偏微分係数 $\dfrac{\partial f}{\partial x}(a,\ b)$，

$\dfrac{\partial f}{\partial y}(a,\ b)$ を求めよ。

(1)　$f(x,\ y)=x^3-3xy+y^3$　　　　(2)　$f(x,\ y)=y\cos(x^2+3y)$

(3)　$f(x,\ y)=xe^{x+y^2}$　　　　(4)　$f(x,\ y)=\dfrac{y}{\sqrt{x^2+y^2}}$

B　偏導関数

　2 章 1 節（62 ページ）で説明したように，1 変数関数 $f(x)$ が微分可能
であるとき，その微分係数を考えることで，新たな関数として導関数を定
義することができた。同様に，2 変数関数について次のように偏導関数を
定義することができる。

定義 5-2　偏導関数

2変数関数 $f(x, y)$ が開領域 U のすべての点で x について偏微分可能であるとする。このとき，U に含まれる各点 (a, b) に対して，(a, b) における関数 $f(x, y)$ の x についての偏微分係数 $f_x(a, b)$ を対応させることで，U を定義域とする関数を新たに定めることができる。この関数を，関数 $f(x, y)$ の **x についての偏導関数** といい，次のように表す。

$$\frac{\partial f}{\partial x}(x, y) \quad または \quad f_x(x, y)$$

また，関数 $f(x, y)$ の **y についての偏導関数** も同様に定義し，次のように表す。

$$\frac{\partial f}{\partial y}(x, y) \quad または \quad f_y(x, y)$$

　偏導関数 $\dfrac{\partial f}{\partial x}(x, y)$, $\dfrac{\partial f}{\partial y}(x, y)$ を求めるには，例えば，$\dfrac{\partial f}{\partial x}(x, y)$ であれば，単に y を定数とみて，x で微分をすればよい。したがって，第2章の1，2節で学んだ1変数関数の微分の性質は，基本的に適用することができる。合成関数の微分については，後で詳しく解説する。

例題 2　2変数関数 $f(x, y) = x^2(y-1) + x \sinh(x-y)$ の偏導関数 $\dfrac{\partial f}{\partial x}(x, y)$, $\dfrac{\partial f}{\partial y}(x, y)$ を求めよ。

解答　$f(x, y) = x^2(y-1) + x \sinh(x-y)$ の y を定数とみて，x で微分すると

$$\frac{\partial f}{\partial x}(x, y) = 2x(y-1) + \sinh(x-y) + x \cosh(x-y)$$

同様に，$f(x, y)$ の x を定数とみて，y で微分すると

$$\frac{\partial f}{\partial y}(x, y) = x^2 - x \cosh(x-y)$$

練習2　次の2変数関数 $f(x,\ y)$ について，偏導関数 $\dfrac{\partial f}{\partial x}(x,\ y),\ \dfrac{\partial f}{\partial y}(x,\ y)$ を求めよ。

(1) $f(x,\ y)=\dfrac{x-y}{x+y}$

(2) $f(x,\ y)=\log\sqrt{3x^2+y}$

(3) $f(x,\ y)=e^{-(x^2+y^2)}(\sin x+\cos y)\quad((x,\ y)\neq(0,\ 0))$

(4) $f(x,\ y)=\mathrm{Tan}^{-1}\dfrac{y}{x}\quad(x\neq0)$

C　偏微分可能性と連続性

1変数関数について，67ページの微分可能性と連続性の定理で述べたように，関数 $f(x)$ が $x=a$ で微分可能ならば $x=a$ で連続である。

しかし，2変数関数 $f(x,\ y)$ は，$(a,\ b)$ で偏微分可能であっても，$(a,\ b)$ で連続でない場合がある。

例2　原点で偏微分可能であるが連続でない2変数関数

2変数関数 $f(x,\ y)=\begin{cases}\dfrac{xy}{x^2+y^2}&((x,\ y)\neq(0,\ 0))\\ 0&((x,\ y)=(0,\ 0))\end{cases}$ を考える。

$f(x,\ 0)=0$ なので，偏微分係数 $f_x(0,\ 0)$ は存在し，$f_x(0,\ 0)=0$ である。同様に，$f(0,\ y)=0$ なので，偏微分係数 $f_y(0,\ 0)$ は存在し，$f_y(0,\ 0)=0$ である。$y=mx$ として $x\longrightarrow0$ とすると

$$\lim_{x\to0}f(x,\ mx)=\frac{m}{1+m^2}$$

となり，これは m に依存している。

よって，極限 $\displaystyle\lim_{(x,y)\to(0,0)}f(x,\ y)$ は存在しないので，関数 $f(x,\ y)$ は原点 $(0,\ 0)$ で連続でない。

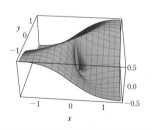

練習3　2変数関数 $f(x,\ y)=\begin{cases}\dfrac{xy^2}{x^2+y^4}&((x,\ y)\neq(0,\ 0))\\ 0&((x,\ y)=(0,\ 0))\end{cases}$ が，

原点 $(0,\ 0)$ において偏微分可能であるが連続でないことを示せ。

研究 方向微分係数

2変数関数 $f(x, y)$ の x についての偏微分係数とは，173 ページの図からもわかるように，$f(x, y)$ のグラフの x 軸方向のみの傾きを表している。y についての偏微分係数も同様に，y 軸方向のみの傾きを表している。

ここで，x 軸方向をベクトル $(1, 0)$ に沿った方向，y 軸方向をベクトル $(0, 1)$ に沿った方向と考えると，その一般化として任意のベクトル $\vec{v}$ に沿った方向の微分係数も考えられ，次のように定義される。

定義 方向微分係数

$\vec{v} = (p, q)$ とするとき，2変数関数 $f(x, y)$ の定義域内の点 A(a, b) について

$$\lim_{t \to 0} \frac{f(a+tp,\ b+tq) - f(a,\ b)}{t}$$

を 点Aにおける $\vec{v}$ 方向の方向微分係数 という。

ただし，通常，$p^2 + q^2 = 1$ とする。

例3 方向微分係数

$\vec{v} = \left(\dfrac{1}{\sqrt{5}},\ \dfrac{2}{\sqrt{5}} \right)$ とするとき，2変数関数 $f(x, y) = xy$ の定義域内の点 $(-1, 1)$ における $\vec{v}$ 方向の方向微分係数は

$$\lim_{t \to 0} \frac{f\left(-1 + \dfrac{1}{\sqrt{5}}t,\ 1 + \dfrac{2}{\sqrt{5}}t\right) - f(-1,\ 1)}{t}$$

$$= \lim_{t \to 0} \frac{\dfrac{2}{5}t^2 - \dfrac{1}{\sqrt{5}}t}{t}$$

$$= \lim_{t \to 0} \left(\frac{2}{5}t - \frac{1}{\sqrt{5}} \right) = -\frac{1}{\sqrt{5}}$$

練習4 $\vec{v} = \left(\dfrac{\sqrt{2}}{2},\ \dfrac{\sqrt{2}}{2} \right)$ とするとき，2変数関数 $f(x, y) = x^2 + y^2$ の定義域内の点 $(1, 1)$ における，$\vec{v}$ 方向の方向微分係数を求めよ。

第2節　多変数関数の微分（全微分）

　ここでは多変数関数の全微分について，定義から始め，全微分可能性と偏微分係数の定理，接平面，全微分可能性と連続性の定理，合成関数の微分を学ぶ。

　2変数関数が偏微分可能であっても，その偏微分係数はそれぞれ1つの変数についての変化率しか表していない。前節の最後の研究で紹介した方向微分係数も，ある特定の方向に関する変化率のみしかわからない。

　しかし一般には，例えば2変数関数の場合，<u>x と y が互いに依存しながら変化する</u>ような関数の値の変化の考察が重要である。

　159ページの例6で扱った関数のように，関数の極限については，その点に近づく方向によって値が異なってしまう。さらに，160ページの補足で述べたように，実際には方向だけでなく，x と y の関係の仕方によっても極限が変わってくる。

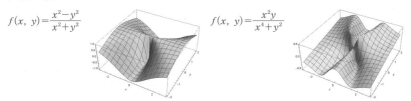

$$f(x, \ y) = \frac{x^2 - y^2}{x^2 + y^2} \qquad\qquad f(x, \ y) = \frac{x^2 y}{x^4 + y^2}$$

　つまり，複数の変数が同時に互いに依存しながら変化する場合，偏微分による計算ではよい近似を与えることができない。実際，176ページの例2で扱った関数のように，偏微分係数は存在するのに連続でない関数が存在し，その場合，1変数関数の微分の応用として考えられた接線の方程式の一般化を考えることができない。ここでは，このような考えのもとに導入される全微分可能性を定義し，その性質を解説していく。

A　全微分

　複数の変数が同時に互いに依存しながら変化する場合の，2変数関数の微分可能性について考える。

まず，１変数関数の微分可能性の定義を見直そう。

> 定義域が $x=a$ を含む開区間 I である関数 $f(x)$ について，極限値
> $\displaystyle\lim_{x\to a}\frac{f(x)-f(a)}{x-a}$ または $\displaystyle\lim_{h\to 0}\frac{f(a+h)-f(a)}{h}$ が存在するとき，関数
> $f(x)$ は $x=a$ で微分可能であるという。

このとき，その極限値を関数 $f(x)$ の $x=a$ における微分係数といい，$f'(a)$ と表していた。つまり，関数 $f(x)$ が $x=a$ で微分可能であるとき，次が成り立つ。

$$\lim_{x\to a}\frac{f(x)-f(a)}{x-a}=f'(a)$$

さらに，関数 $f(x)$ が $x=a$ で微分可能であるとき，次の方程式で表される直線を，関数 $y=f(x)$ のグラフの点 $(a, f(a))$ における接線と定義した。

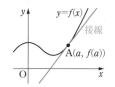

$$y=f'(a)(x-a)+f(a)$$

これは，$x=a$ の点において，関数 $f(x)$ が 1 次式 $f'(a)(x-a)+f(a)$ で近似できることを示している。

この接線の方程式（$f(x)$ を近似する 1 次式）から，上の微分可能であることの定義の式を，次のように書き表せることに気がつく。

$$\lim_{x\to a}\frac{f(x)-\{f'(a)(x-a)+f(a)\}}{x-a}=0$$

つまり，関数 $f(x)$ が $x=a$ で微分可能であるという定義を，次のように書き表せることがわかる。

> 関数 $f(x)$ が $x=a$ で微分可能であるということは，ある定数 C が存在して
> $$\lim_{x\to a}\frac{f(x)-\{C(x-a)+f(a)\}}{x-a}=0$$
> が成り立つということである。

このことを2変数関数の場合に拡張したのが，次の定義である。

定義 5-3　2変数関数の全微分可能性

定義域が点 (a, b) を含む開領域Uである2変数関数 $f(x, y)$ について，
ある定数 m, n が存在して次の等式を満たすとき，**関数 $f(x, y)$ は
(a, b) で全微分可能** であるという。

$$\lim_{(x,y) \to (a,b)} \frac{f(x, y) - \{m(x-a) + n(y-b) + f(a, b)\}}{\sqrt{(x-a)^2 + (y-b)^2}} = 0$$

さらに，U内の任意の点 (a, b) について，$f(x, y)$ が (a, b) で全微分
可能であるとき，**$f(x, y)$ は開領域U上で全微分可能である** という。

|補足| 上の定義の式を1変数関数の場合の式と比較すると，分母の「$x-a$」だったと
ころが「$\sqrt{(x-a)^2 + (y-b)^2}$」のように変わっている。これは157ページの注意でも
説明したように，数直線上の2点間の距離の一般化が，平面上のユークリッド距離
であることによる。

例4　2変数関数の全微分可能性

2変数関数 $f(x, y) = x^2 + y^2 + 1$ について

$$\lim_{(x,y) \to (1,1)} \frac{f(x, y) - \{2(x-1) + 2(y-1) + f(1, 1)\}}{\sqrt{(x-1)^2 + (y-1)^2}}$$

$$= \lim_{(x,y) \to (1,1)} \frac{x^2 + y^2 + 1 - \{2(x-1) + 2(y-1) + 3\}}{\sqrt{(x-1)^2 + (y-1)^2}}$$

$$= \lim_{(x,y) \to (1,1)} \frac{x^2 + y^2 - 2x - 2y + 2}{\sqrt{(x-1)^2 + (y-1)^2}}$$

$$= \lim_{(x,y) \to (1,1)} \frac{(x-1)^2 + (y-1)^2}{\sqrt{(x-1)^2 + (y-1)^2}}$$

$$= \lim_{(x,y) \to (1,1)} \sqrt{(x-1)^2 + (y-1)^2} = 0$$

が成り立つ。よって，全微分可能性の定義における定数 $m(=2)$,
$n(=2)$ が存在するので，$f(x, y) = x^2 + y^2 + 1$ は点 $(1, 1)$ で全微分
可能であることがわかる。

B　全微分可能性と偏微分係数

2変数関数 $f(x, y)$ が全微分可能であるとき，その定義で存在が保証される定数 $m,\ n$ の値はどのようなものだろうか。

全微分可能性の定義の中の極限の意味は，(x, y) が (a, b) にどのような近づき方で近づいたときも 0 に収束するということである。

よって，特に $y=b$ を固定して $x \longrightarrow a\ (x>a)$ と近づいていった場合にも 0 に収束する。

つまり，$y=b$ を代入した式

$$\lim_{x \to a} \frac{f(x,\ b)-\{m(x-a)+f(a,\ b)\}}{x-a}=0$$

が成り立つ。

そして，この式をさらに変形すると

$$\lim_{x \to a}\left\{\frac{f(x,\ b)-f(a,\ b)}{x-a}-\frac{m(x-a)}{x-a}\right\}=0 \text{ から } \lim_{x \to a}\frac{f(x,\ b)-f(a,\ b)}{x-a}=m$$

が成り立つことがわかる。

したがって，関数 $f(x)$ が点 (a, b) で全微分可能であるとき，点 (a, b) で x についての偏微分係数 $\dfrac{\partial f}{\partial x}(a, b)$ が存在し，全微分可能性の定義の中で与えられた m について $m=\dfrac{\partial f}{\partial x}(a, b)$ が成り立つことがわかる。同様にして，$n=\dfrac{\partial f}{\partial y}(a, b)$ もわかる。

以上をまとめると，次の定理が成り立つ。

全微分可能性と偏微分係数の定理

定義域が点 (a, b) を含む開領域である2変数関数 $f(x, y)$ が (a, b) で全微分可能であるならば，(a, b) において偏微分係数 $f_x(a, b)$ と $f_y(a, b)$ がともに存在し，次が成り立つ。

$$\lim_{(x,y) \to (a,b)} \frac{f(x, y)-\{f_x(a,\ b)(x-a)+f_y(a,\ b)(y-b)+f(a,\ b)\}}{\sqrt{(x-a)^2+(y-b)^2}}=0$$

この定理から，2変数関数 $f(x, y)$ が (a, b) で全微分可能であるならば，その点で $f(x, y)$ は偏微分可能である，つまり，x についての偏微分係数 $f_x(a, b)$ と y についての偏微分係数 $f_y(a, b)$ がともに存在することがわかる。対偶を考えて，(a, b) において $f(x, y)$ の偏微分係数が存在しないならば，その点で $f(x, y)$ は全微分可能でない。

例5　2変数関数の全微分可能性と偏微分係数

2変数関数 $f(x, y) = x^2 + y^2 + 1$ は，180ページ例4より，点 $(1, 1)$ で全微分可能であり，次の式が成り立つ。

$$\lim_{(x,y)\to(1,1)} \frac{x^2 + y^2 + 1 - \{2(x-1) + 2(y-1) + 3\}}{\sqrt{(x-1)^2 + (y-1)^2}} = 0$$

一方，偏導関数は $f_x(x, y) = 2x$，$f_y(x, y) = 2y$ であるので，点 $(1, 1)$ における偏微分係数は $f_x(1, 1) = 2$，$f_y(1, 1) = 2$ となり，上式の分子の $(x-1)$ の係数，および，$(y-1)$ の係数と確かに一致している。

練習5 2変数関数 $f(x, y) = x^2 + y^2 + 4$ が点 $(0, 0)$ で全微分可能であることを示せ。

練習6 任意の定数 k に対して，2変数関数 $f(x, y) = x^2 + y^2 + k$ が点 $(1, 1)$ において全微分可能であることを示せ。

C　接平面

次に，1変数関数の接線の方程式の一般化を考えてみよう。

1変数関数の場合は，$f(x)$ を近似する1次式 $f'(a)(x-a) + f(a)$ を使って，方程式 $y = f'(a)(x-a) + f(a)$ が $f(x)$ の $x = a$ における接線を表していた。

前ページの定理より，2変数関数の場合には，(a, b) において $f(x, y)$ を近似する1次式は $f_x(a, b)(x-a) + f_y(a, b)(y-b) + f(a, b)$ である。

184ページの研究で説明するように，方程式
$z = f_x(a, b)(x-a) + f_y(a, b)(y-b) + f(a, b)$ が表す図形は，座標空間 R^3 内の平面を表す。

　この平面は $(a,\ b)$ で $f(x,\ y)$ を近似す
る 1 次式であることから，図のように，関
数 $z=f(x,\ y)$ のグラフと $(a,\ b,\ f(a,\ b))$
で接している。

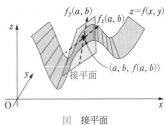

図　接平面

　このことから，次のように 2 変数関数
$z=f(x,\ y)$ のグラフの接平面を定義する。

定義 5-4　接平面

2 変数関数 $f(x,\ y)$ が $(a,\ b)$ で全微分可能であるとき，次の方程式で与
えられる平面を，関数 $z=f(x,\ y)$ のグラフ上の点 $(a,\ b,\ f(a,\ b))$ にお
ける **接平面** という。

$$z=f_x(a,\ b)(x-a)+f_y(a,\ b)(y-b)+f(a,\ b)$$

　つまり，2 変数関数 $f(x,\ y)$ が点 $(a,\ b)$ で全微分可能であるとき，そ
のグラフ $z=f(x,\ y)$ は点 $(a,\ b,\ f(a,\ b))$ において接平面
$z=f_x(a,\ b)(x-a)+f_y(a,\ b)(y-b)+f(a,\ b)$ をもつ。これは 1 変数関
数の場合の拡張になっている。さらに，$n\geqq3$ の場合にも，同様に接超平
面というものが定義され，同様の定理が成り立つ。

例題 3　　2 変数関数 $z=x^3+2y^2$ のグラフ上の点 $(1,\ -1,\ 3)$ における
　　　　　接平面の方程式を求めよ。

解答　$f(x,\ y)=x^3+2y^2$ とする。

　このとき　　$f_x(x,\ y)=3x^2$,　　　$f_y(x,\ y)=4y$

　から　　$f_x(1,\ -1)=3$,　　　$f_y(1,\ -1)=-4$

　$f(1,\ -1)=3$ なので，求める接平面の方程式は

　　　　$z=3(x-1)-4(y+1)+3$　すなわち　$3x-4y-z-4=0$

練習 7　　次の 2 変数関数 $f(x,\ y)$ のグラフ上の与えられた点における接平面
　の方程式を求めよ。

(1)　$f(x,\ y)=e^{xy}$,　$(1,\ 1,\ e)$

(2)　$f(x,\ y)=x\,\mathrm{Sin}^{-1}(x-y)$,　$(1,\ 1,\ 0)$

研究　平面の方程式

座標空間 R^3 内において $\vec{a}=\overrightarrow{\mathrm{OA}}$, $\vec{b}=\overrightarrow{\mathrm{OB}}$, $\vec{c}=\overrightarrow{\mathrm{OC}}$, $\vec{p}=\overrightarrow{\mathrm{OP}}$（Pは平面上の点），$\vec{n}=(l,\ m,\ n)\neq\vec{0}$，また，$\mathrm{A}(x_1,\ y_1,\ z_1)$，$\mathrm{B}(x_2,\ y_2,\ z_2)$，$\mathrm{C}(x_3,\ y_3,\ z_3)$，$\mathrm{P}(x,\ y,\ z)$ とし，s, t は実数の変数とする。

平面の方程式は，与えられた条件により，次のようにいろいろな形で表される。

[1]　点Aを通り，$\vec{n}$ に垂直な平面は，次のように表される。$\vec{n}\cdot(\vec{p}-\vec{a})=0$

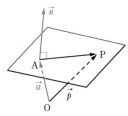

ここで，$\vec{n}$ を平面の **法線ベクトル** という。

$l(x-x_1)+m(y-y_1)+n(z-z_1)=0$

すなわち，$lx_1+my_1+nz_1=r$ とおくと

$$lx+my+nz-r=0$$

このように，空間内の平面は，実数 a, b, c, d（ただし，a, b, c は同時に 0 ではない）によって，x, y, z の1次方程式

$$ax+by+cz+d=0$$

で表される。

[2]　一直線上にない3点 A，B，C を通る平面は，2つのパラメータ s, t によって次のようにパラメータ表示される。

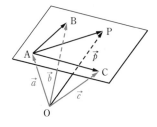

$\vec{p}=\vec{a}+s(\vec{b}-\vec{a})+t(\vec{c}-\vec{a})$

すなわち

$$\vec{p}=(1-s-t)\vec{a}+s\vec{b}+t\vec{c}$$

$$\begin{cases} x=x_1+s(x_2-x_1)+t(x_3-x_1) \\ y=y_1+s(y_2-y_1)+t(y_3-y_1) \\ z=z_1+s(z_2-z_1)+t(z_3-z_1) \end{cases}$$

D 全微分可能性と連続性

1変数関数については，67ページの微分可能性と連続性の定理で述べたように，関数 $f(x)$ が $x=a$ で微分可能ならば $x=a$ で連続であることが成り立つ。

しかし，2変数関数 $f(x, y)$ の偏微分については，176ページの例2で扱ったように，関数 $f(x, y)$ が (a, b) で偏微分可能であっても (a, b) で連続であるとは限らない。

では，2変数関数 $f(x, y)$ が全微分可能である場合はどうだろうか。

関数 $f(x, y)$ が (a, b) で全微分可能であるとする。

このとき，極限 $\lim\limits_{(x,y)\to(a,b)} f(x, y)$ を計算してみる。

$$\lim_{(x,y)\to(a,b)} f(x, y)$$

$$= \lim_{(x,y)\to(a,b)} \left\{ \frac{f(x, y) - \{m(x-a) + n(y-b) + f(a, b)\}}{\sqrt{(x-a)^2 + (y-b)^2}} \right.$$

$$\left. \times \sqrt{(x-a)^2 + (y-b)^2} + m(x-a) + n(y-b) + f(a, b) \right\}$$

ここで，$f(x, y)$ が (a, b) で全微分可能であることから，181ページの全微分可能性と偏微分係数の定理より，$m=f_x(a, b)$，$n=f_y(a, b)$ であり，これらは定数である。

したがって，次の2つの式が成り立つ。

$$\lim_{(x,y)\to(a,b)} \frac{f(x, y) - \{m(x-a) + n(y-b) + f(a, b)\}}{\sqrt{(x-a)^2 + (y-b)^2}} = 0$$

$$\lim_{(x,y)\to(a,b)} \{m(x-a) + n(y-b) + f(a, b)\} = f(a, b)$$

以上より，$\lim\limits_{(x,y)\to(a,b)} f(x, y) = f(a, b)$ となることがわかり，次の定理が成り立つ。

全微分可能性と連続性の定理

2変数関数 $f(x, y)$ が (a, b) で全微分可能であるならば，$f(x, y)$ は (a, b) で連続である。

例題 4　2 変数関数 $f(x, y) = x^2 + y + 1$ が，原点 $(0, 0)$ で全微分可能であること，および，原点 $(0, 0)$ で連続であることを確かめよ。

解答

$$\lim_{(x,y) \to (0,0)} \frac{f(x, y) - \{0 \cdot (x-0) + 1 \cdot (y-0) + f(0, 0)\}}{\sqrt{x^2 + y^2}} = \lim_{(x,y) \to (0,0)} \frac{x^2}{\sqrt{x^2 + y^2}}$$

ここで，$\displaystyle\lim_{(x,y) \to (0,0)} \frac{x^2}{\sqrt{x^2 + y^2}}$ を考えるために，(x, y) を極座標表示して $(r\cos\theta, r\sin\theta)$ とする。

$(x, y) \neq (0, 0)$ では $r > 0$ である。

$g(x, y) = \dfrac{x^2}{\sqrt{x^2 + y^2}}$ とすると

$$g(r\cos\theta, r\sin\theta) = \frac{r^2\cos^2\theta}{r} = r\cos^2\theta$$

ここで，$0 \leq \cos^2\theta \leq 1$ であるから　　$0 \leq g(x, y) \leq r$

$\displaystyle\lim_{r \to 0} r = 0$ であるから，はさみうちの原理により

$$\lim_{r \to 0} g(x, y) = 0$$

これは，$r \longrightarrow 0$ で偏角 θ に依存せずに関数 $g(x, y)$ が 0 に収束することを示している。

よって　　$\displaystyle\lim_{(x,y) \to (0,0)} \frac{x^2}{\sqrt{x^2 + y^2}} = 0$

ゆえに，2 変数関数 $f(x, y) = x^2 + y + 1$ は原点 $(0, 0)$ で全微分可能である。

また，全微分可能性と連続性の定理により，2 変数関数 $f(x, y) = x^2 + y + 1$ は原点 $(0, 0)$ で連続である。

　全微分可能性と偏微分係数の定理で述べたように，2 変数関数 $f(x, y)$ が (a, b) で全微分可能であるならば，その点で $f(x, y)$ は偏微分可能である。しかし，前ページの定理から，その逆は成り立たない。

例6　偏微分可能だが全微分可能でない例

176 ページの例 2 で扱った 2 変数関数

$$f(x,\ y)=\begin{cases} \dfrac{xy}{x^2+y^2} & ((x,\ y)\neq(0,\ 0)) \\ 0 & ((x,\ y)=(0,\ 0)) \end{cases}$$ は，原点 $(0,\ 0)$ において，x

についての偏微分係数も y についての偏微分係数も存在するので，

$(0,\ 0)$ で偏微分可能である。

しかし，この関数 $f(x,\ y)$ は $(0,\ 0)$ で連続でないので，185 ページ

の定理の対偶より，$f(x,\ y)$ は $(0,\ 0)$ で全微分可能でないことがわ

かる。176 ページの図からもわかるように，$f(x,\ y)$ のグラフは

$(0,\ 0)$ において接平面をもたない。

例題 5

2 変数関数 $f(x,\ y)=\begin{cases} \dfrac{x^2-y^2}{x^2+y^2} & ((x,\ y)\neq(0,\ 0)) \\ 0 & ((x,\ y)=(0,\ 0)) \end{cases}$ が，原点

$(0,\ 0)$ で偏微分可能であるが全微分可能でないことを示せ。

解答　$y=0$ のとき $f(x,\ 0)=1$ から　　　$f_x(0,\ 0)=0$

$x=0$ のとき $f(0,\ y)=-1$ から　　$f_y(0,\ 0)=0$

よって，関数 $f(x,\ y)$ は原点 $(0,\ 0)$ において偏微分可能である。

また，関数 $f(x,\ y)$ は，4 章 3 節例 6（159 ページ）より

$(x,\ y)\longrightarrow(0,\ 0)$ のとき極限をもたないから，原点 $(0,\ 0)$ で

連続でない。

よって，全微分可能性と連続性の定理の対偶より関数 $f(x,\ y)$

は原点 $(0,\ 0)$ で全微分可能でない。　■

練習 8　2 変数関数 $f(x,\ y)=\begin{cases} \dfrac{xy^2}{x^2+y^4} & ((x,\ y)\neq(0,\ 0)) \\ 0 & ((x,\ y)=(0,\ 0)) \end{cases}$ が，原点 $(0,\ 0)$

で偏微分可能であるが全微分可能でないことを示せ。

E　偏導関数の連続性と全微分可能性

181 ページの全微分可能性と偏微分係数の定理より，2 変数関数 $f(x, y)$ が (a, b) で全微分可能であるならば，その点で $f(x, y)$ は偏微分可能である。一方，187 ページの例 6 から，その逆が一般には成り立たないことがわかった。

しかし実は，(a, b) でその偏導関数が存在し，かつ連続ならば $f(x, y)$ は (a, b) で全微分可能であることが，次の定理からわかる。

偏導関数の連続性と全微分可能性の定理

定義域が平面上の開領域 U を含む 2 変数関数を $f(x, y)$ とし，$(a, b) \in U$ とする。U 上で $f(x, y)$ の偏導関数 $f_x(x, y)$，$f_y(x, y)$ がともに存在し，それらが (a, b) で連続であれば，$f(x, y)$ は (a, b) で全微分可能である。

この定理は，例えば，それぞれの偏導関数に平均値の定理を適用することにより証明される。証明は，286，287 ページを参照。

練習 9　2 変数関数 $f(x, y) = \sin(x^2 + y^2)$ が $\mathbb{R}^2$ で全微分可能であることを示し，関数 $z = f(x, y)$ のグラフ上の点 $\left(\sqrt{\dfrac{\pi}{6}}, \sqrt{\dfrac{\pi}{6}}, \dfrac{\sqrt{3}}{2} \right)$ における接平面の方程式を求めよ。

補足　3 節（201 ページ）で定義するように，偏導関数 $f_x(x, y)$，$f_y(x, y)$ がともに存在し，それらが連続である関数 $f(x, y)$ を **C^1 級関数** という。

上の定理により，2 変数関数 $f(x, y)$ について，次が成り立つことがわかる。

$\boxed{f(x, y) \text{ が } C^1 \text{ 級}} \Longrightarrow \boxed{f(x, y) \text{ が全微分可能}} \Longrightarrow \boxed{f(x, y) \text{ が偏微分可能}}$

右側の $\Longrightarrow$ について，その逆は成り立たないことは，前項の例 6 からわかる。左側の $\Longrightarrow$ についても，その逆が成り立たないことが，次の例からわかる。

例7 原点で全微分可能であるが C^1 級でない2変数関数

次の2変数関数 $f(x, y)$ を考えよう。

$$f(x, y)=\begin{cases} (x^2+y^2)\sin\dfrac{1}{x^2+y^2} & ((x, y)\neq(0, 0)) \\ 0 & ((x, y)=(0, 0)) \end{cases}$$

この $f(x, y)$ は原点 $(0, 0)$ で全微分可能である。

なぜなら，次のように計算できるからである。

$$\lim_{(x,y)\to(0,0)}\frac{f(x, y)-\{0\cdot x+0\cdot y+f(0, 0)\}}{\sqrt{(x-0)^2+(y-0)^2}}=\lim_{(x,y)\to(0,0)}\sqrt{x^2+y^2}\sin\frac{1}{x^2+y^2}$$

ここで，$0\leq\sqrt{x^2+y^2}\left|\sin\dfrac{1}{x^2+y^2}\right|\leq\sqrt{x^2+y^2}$ であり，

$\displaystyle\lim_{(x,y)\to(0,0)}\sqrt{x^2+y^2}=0$ であるから

$$\lim_{(x,y)\to(0,0)}\sqrt{x^2+y^2}\sin\frac{1}{x^2+y^2}=0$$

一方で，x についての偏導関数 $f_x(x, y)$ を考える。

$(x, y)\neq(0, 0)$ で $y=0$ として，x について微分することにより次が得られる。

$$f_x(x, 0)=2x\sin\frac{1}{x^2}-\frac{2}{x}\cos\frac{1}{x^2}$$

ここで $x\longrightarrow0$ についての極限を考えると，第2項において

$\left|\cos\dfrac{1}{x^2}\right|\leq1$ であり $\dfrac{2}{x}$ は発散するから収束しないことがわかる。

したがって，$f_x(x, y)$ は $(0, 0)$ で連続でない。

　この関数 $f(x, y)$ のグラフは，xz 平面上で曲線 $z=x^2\sin\dfrac{1}{x^2}$ を z 軸の周りに回転させて得られる曲面となる。

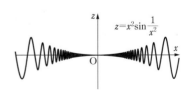

F 合成関数の微分

175ページで述べたように，基本的に偏導関数 $\dfrac{\partial f}{\partial x}(x, y)$，$\dfrac{\partial f}{\partial y}(x, y)$ の計算には，2章1，2節で学んだ1変数関数の微分の性質を適用することができる。しかし，合成関数の偏微分については，複数の変数が伴って変わるので全微分可能性を仮定する必要がある。

多変数関数の合成関数の微分については，考えている関数の形によって，さまざまな場合がありうる。ここでは，全微分可能性を仮定して，2変数までの2つの場合について紹介する。なお，より一般の場合については，写像の微分の概念が必要になるため，本書では省略する[1]。

まず，最も簡単な2変数関数と1変数関数との合成関数の場合の定理を述べる。

2変数関数と1変数関数との合成関数の微分の定理

$z=f(x, y)$ を平面上の開領域 U で全微分可能な2変数関数とする。$x=\varphi(t)$，$y=\psi(t)$ を開区間 I で定義された微分可能な関数とし，すべての $t \in I$ について $(\varphi(t), \psi(t)) \in U$ であるとする。

このとき，t についての関数 $f(\varphi(t), \psi(t))$ は I 上で微分可能であり，その導関数は，次で与えられる。

$$\frac{d}{dt}f(\varphi(t), \psi(t)) = \frac{\partial}{\partial x}f(\varphi(t), \psi(t)) \cdot \frac{d}{dt}\varphi(t) + \frac{\partial}{\partial y}f(\varphi(t), \psi(t)) \cdot \frac{d}{dt}\psi(t)$$

この定理の証明は，節末（195ページ）に研究として与えることにする。

補足 上の式で，独立変数を省略して従属変数のみで表すと

$$\frac{dz}{dt} = \frac{\partial z}{\partial x} \cdot \frac{dx}{dt} + \frac{\partial z}{\partial y} \cdot \frac{dy}{dt}$$

とみやすい形になる。ただし，この両辺の関数はともに t を独立変数とする関数であることには注意が必要である。例えば，右辺を計算した際に，最終的には x や y の変数は残らない。

---

[1] 興味のある読者は『数研講座シリーズ　大学教養　微分積分』を参照。

例8 2変数関数と1変数関数の合成関数の微分

a, b, c, d は定数とし，$z=f(x, y)$，$x=at+b$，$y=ct+d$ ならば

$$\frac{dz}{dt}=\frac{\partial z}{\partial x}\cdot\frac{dx}{dt}+\frac{\partial z}{\partial y}\cdot\frac{dy}{dt}=a\frac{\partial z}{\partial x}+c\frac{\partial z}{\partial y}$$

$$=af_x(at+b, ct+d)+cf_y(at+b, ct+d)$$

例題6 1変数関数 $f(t)=\sin^4 t(\log t)^3-\sin^3 t(\log t)^2-\sin^2 t+\log t$ の導関数を求めよ。

考え方▶このままで微分することもできるが，$x=\sin t$，$y=\log t$ とおいて，2変数関数の合成関数の微分を用いてみる。

解答 $h(x, y)=x^4 y^3-x^3 y^2-x^2+y$ とおくと，$f(t)=h(\sin t, \log t)$ と表される。$h(x, y)$ は多項式関数なので偏導関数は連続であり，全微分可能であるから，2変数関数と1変数関数との合成関数の微分の定理を適用できる。

$$\frac{\partial h}{\partial x}(x, y)=4x^3 y^3-3x^2 y^2-2x,$$

$$\frac{dx}{dt}(t)=\cos t,$$

$$\frac{\partial h}{\partial y}(x, y)=3x^4 y^2-2x^3 y+1,$$

$$\frac{dy}{dt}(t)=\frac{1}{t}$$

であるから

$$\frac{d}{dt}f(t)=\{4\sin^3 t(\log t)^3-3\sin^2 t(\log t)^2-2\sin t\}\cdot\cos t$$

$$+\{3\sin^4 t(\log t)^2-2\sin^3 t\log t+1\}\cdot\frac{1}{t}$$

練習10 例題6と同様にして $e^{\sinh 2t\cosh^2 t}$ の導関数を求めよ。

　2変数関数と1変数関数との合成関数の微分の定理をもとにすると，2変数関数と2変数関数の合成関数の微分について，次の定理を得ることができる。

2変数関数と2変数関数との合成関数の微分の定理

$z = f(x, y)$ を平面上の開領域 U で全微分可能な2変数関数とする。$x = \varphi(u, v)$，$y = \psi(u, v)$ を平面上の開領域 V で定義された偏微分可能な関数とし，すべての $(u, v) \in V$ について
$(\varphi(u, v), \psi(u, v)) \in U$ であるとする。

このとき，(u, v) についての2変数関数 $z = f(\varphi(u, v), \psi(u, v))$ は V 上で偏微分可能であり，その偏導関数は，次で与えられる。

$$\frac{\partial}{\partial u} f(\varphi(u, v), \psi(u, v))$$

$$= \frac{\partial}{\partial x} f(\varphi(u, v), \psi(u, v)) \cdot \frac{\partial}{\partial u} \varphi(u, v)$$

$$+ \frac{\partial}{\partial y} f(\varphi(u, v), \psi(u, v)) \cdot \frac{\partial}{\partial u} \psi(u, v)$$

および

$$\frac{\partial}{\partial v} f(\varphi(u, v), \psi(u, v))$$

$$= \frac{\partial}{\partial x} f(\varphi(u, v), \psi(u, v)) \cdot \frac{\partial}{\partial v} \varphi(u, v)$$

$$+ \frac{\partial}{\partial y} f(\varphi(u, v), \psi(u, v)) \cdot \frac{\partial}{\partial v} \psi(u, v)$$

　ここでは，定理の証明の方針のみを示す。

　例えば，$\dfrac{\partial}{\partial u} f(\varphi(u, v), \psi(u, v))$ を求めるには，v を定数として偏微分の計算をすればよいが，その場合は u のみを変数とする1変数関数とみなして，u について微分すればよい。したがって，2変数関数と1変数関数との合成関数の微分の定理を適用して計算ができる。

　$\dfrac{\partial}{\partial v} f(\varphi(u, v), \psi(u, v))$ についても同様である。

例題 7 $f(x, y)=e^{x^2+y^2}$ として，$\varphi(u, v)=u\sin v$，$\psi(u, v)=u\cos v$ とする。

$g(u, v)=f(\varphi(u, v), \psi(u, v))$ とするとき，$g_u(u, v)$，$g_v(u, v)$ を求めよ。

解答 $x=u\sin v$，$y=u\cos v$ のとき $x^2+y^2=u^2$ だから

$$g_u(u, v)=\frac{\partial}{\partial u}f(\varphi(u, v), \psi(u, v))$$

$$=\frac{\partial f}{\partial x}(\varphi(u, v), \psi(u, v))\frac{\partial\varphi}{\partial u}(u, v)$$

$$+\frac{\partial f}{\partial y}(\varphi(u, v), \psi(u, v))\frac{\partial\psi}{\partial u}(u, v)$$

$$=e^{u^2}\cdot 2u\sin v\cdot\sin v+e^{u^2}\cdot 2u\cos v\cdot\cos v=2ue^{u^2}(\sin^2 v+\cos^2 v)=2ue^{u^2}$$

$$g_v(u, v)=\frac{\partial}{\partial v}f(\varphi(u, v), \psi(u, v))$$

$$=\frac{\partial f}{\partial x}(\varphi(u, v), \psi(u, v))\frac{\partial\varphi}{\partial v}(u, v)$$

$$+\frac{\partial f}{\partial y}(\varphi(u, v), \psi(u, v))\frac{\partial\psi}{\partial v}(u, v)$$

$$=e^{u^2}\cdot 2u\sin v\cdot u\cos v+e^{u^2}\cdot 2u\cos v\cdot(-u\sin v)=0$$

練習 11 $f(x, y)=\mathrm{Tan}^{-1}xy$ として，$\varphi(u, v)=u\cosh v$，$\psi(u, v)=u\tanh v$ とする。$g(u, v)=f(\varphi(u, v), \psi(u, v))$ とするとき，$g_u(u, v)$ と $g_v(u, v)$ を求めよ。

補充問題

1 $f(x, y)=\log(x^2+xy+y^2+1)$ として，$\varphi(t)=e^t+e^{-t}$，$\psi(t)=e^t-e^{-t}$ とする。$g(t)=f(\varphi(t), \psi(t))$ とするとき，導関数 $g'(t)$ を求めよ。

2 $f(x, y)=ye^{\sqrt{x^2+y^2}}$ として，$\varphi(u, v)=u\cos v$，$\psi(u, v)=u\sin v$ とする。$g(u, v)=f(\varphi(u, v), \psi(u, v))$ とするとき，$g_u(u, v)$，$g_v(u, v)$ を求めよ。

研究 ヤコビ行列

線形代数において行列の計算を学んだ読者に対して，合成関数の微分の式を簡潔に表す方法を紹介しよう[2]。2 変数関数と 1 変数関数との合成関数の微分の式

$$\frac{dz}{dt} = \frac{\partial z}{\partial x} \cdot \frac{dx}{dt} + \frac{\partial z}{\partial y} \cdot \frac{dy}{dt}$$

を行列の積を用いて表すと，次のようになる。

$$\frac{dz}{dt} = \begin{bmatrix} \dfrac{\partial z}{\partial x} & \dfrac{\partial z}{\partial y} \end{bmatrix} \begin{bmatrix} \dfrac{dx}{dt} \\ \dfrac{dy}{dt} \end{bmatrix}$$

また，2 変数関数と 2 変数関数との合成関数の微分の式も，上と同様に独立変数を省略して従属変数のみで表すと

$$\frac{\partial z}{\partial u} = \frac{\partial z}{\partial x} \cdot \frac{\partial x}{\partial u} + \frac{\partial z}{\partial y} \cdot \frac{\partial y}{\partial u},$$

$$\frac{\partial z}{\partial v} = \frac{\partial z}{\partial x} \cdot \frac{\partial x}{\partial v} + \frac{\partial z}{\partial y} \cdot \frac{\partial y}{\partial v}$$

となるので，これも行列の積を用いて表すと，次のようになる。

$$\begin{bmatrix} \dfrac{\partial z}{\partial u} & \dfrac{\partial z}{\partial v} \end{bmatrix} = \begin{bmatrix} \dfrac{\partial z}{\partial x} & \dfrac{\partial z}{\partial y} \end{bmatrix} \begin{bmatrix} \dfrac{\partial x}{\partial u} & \dfrac{\partial x}{\partial v} \\ \dfrac{\partial y}{\partial u} & \dfrac{\partial y}{\partial v} \end{bmatrix}$$

このように偏導関数を並べて作った行列を用いると，多変数関数の偏微分の計算をうまく表現できる。多変数関数の一般化である写像の微分においては，このような表し方が本質的になる。この偏導関数を並べて作った行列を，一般に **ヤコビ行列** という[3]。

---

2) 興味のある読者は，『数研講座シリーズ　大学教養　微分積分』を参照。

3) ドイツの数学者ヤコビ (1804-1851) に因む。ヤコビは解析学，特に楕円関数論の研究で有名である。

研究　2変数関数と1変数関数との合成関数の微分の定理の証明

平面上の開領域 U で全微分可能な 2 変数関数を $z=f(x,\ y)$ とする。$x=\varphi(t),\ y=\psi(t)$ を開区間 I で定義された微分可能な関数とし，すべての $t\in I$ について $(\varphi(t),\ \psi(t))\in U$ であるとする。$t_0\in I$ を任意にとり，この t_0 に関して，次の等式が成り立つことを示す。

$$\frac{d}{dt}f(\varphi(t_0),\ \psi(t_0))=\frac{\partial}{\partial x}f(\varphi(t_0),\ \psi(t_0))\cdot\frac{d}{dt}\varphi(t_0)+\frac{\partial}{\partial y}f(\varphi(t_0),\ \psi(t_0))\cdot\frac{d}{dt}\psi(t_0)$$

左辺の $\dfrac{d}{dt}f(\varphi(t_0),\ \psi(t_0))$ を定義に従って表すと，次のようになる。

$$\frac{d}{dt}f(\varphi(t_0),\ \psi(t_0))=\lim_{\delta\to 0}\frac{f(\varphi(t_0+\delta),\ \psi(t_0+\delta))-f(\varphi(t_0),\ \psi(t_0))}{\delta}$$

ここで，記号をみやすくするため，$x=\varphi(t_0+\delta),\ y=\psi(t_0+\delta),\ a=\varphi(t_0),$ $b=\psi(t_0)$ とおく。すると，上の式は次のように表される。

$$\frac{d}{dt}f(\varphi(t_0),\ \psi(t_0))=\lim_{\delta\to 0}\frac{f(\varphi(t_0+\delta),\ \psi(t_0+\delta))-f(\varphi(t_0),\ \psi(t_0))}{\delta}$$
$$=\lim_{\delta\to 0}\frac{f(x,\ y)-f(a,\ b)}{\delta}$$

$f(x,\ y)$ が $(a,\ b)$ で全微分可能であるから，ある定数 $m,\ n$ が存在して

$$\lim_{\delta\to 0}\frac{f(x,\ y)-f(a,\ b)}{\delta}$$
$$=\lim_{\delta\to 0}\left[\frac{f(x,\ y)-\{m(x-a)+n(y-b)+f(a,\ b)\}}{\sqrt{(x-a)^2+(y-b)^2}}\right.$$
$$\left.\times\frac{\sqrt{(x-a)^2+(y-b)^2}}{\delta}+\frac{m(x-a)+n(y-b)}{\delta}\right]$$

以下で，この最後の式の各項の極限を確認する。

まず，第 1 項の前半部分の極限を求める。$\varphi(t)$ と $\psi(t)$ は微分可能なので連続であり，$\delta\longrightarrow 0$ のとき，$\varphi(t_0+\delta)\longrightarrow\varphi(t_0)$ より $x\longrightarrow a$ かつ $\psi(t_0+\delta)\longrightarrow\psi(t_0)$ より $y\longrightarrow b$ である。

よって，$f(x,\ y)$ が $(a,\ b)$ で全微分可能であることから，次が成り立つ。

$$\lim_{\delta \to 0} \frac{f(x,\ y) - \{m(x-a) + n(y-b) + f(a,\ b)\}}{\sqrt{(x-a)^2 + (y-b)^2}} = 0$$

次に，第1項の後半部分の極限を求める。

$$\lim_{\delta \to 0} \frac{\sqrt{(x-a)^2 + (y-b)^2}}{\delta}$$

$$= \lim_{\delta \to 0} \frac{\sqrt{\{\varphi(t_0+\delta) - \varphi(t_0)\}^2 + \{\psi(t_0+\delta) - \psi(t_0)\}^2}}{\delta}$$

$$= \lim_{\delta \to 0} \sqrt{\left\{\frac{\varphi(t_0+\delta) - \varphi(t_0)}{\delta}\right\}^2 + \left\{\frac{\psi(t_0+\delta) - \psi(t_0)}{\delta}\right\}^2}$$

$$= \sqrt{\left\{\frac{d}{dt}\varphi(t_0)\right\}^2 + \left\{\frac{d}{dt}\psi(t_0)\right\}^2}$$

これは有限確定な値となっている。

したがって，2つの計算の結果より第1項に関して，次の等式が成り立つ。

$$\lim_{\delta \to 0} \left[\frac{f(x,\ y) - \{m(x-a) + n(y-b) + f(a,\ b)\}}{\sqrt{(x-a)^2 + (y-b)^2}} \cdot \frac{\sqrt{(x-a)^2 + (y-b)^2}}{\delta} \right] = 0$$

最後に，第2項の極限を計算する。181ページの全微分可能性と偏微分係数の定理より，$m = \dfrac{\partial}{\partial x}f(a,\ b)$，$n = \dfrac{\partial}{\partial y}f(a,\ b)$ であり，次が成り立つ。

$$\lim_{\delta \to 0} \frac{m(x-a) + n(y-b)}{\delta} = \frac{\partial}{\partial x}f(a,\ b) \cdot \lim_{\delta \to 0} \frac{x-a}{\delta} + \frac{\partial}{\partial y}f(a,\ b) \cdot \lim_{\delta \to 0} \frac{y-b}{\delta}$$

ここで，$x = \varphi(t_0+\delta)$，$y = \psi(t_0+\delta)$，$a = \varphi(t_0)$，$b = \psi(t_0)$ であるから

$$\lim_{\delta \to 0} \frac{x-a}{\delta} = \lim_{\delta \to 0} \frac{\varphi(t_0+\delta) - \varphi(t_0)}{\delta} = \frac{d}{dt}\varphi(t_0)$$

$$\lim_{\delta \to 0} \frac{y-b}{\delta} = \lim_{\delta \to 0} \frac{\psi(t_0+\delta) - \psi(t_0)}{\delta} = \frac{d}{dt}\psi(t_0)$$

したがって，次が成り立つ。

$$\lim_{\delta \to 0} \frac{m(x-a) + n(y-b)}{\delta} = \frac{\partial}{\partial x}f(a,\ b) \cdot \frac{d}{dt}\varphi(t_0) + \frac{\partial}{\partial y}f(a,\ b) \cdot \frac{d}{dt}\psi(t_0)$$

以上を合わせると，次の等式が成り立つことが示せた。

$$\frac{d}{dt}f(\varphi(t_0),\ \psi(t_0)) = \frac{\partial}{\partial x}f(\varphi(t_0),\ \psi(t_0)) \cdot \frac{d}{dt}\varphi(t_0) + \frac{\partial}{\partial y}f(\varphi(t_0),\ \psi(t_0)) \cdot \frac{d}{dt}\psi(t_0) \quad \blacksquare$$

第 3 節 多変数関数の高次の偏微分

ここでは，1 変数関数の高次導関数の一般化として，多変数関数の高次の偏微分[1] を考えよう。1 変数の場合と異なり，変数が複数あることから，微分する順番に注意が必要になる。また，その応用として，多変数関数のテイラーの定理を紹介する。

A 高次の偏微分

2 変数関数 $f(x, y)$ が偏導関数 $\dfrac{\partial}{\partial x} f(x, y)$, $\dfrac{\partial}{\partial y} f(x, y)$ をもち，それらがまた x と y について偏導関数をもつとする。

例えば，x についての偏導関数 $\dfrac{\partial}{\partial x} f(x, y)$ を，さらに y について偏微分して得られる関数は

$$\frac{\partial}{\partial y} \left(\frac{\partial f}{\partial x} \right)(x, y)$$

と表される。これを $\dfrac{\partial^2}{\partial y \partial x} f(x, y)$ のように略して表すことにする。

同様にして，$f(x, y)$ の偏導関数 $\dfrac{\partial}{\partial x} f(x, y)$ を x で，$\dfrac{\partial}{\partial y} f(x, y)$ を x で，$\dfrac{\partial}{\partial y} f(x, y)$ を y でそれぞれ偏微分して得られる関数は，順に

$$\frac{\partial^2}{\partial x^2} f(x, y), \quad \frac{\partial^2}{\partial x \partial y} f(x, y), \quad \frac{\partial^2}{\partial y^2} f(x, y)$$

と表される。

$\dfrac{\partial^2}{\partial y \partial x} f(x, y)$ と合わせて，これら 4 つの関数を $f(x, y)$ の **2 次の偏導関数** という[2]。

---

[1] 高次の偏微分のことを，**高階偏微分** ということもある。

[2] 第 2 次偏導関数や 2 階の偏導関数などということもある。

　また，2変数関数 $f(x, y)$ の偏導関数を $f_x(x, y)$ および $f_y(x, y)$ と表した場合には，例えば，x についての偏導関数 $f_x(x, y)$ を，さらに y について偏微分して得られる関数は

$$\frac{\partial}{\partial y} f_x(x, y) = (f_x)_y(x, y)$$

と表される。これを $f_{xy}(x, y)$ のように略して表すことにする。同様にして，$f_x(x, y)$ を x で，$f_y(x, y)$ を x で，$f_y(x, y)$ を y でそれぞれ偏微分して得られる関数は，順に

$$f_{xx}(x, y), \quad f_{yx}(x, y), \quad f_{yy}(x, y)$$

と表される。

注意 上の2通りの2次の偏導関数の表記における x と y の順番に注意する。それぞれ同じ関数を表しているが，$\dfrac{\partial^2}{\partial y \partial x} f(x, y)$ は $\dfrac{\partial}{\partial y}\left(\dfrac{\partial f}{\partial x}\right)(x, y)$ の略記であるため y が左に書かれており，一方，$f_{xy}(x, y)$ は $(f_x)_y(x, y)$ の略記であるため y が右に書かれている。

例題 8 $f(x, y) = x^2 \log(x - y)$ の2次の偏導関数をすべて求めよ。

解答　関数 $f(x, y)$ の x と y についての偏導関数は，順に

$$f_x(x, y) = 2x \log(x - y) + \frac{x^2}{x - y}, \quad f_y(x, y) = -\frac{x^2}{x - y}$$

これらをそれぞれ x と y について，さらに偏微分すると

$$f_{xx}(x, y) = 2 \log(x - y) + \frac{3x^2 - 4xy}{(x - y)^2}$$

$$f_{xy}(x, y) = -\frac{2x}{x - y} + \frac{x^2}{(x - y)^2} = -\frac{x^2 - 2xy}{(x - y)^2}$$

$$f_{yx}(x, y) = -\frac{x^2 - 2xy}{(x - y)^2}$$

$$f_{yy}(x, y) = -\frac{x^2}{(x - y)^2}$$

練習12 次の関数について，2次の偏導関数をすべて求めよ。

(1) $f(x, y) = x^4 - 2x^2y^2 - 3xy^2 + y^4$

(2) $f(x, y) = \tanh(x - y)$

　前ページの注意のように2次の偏導関数の表し方について，変数 x と y の順序には注意が必要である。

　しかし，例題8の結果を見ると，$f_{xy}(x, y) = f_{yx}(x, y)$ が成り立っている。

　このことは，次の定理のように，実は2次の偏導関数の連続性から保証されることである。

偏微分の順序交換の定理

開領域 U 上の2変数関数 $f(x, y)$ が2次の偏導関数 $f_{xy}(x, y)$，$f_{yx}(x, y)$ をもち，どちらも連続であるとする。
このとき
$$f_{xy}(x, y) = f_{yx}(x, y)$$
が成り立つ。

　この定理は，平均値の定理を繰り返し適用し，$f_{xy}(x, y)$ と $f_{yx}(x, y)$ の連続性を用いることによって証明される（証明は 283 ページを参照）。

　実際，上の定理が適用できない場合には，偏微分の順序が交換できないこともある。

　例えば，次の例では $f_{xy}(x, y)$ と $f_{yx}(x, y)$ が存在するが $(0, 0)$ で連続でないので，偏微分の順序が交換できない。

> **例9** 偏微分の順序交換ができない2変数関数

次の2変数関数 $f(x, y)$ を考えよう。

$$f(x, y) = \begin{cases} \dfrac{xy(x^2-y^2)}{x^2+y^2} & ((x, y) \neq (0, 0)) \\ 0 & ((x, y) = (0, 0)) \end{cases}$$

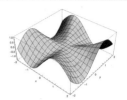

実は，原点 $(0, 0)$ において

$f_{xy}(0, 0) \neq f_{yx}(0, 0)$ となっている。このこと
を確かめてみよう。まず $f_{xy}(0, 0)$ を定義から計算してみる。

$$f_{xy}(0, 0) = (f_x)_y(0, 0) = \lim_{h \to 0} \frac{f_x(0, h) - f_x(0, 0)}{h}$$

この極限を調べるためには，$f_x(0, 0)$ と $f_x(0, h)$ を求めればよい。
$f_x(0, 0)$ については，以下のようになる。

$$f_x(0, 0) = \lim_{k \to 0} \frac{f(k, 0) - f(0, 0)}{k} = \lim_{k \to 0} \frac{\dfrac{k \cdot 0 \cdot (k^2 - 0^2)}{k^2 + 0^2} - 0}{k} = 0$$

次に，$f_x(0, h)$ については，$h \neq 0$ のとき，以下のようになる。

$$f_x(0, h) = \lim_{k \to 0} \frac{f(k, h) - f(0, h)}{k} = \lim_{k \to 0} \frac{\dfrac{kh(k^2 - h^2)}{k^2 + h^2} - 0}{k}$$

$$= \frac{h(0^2 - h^2)}{0^2 + h^2} = -h$$

よって　$f_{xy}(0, 0) = \lim_{h \to 0} \dfrac{f_x(0, h) - f_x(0, 0)}{h} = \lim_{h \to 0} \dfrac{-h - 0}{h} = -1$

一方で，同様の計算により

$$f_{yx}(0, 0) = \lim_{k \to 0} \frac{f_y(k, 0) - f_y(0, 0)}{k} = \lim_{k \to 0} \frac{k - 0}{k} = 1$$

以上より，$f_{xy}(0, 0) \neq f_{yx}(0, 0)$ となっていることがわかった。

> **練習13** 2変数関数 $f(x, y) = \mathrm{Tan}^{-1}(y-x)$ について，2次の偏導関数
> $f_{xy}(x, y)$ と $f_{yx}(x, y)$ を求め，それらが一致することを確かめよ。

　偏微分の順序交換は，199 ページの定理より，さらに偏微分を繰り返し得られた偏導関数が連続ならば，偏微分を繰り返す順序を交換できる。

　例えば，関数 $f(x, y)$ の 2 次の導関数 $f_{xy}(x, y)$ などがすべて偏微分可能であり，得られた 8 個の関数 $f_{xxx}(x, y)$，$f_{xxy}(x, y)$，$f_{xyx}(x, y)$，$f_{xyy}(x, y)$，$f_{yxx}(x, y)$，$f_{yxy}(x, y)$，$f_{yyx}(x, y)$，$f_{yyy}(x, y)$ のうち，$f_{xxx}(x, y)$，$f_{yyy}(x, y)$ を除く 6 つの関数が連続であれば，次が成り立つ。

$$f_{xxy}(x, y) = f_{xyx}(x, y) = f_{yxx}(x, y),$$
$$f_{xyy}(x, y) = f_{yxy}(x, y) = f_{yyx}(x, y)$$

この 2 つの関数をそれぞれまとめて，次のように表す。

$$\frac{\partial^3}{\partial x^2 \partial y} f(x, y), \qquad \frac{\partial^3}{\partial x \partial y^2} f(x, y)$$

　一般に，高次の偏導関数と C^n 級関数は次のように定義される。

定義 5-5　高次偏導関数・C^n 級関数

n を 0 以上の整数とし，関数 $f(x, y)$ が開領域 U 上で偏微分可能であるとする。

・開領域 U 上で $f(x, y)$ を，n 回の偏微分を繰り返して得られる偏導関数を **n 次の偏導関数** という。

・開領域 U 上で $f(x, y)$ が n 次までの偏導関数をすべてもち，しかもそれらがすべて U 上で連続であるとき，$f(x, y)$ は U 上で **n 回連続微分可能** である，または，**C^n 級関数** であるという。

・開領域 U 上で $f(x, y)$ がすべての次数の偏導関数をもち，さらにそれらがすべて U 上で連続であるとき，$f(x, y)$ は U 上で **無限回微分可能** である，または，**C^∞ 級関数** であるという。

補足 C^n 級関数においては，n 次までの偏導関数は x および y で偏微分した回数で決まる。したがって，x で i 回，y で j 回 $(i+j \leqq n)$ 偏微分したものは，

$\dfrac{\partial^{i+j}}{\partial x^i \partial y^j} f(x, y) = f_{\underset{i \text{個}}{\underline{x \cdots\cdots x}}\underset{j \text{個}}{\underline{y \cdots\cdots y}}}(x, y)$ と表される。

練習 14　2 変数関数 $f(x, y) = x \sinh y$ が C^∞ 級関数であることを示せ。

B　多変数関数のテイラーの定理

多変数関数の高次の偏微分の応用として，2変数関数のテイラーの定理を紹介する。これは，2章3節D（95ページ）で学んだ1変数関数のテイラーの定理の拡張になっている。

平面上の開領域 U 上の C^n 級関数 $f(x, y)$ を考える。$(a, b) \in U$ と $0 \leq k \leq n$ を満たす整数 k に対して，2変数関数 $F_k(x, y)$ を次のように定める。

$$F_k(x, y) = \sum_{i=0}^{k} {}_k\mathrm{C}_i \left\{ \frac{\partial^k}{\partial x^i \partial y^{k-i}} f(a, b) \right\} (x-a)^i (y-b)^{k-i}$$

ただし，$k=0$ のときは，$F_0(x, y) = f(a, b)$（定数関数）と定めておく。例えば，$k=1, 2$ の場合は，次のようになる。

$F_1(x, y) = f_x(a, b)(x-a) + f_y(a, b)(y-b)$

$F_2(x, y) = f_{xx}(a, b)(x-a)^2 + 2f_{xy}(a, b)(x-a)(y-b) + f_{yy}(a, b)(y-b)^2$

この記号を使うと，2変数関数のテイラーの定理は次のようになる。

> ### テイラーの定理（2変数関数）
>
> $f(x, y)$ を平面の開領域 U 上の C^n 級関数とし，$(a, b) \in U$ とする。このとき，点 $(x, y) \in U$ と点 (a, b) を結ぶ線分が U に含まれているならば，次が成り立つ。
>
> $$f(x, y) = F_0(x, y) + F_1(x, y) + \frac{1}{2!} F_2(x, y) + \frac{1}{3!} F_3(x, y)$$
>
> $$+ \cdots\cdots + \frac{1}{(n-1)!} F_{n-1}(x, y) + R_n(x, y)$$
>
> ただし，$R_n(x, y)$ は $0 < \theta < 1$ を満たすある実数 θ を用いて，次のように表される関数である。
>
> $R_n(x, y)$
> $$= \frac{1}{n!} \sum_{i=0}^{n} {}_n\mathrm{C}_i \left\{ \frac{\partial^n}{\partial x^i \partial y^{n-i}} f(a+\theta(x-a), b+\theta(y-b)) \right\} (x-a)^i (y-b)^{n-i}$$

　　この定理の証明は，$g(t)=f(a+t(x-a),\ b+t(y-b))$ として，合成関数の微分の定理を適用しながら，1 変数関数のマクローリン展開を計算すればよい。詳細について，285 ページを参照。

> **補足**　テイラーの定理において，$n=2$ とすると
> $$f(x,\ y)=F_0(x,\ y)+F_1(x,\ y)+R_2(x,\ y)$$
> $$=f(a,\ b)+f_x(a,\ b)(x-a)+f_y(a,\ b)(y-b)+R_2(x,\ y)$$
> となり，接平面の方程式が現れる。
> したがって，この定理は $(x,\ y)$ が $(a,\ b)$ に十分近いとき，関数 $f(x,\ y)$ は 1 次関数 $z=f(a,\ b)+f_x(a,\ b)(x-a)+f_y(a,\ b)(y-b)$ で近似されることを示している。1 変数関数の場合の 95 ページの説明も参照。

　　テイラーの定理の式における最後の項 $R_n(x,\ y)$ を **剰余項** といい，$f(x,\ y)$ をテイラーの定理の式の形に表すこと，もしくは，その表した式のことを $f(x,\ y)$ の **n 次のテイラー展開** という。また，1 変数関数の場合と同様に，$(0,\ 0)$ における n 次のテイラー展開を **n 次のマクローリン展開** という。

例題 9　$f(x,\ y)=e^{2x+3y}$ の 2 次のマクローリン展開を求めよ。

解答　まず，2 次までの偏導関数は
$$f_x(x,\ y)=2e^{2x+3y},\qquad f_y(x,\ y)=3e^{2x+3y},$$
$$f_{xx}(x,\ y)=4e^{2x+3y},\qquad f_{xy}(x,\ y)=6e^{2x+3y},$$
$$f_{yy}(x,\ y)=9e^{2x+3y}$$
よって，次のようになる。
$$f(x,\ y)=1+2x+3y+\frac{1}{2}(4x^2+12xy+9y^2)e^{(2x+3y)\theta}$$

練習 15　次の関数の 3 次のマクローリン展開を剰余項を省略して求めよ。
(1)　$f(x,\ y)=e^{-3x-2y}$　　　　　(2)　$f(x,\ y)=(1+x)\cos y$

第4節 多変数関数の微分法の応用

この節では，多変数関数の微分法の応用として，2 変数関数の極大・極小問題を扱う。1 変数関数の場合は，2 章 3 節の A，B で扱った内容で，それらを多変数関数の場合へ拡張することが目的となる。80，83 ページも参照。

A 極値問題

まず，81 ページの 1 変数関数の極大・極小の定義の拡張として，2 変数関数の極大・極小を次のように定義する。

定義 5-6 関数の極大・極小

関数 $f(x, y)$ の定義域が開領域 U を含むとし，$(a, b) \in U$ とする。

・ある正の実数 δ が存在して，$f(x, y)$ の定義域内の (x, y) が

$d((a, b), (x, y)) < \delta$ かつ $(x, y) \neq (a, b)$ を満たし $f(x, y) < f(a, b)$

となるとき，$f(x, y)$ は (a, b) で **極大** であるといい，$f(a, b)$ を **極大値** という。

・ある正の実数 δ が存在して，$f(x, y)$ の定義域内の (x, y) が

$d((a, b), (x, y)) < \delta$ かつ $(x, y) \neq (a, b)$ を満たし $f(x, y) > f(a, b)$

となるとき，$f(x, y)$ は (a, b) で **極小** であるといい，$f(a, b)$ を **極小値** という。

極大値と極小値を合わせて **極値** という。

例えば，関数
$f(x, y) = x^3 + y^3 - (x + y)$ の
とき，$z = f(x, y)$ のグラフは
右図のようになり，極大・極小
になる点が存在する。

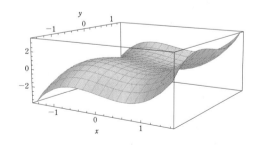

例 10　$f(x, y)=x^2+y^2$ の極小値

R^2 内で定義された 2 変数関数 $f(x, y)=x^2+y^2$ は，原点 $(0, 0)$ で極小値 0 をとる。実際，$f(x, y)$ の定義域 R^2 内の $(x, y) \neq (0, 0)$ を満たす任意の (x, y) について，$f(x, y)=x^2+y^2>0=f(0, 0)$ となっている。

例題 10　R^2 内で定義された 2 変数関数 $f(x, y)=1-x^2+2x-y^2$ が，点 $(1, 0)$ で極大値 2 をとることを示せ。

解答　点 $(1, 0)$ を除く R^2 内の点において
$$f(x, y)=2-(x-1)^2-y^2<2=f(1, 0)$$
よって，関数 $f(x, y)=1-x^2+2x-y^2$ は，点 $(1, 0)$ で極大値 2 をとる。

練習 16　R^2 内で定義された 2 変数関数 $f(x, y)=x^2+9y^2-4x-18y+11$ が，点 $(2, 1)$ で極小値 -2 をとることを示せ。

　2 変数関数 $f(x, y)$ が (a, b) で極値をとるとすると，関数の極大・極小の定義より，例えば，$y=b$ と固定して得られる（x についての）1 変数関数 $f(x, b)$ も $x=a$ で極値をとる。よって，2 章 3 節の極値と導関数の定理より，$f_x(a, b)=0$ となる。同様に，$f_y(a, b)=0$ もわかる。したがって，次の定理が成り立つ。

極値をとるための必要条件

R^2 の開領域 U 上で偏微分可能な 2 変数関数 $f(x, y)$ が (a, b) で極大値または極小値をとるとき，$f_x(a, b)=f_y(a, b)=0$ である。

　1 変数関数の場合と同様に，上の定理の逆は成り立たない。
　つまり，(a, b) で偏微分可能な関数 $f(x, y)$ について，$f_x(a, b)=f_y(a, b)=0$ であっても，$f(a, b)$ が極値でないこともある。

> **例11** 極値をとるための必要条件の逆
>
> 2変数関数 $f(x, y) = x^2 - y^2$ は，原点 $(0, 0)$ において，
> $f_x(0, 0) = f_y(0, 0) = 0$ である。
> しかし例えば，$y = 0$ を固定して $f(x, 0) = x^2$ を考えると，原点
> $(0, 0)$ のいくらでも近くで $f(x, y) > f(0, 0) = 0$ となる点がとれる
> ので，$f(0, 0)$ は極大値ではない。
> 同様に，$x = 0$ を固定して $f(0, y) = -y^2$ を考えることにより，原点
> $(0, 0)$ のいくらでも近くで $f(x, y) < f(0, 0) = 0$ となる点がとれる
> ので，$f(0, 0)$ は極小値でない。
> 以上から，$f(0, 0)$ は極大値でも極小値でもないことがわかる。

　2変数関数の極値について，1変数関数の場合の2章3節の第2次導関数と極値の定理の拡張も，次のように得られる。

> **2変数関数の極値判定の定理**
>
> R^2 の開領域 U 上で C^2 級である2変数関数 $f(x, y)$ について，
> $(a, b) \in U$ において $f_x(a, b) = f_y(a, b) = 0$ が成り立つとする。
> 極値を判定するための判別式として
> $D = f_{xx}(a, b)f_{yy}(a, b) - \{f_{xy}(a, b)\}^2$ とおくとき，次が成り立つ。
> [1] $D > 0$ のとき
> 　(a) $f_{xx}(a, b) > 0$ ならば，$f(x, y)$ は (a, b) で極小値をとる。
> 　(b) $f_{xx}(a, b) < 0$ ならば，$f(x, y)$ は (a, b) で極大値をとる。
> [2] $D < 0$ のとき，$f(x, y)$ は (a, b) で極値をとらない。

　この定理の証明は，主にテイラーの定理を利用する。$D > 0$ のときは平方完成に帰着させ，その際の判別式として D が現れる。一方，$D < 0$ のときいくつかの場合分けが必要になる。詳細は省略する[1]。

注意　上の定理において，$D = 0$ の場合は極値をとるかどうかわからない。極値をとる場合もとらない場合もありうる。

---

1) 興味をもった読者は『数研講座シリーズ　大学教養　微分積分』を参照。

例題 11 2 変数関数 $f(x, y)=x^3+2y^3-3(x+2y)$ の極値を求めよ。

解答

$f_x(x, y)=3(x^2-1)$
$=3(x+1)(x-1)$
$f_y(x, y)=6(y^2-1)$
$=6(y+1)(y-1)$
であるから
$f_x(x, y)=f_y(x, y)$
$\qquad =0$
となる (x, y) は
$(x, y)=(\pm 1, \pm 1)$
$\qquad$（複号任意）

$f(x, y)=x^3+2y^3-3(x+2y)$

$f_{xx}(x, y)=6x,$
$f_{xy}(x, y)=0,$
$f_{yy}(x, y)=12y$ なので, $D=f_{xx}(x, y)f_{yy}(x, y)-\{f_{xy}(x, y)\}^2$
とすると, $D=72xy$ である。

[1] $(x, y)=(1, 1)$ のとき
 $D=72>0$ であり, $f_{xx}(1, 1)=6>0$ なので, $f(x, y)$ は極小
 値 $f(1, 1)=-6$ をとる。

[2] $(x, y)=(-1, -1)$ のとき
 $D=72>0$ であり, $f_{xx}(-1, -1)=-6<0$ なので, $f(x, y)$
 は極大値 $f(-1, -1)=6$ をとる。

[3] $(x, y)=(\pm 1, \mp 1)$ （複号同順) のとき
 $D=-72<0$ なので, $f(x, y)$ は極値をとらない。

以上より $\quad (x, y)=(-1, -1)$ で極大値 6 ,
$\qquad\qquad (x, y)=(1, 1)$ で極小値 -6 をとる。

練習 17 2 変数関数 $f(x, y)=x^2-xy+y^2+3x-3y$ の極値を求めよ。

B 条件付き極値問題

前項で学んだ 2 変数関数の極値を求めるような問題は，他分野への応用上でも非常に重要である。

しかし，実際の応用の場面では，さらに何らかの「付帯条件」がついた中での極大値・極小値を求めることを要求されることが多い。ここでは，そのような問題を考えよう。

具体的には次のような問題を考える。

> 2 つの変数 x と y についての条件 $g(x, y) = 0$ のもとで，2 変数関数 $f(x, y)$ の極値を求めよ。

この問題は，例えば $g(x, y) = 0$ を y について解くことができれば，それを $f(x, y)$ の式に代入して，1 変数関数の極値の問題として解くことができる。しかし，$g(x, y) = 0$ を y について（もしくは x について）解いて具体的な式が得られない場合には適用できない。

そのような場合に，極値の候補をみつけるための方法が，次の定理である。

ラグランジュの未定乗数法

2 変数関数 $f(x, y)$ と $g(x, y)$ が平面上の開領域 U 上で C^1 級であるとし，条件 $g(x, y) = 0$ のもとで関数 $f(x, y)$ が (a, b) において極値をとるとする。このとき，
$g_x(a, b) \neq 0$ または $g_y(a, b) \neq 0$ が成り立つならば，ある実数 α が存在して，次を満たす。

$$f_x(a, b) - \alpha g_x(a, b) = 0, \quad f_y(a, b) - \alpha g_y(a, b) = 0$$

補足 上の定理において，a, b, α が満たすべき式は，$f_x(a, b) - \alpha g_x(a, b) = 0$, $f_y(a, b) - \alpha g_y(a, b) = 0$, $g(a, b) = 0$ の 3 つある。これらをまとめて書く方法として，次の方法がある。$F(x, y, \lambda) = f(x, y) - \lambda g(x, y)$ とおいたとき，満たすべき 3 つの式は $F_x(x, y, \lambda) = 0$, $F_y(x, y, \lambda) = 0$, $F_\lambda(x, y, \lambda) = 0$ となる。このように $F(x, y, \lambda)$ において λ を未定乗数とするため，この定理の方法は **ラグランジュの未定乗数法** と呼ばれる。

　ラグランジュの未定乗数法の定理の証明は，次項の陰関数定理を使うので，節末の研究で行う。実際，「$g_x(a, b) \neq 0$ または $g_y(a, b) \neq 0$」という仮定は陰関数定理を適用するために必要な仮定である。

　次の例で実際にこの定理を適用して，付帯条件のもとで極値を与える点の候補を求めてみる。

例12　ラグランジュの未定乗数を用いた条件付き極値問題

条件 $g(x, y) = 2xy^2 + x^2y - 8 = 0$ のもとで，2 変数関数

$f(x, y) = x + 2y$ の極値を与える点の候補 (a, b) を求める。

ここで，$f_x(x, y) = 1$，$f_y(x, y) = 2$ であるから

$$f_x(a, b) = 1, \quad f_y(a, b) = 2$$

$g_x(x, y) = 2y^2 + 2xy$，$g_y(x, y) = 4xy + x^2$ であるから

$g_x(a, b) = 2b^2 + 2ab$，$g_y(a, b) = 4ab + a^2$

極値を与える点の候補 (a, b) は，ある実数 α に対して次を満たす。

$$f_x(a, b) - \alpha g_x(a, b) = 1 - \alpha(2b^2 + 2ab) = 0$$

$$f_y(a, b) - \alpha g_y(a, b) = 2 - \alpha(4ab + a^2) = 0$$

これらを α について解くと，$b(a+b) \neq 0$，$a(a+4b) \neq 0$ に対し，

$$\alpha = \frac{1}{2b(a+b)} = \frac{2}{a(a+4b)}$$

よって，$a(a+4b) = 4b(a+b)$ より，$a = \pm 2b$ が得られる。ここで，条件 $g(x, y) = 0$ のもとでの極値を与える点の候補を求めたいので，特に (a, b) は $g(a, b) = 0$ を満たす。

[1]　$a = 2b$ のとき

　　$g(a, b) = 8b^3 - 8$ であり，$g(a, b) = 0$ を解いて　　$b = 1$

　　このとき　　$a = 2$

[2]　$a = -2b$ のとき

　　$g(a, b) = -8$ となり，$g(a, b) = 0$ を満たさない。

[1]，[2] から　　$(a, b) = (2, 1)$

したがって，極値を与える点の候補は点 $(2, 1)$ である。

後は実際に候補として求めた点が極値であるかどうか判定する必要がある。これについては，213〜214 ページで解説する。

例題 12 条件 $x^2+2y^2=1$ のもとで，$f(x, y)=xy$ の極値を与える点の候補を求めよ。

解答 条件 $g(x, y)=x^2+2y^2-1=0$ のもとで，2 変数関数
$f(x, y)=xy$ の極値を与える点の候補 (a, b) を求める。
$f_x(x, y)=y$，$f_y(x, y)=x$ であるから
$$f_x(a, b)=b, \quad f_y(a, b)=a$$
$g_x(x, y)=2x$，$g_y(x, y)=4y$ であるから
$$g_x(a, b)=2a, \quad g_y(a, b)=4b$$
極値を与える点の候補 (a, b) は，ある実数 α に対して次を満たす。
$$f_x(a, b)-\alpha g_x(a, b)=0 \text{ から } \quad b-2a\alpha=0$$
$$f_y(a, b)-\alpha g_y(a, b)=0 \text{ から } \quad a-4b\alpha=0$$
ゆえに $a \neq 0$，$b \neq 0$ に対し $\quad \dfrac{b}{2a}=\dfrac{a}{4b}(=\alpha)$

よって，$2a^2=4b^2$ より，$a=\pm\sqrt{2}\,b$ が得られる。ここで，条件 $g(x, y)=0$ のもとで極値を与える点の候補を求めたいので，特に (a, b) は $g(a, b)=0$ を満たす。
したがって，$g(a, b)=g(\pm\sqrt{2}\,b, b)=(\pm\sqrt{2}\,b)^2+2b^2-1=0$
を解くと $4b^2=1$ であるから $\quad b=\pm\dfrac{1}{2}$

よって，極値を与える点の候補は点 $\left(\pm\dfrac{\sqrt{2}}{2}, \pm\dfrac{1}{2}\right)$（複号任意）である。

練習 18 ラグランジュの未定乗数法を用いて，条件 $4x^2-y^2=4$ のもとで，$f(x, y)=x^3+y$ の極値を与える点の候補を求めよ。

C　陰関数定理

前節では付帯条件 $g(x, y)=0$ のもとでの関数 $f(x, y)$ の極値問題を扱った。そのような問題は，208 ページでも述べたように，例えば $g(x, y)=0$ を y について解くことができれば，y を x で表して $f(x, y)$ に代入して 1 変数関数の極値問題に帰着できる。実際，前項の例 12 の場合，$g(x, y)=2xy^2+x^2y-8=0$ を y についての 2 次方程式とみなせば，$(x^2)^2-4\cdot 2x(-8)\geqq 0$ のとき

$$y=\frac{-x^2\pm\sqrt{x^4+64x}}{4x}$$

と解くことができ，±の場合分けは必要になるが 1 変数関数の極値問題に帰着できる。このように，2 つの変数 x と y の式が与えられたとき，y について解けるということは，（必要ならば場合分けをすれば）x の値に対して y の値が 1 つに定まる，すなわち，x の値に y の値を対応させる 1 変数関数が得られるということである。

このようにして得られる関数について，次のように定義をする。

定義 5-7　陰関数

2 つの変数 x と y の関係式 $F(x, y)=0$ について，1 変数関数 $y=\varphi(x)$ が，その定義域内のすべての x について $F(x, \varphi(x))=0$ を満たすとき，関数 $y=\varphi(x)$ を式 $F(x, y)=0$ の **陰関数** という。

例 13　陰関数

$F(x, y)=x^2+y^2-1=0$ に対して，関数 $y=\sqrt{1-x^2}$ は，その定義域 $[-1, 1]$ 内の任意の x について

$$F(x, \sqrt{1-x^2})=x^2+(\sqrt{1-x^2})^2-1=x^2+(1-x^2)-1=0$$

を満たすので，$F(x, y)=0$ の陰関数である。

同様に，$y=-\sqrt{1-x^2}$ も $F(x, y)=0$ の陰関数である。

補足 例 13 から 1 つの $F(x, y)=0$ に対して，複数の陰関数が存在する場合があることがわかる。

練習 19　$F(x, y) = x^2 - y^2 + 1 = 0$ の陰関数を求めよ。

　一般には，$F(x, y) = 0$ が陰関数をもつかどうかはわからない。例えば，前ページの例 13 において，$y = 0$ の近く（$y = 0$ を含む範囲）においては，（x を独立変数とし y を従属変数とするように）陰関数を定義することはできない。

　次の陰関数定理[3] は，一般の関係式 $F(x, y) = 0$ についての陰関数の存在について十分条件を与えている。

陰関数定理

2 変数関数 $F(x, y)$ が平面上の開領域 U 上で C^1 級であるとし，点 (a, b) が $F(a, b) = 0$ および

$$F_y(a, b) \neq 0$$

を満たすとする。

このとき，x 軸上の $x = a$ を含む開区間 I と，I 上で定義された 1 変数関数 $y = \varphi(x)$ が存在して，$b = \varphi(a)$ と次を満たす。

すべての $x \in I$ について，$F(x, \varphi(x)) = 0$

さらに，関数 $\varphi(x)$ は開区間 I 上で微分可能で，その導関数は次のようになる。

$$\varphi'(x) = -\frac{F_x(x, \varphi(x))}{F_y(x, \varphi(x))}$$

　陰関数定理の証明は，いくつかのステップを踏む少し複雑なものである。証明は，288 ページを参照。

---

3) このことについて，命題として述べたのは，フランスの数学者オーギュスタン＝ルイ・コーシー (1789-1857) とされる。コーシーは現代的な解析学（微分積分学）の基礎を築いたとされる。

例題 13　$F(x, y) = 5x^2 - 6xy + 2y^2 - 10 = 0$ の陰関数を $\varphi(x)$ とするとき, $\varphi'(2)$ を求めよ。

解答　$F(x, y)$ を 2 変数関数とみて偏導関数を求めると

$$F_x(x, y) = 10x - 6y, \quad F_y(x, y) = -6x + 4y$$

陰関数定理を適用するためには $F_y(x, y) = -6x + 4y \neq 0$ が仮定となる。これが満たされているとき, 陰関数定理より

$$\varphi'(x) = -\frac{F_x(x, \varphi(x))}{F_y(x, \varphi(x))} = -\frac{10x - 6y}{-6x + 4y} = \frac{5x - 3y}{3x - 2y}$$

$x = 2$ のとき, $F(2, y) = 20 - 12y + 2y^2 - 10 = 2(y - 1)(y - 5)$

よって, $F(2, y) = 0$ より　$y = 1, 5$　ゆえに　$(x, y) = (2, 1), (2, 5)$

これらは上の仮定を満たす。

したがって, 陰関数 $\varphi(x)$ は, $\varphi(2) = 1$ または $\varphi(2) = 5$ を満たす。

[1]　$\varphi(2) = 1$ のとき $\varphi'(2) = \dfrac{7}{4}$　　　[2]　$\varphi(2) = 5$ のとき $\varphi'(2) = \dfrac{5}{4}$

練習 20　$F(x, y) = x - 4xy + 3y^2 + 9 = 0$ の陰関数を $\varphi(x)$ とするとき, $\varphi'(-3)$ を求めよ。

例 12 の続きで, 点 $(2, 1)$ で $f(x, y)$ が極小値をとることを示す。

$g_y(x, y) = x(x + 4y)$ より, $g_y(2, 1) \neq 0$ であるから, 陰関数 $y(x)$ が存在する。

$g(x, y) = 0$ を x で微分すると　　$2\{y(x)\}^2 + 4xy(x)y'(x) + 2xy(x) + x^2y'(x) = 0$

$$y'(x) = -\frac{2y(x)\{x + y(x)\}}{x\{x + 4y(x)\}}$$

よって, 点 $(2, 1)$ において　　$y'(2) = -\dfrac{1}{2}$

さらに, $2\{y(x)\}^2 + 4xy(x)y'(x) + 2xy(x) + x^2y'(x) = 0$ を x で微分すると

$$4y(x)y'(x) + 4\{y(x) + xy'(x)\}y'(x) + 4xy(x)y''(x)$$
$$+ 2\{y(x) + xy'(x)\} + 2xy'(x) + x^2y''(x) = 0$$

よって, 点 $(2, 1)$ において　　$y''(2) = \dfrac{1}{3}$

$h(x) = f(x, y(x))$ とすると, $h'(x) = 1 + 2y'(x)$ であるから　　$h'(2) = 0$

また, $h''(x) = 2y''(x)$ であるから　　$h''(2) = \dfrac{2}{3} > 0$

このとき, $h(x)$ は極小値 4 をとる。以上から, 関数 $f(x, y)$ は $(x, y) = (2, 1)$ で極小値 4 をとる。

例題 14 条件 $x^2+2y^2=1$ のもとで，$f(x, y)=xy$ の極値を求めよ。

解答 例題 12 より，極値を与える点の候補は $\left(\pm\dfrac{\sqrt{2}}{2}, \pm\dfrac{1}{2}\right)$（複号任意[4]）である。$g(x, y)=x^2+2y^2-1$ とおくと $g_y(x, y)=4y$ より，$g_y\left(\pm\dfrac{\sqrt{2}}{2}, \pm\dfrac{1}{2}\right)\neq0$，$g_y\left(\pm\dfrac{\sqrt{2}}{2}, \mp\dfrac{1}{2}\right)\neq0$ であるから，陰関数 $y(x)$ は存在する。このとき，$x+2y(x)y'(x)=0$ であるから

$$y'(x)=-\frac{x}{2y(x)}$$

点 $\left(\pm\dfrac{\sqrt{2}}{2}, \pm\dfrac{1}{2}\right)$ において　　$y'\left(\pm\dfrac{\sqrt{2}}{2}\right)=-\dfrac{\sqrt{2}}{2}$

点 $\left(\pm\dfrac{\sqrt{2}}{2}, \mp\dfrac{1}{2}\right)$ において　　$y'\left(\pm\dfrac{\sqrt{2}}{2}\right)=\dfrac{\sqrt{2}}{2}$

さらに，$x+2y(x)y'(x)=0$ を x で微分すると

$$1+2\{y'(x)\}^2+2y(x)y''(x)=0$$

点 $\left(\pm\dfrac{\sqrt{2}}{2}, \pm\dfrac{1}{2}\right)$ において　　$y''\left(\pm\dfrac{\sqrt{2}}{2}\right)=\mp2$

点 $\left(\pm\dfrac{\sqrt{2}}{2}, \mp\dfrac{1}{2}\right)$ において　　$y''\left(\pm\dfrac{\sqrt{2}}{2}\right)=\pm2$

$h(x)=f(x, y(x))$ とすると，$h'(x)=y(x)+xy'(x)$ であるから

点 $\left(\pm\dfrac{\sqrt{2}}{2}, \pm\dfrac{1}{2}\right)$ において　　$h'\left(\pm\dfrac{\sqrt{2}}{2}\right)=0$

点 $\left(\pm\dfrac{\sqrt{2}}{2}, \mp\dfrac{1}{2}\right)$ において　　$h'\left(\pm\dfrac{\sqrt{2}}{2}\right)=0$

また，$h''(x)=2y'(x)+xy''(x)$ であるから

点 $\left(\pm\dfrac{\sqrt{2}}{2}, \pm\dfrac{1}{2}\right)$ において　　$h''\left(\pm\dfrac{\sqrt{2}}{2}\right)=-2\sqrt{2}<0$

点 $\left(\pm\dfrac{\sqrt{2}}{2}, \mp\dfrac{1}{2}\right)$ において　　$h''\left(\pm\dfrac{\sqrt{2}}{2}\right)=2\sqrt{2}>0$

このとき，関数 $h(x)$ は $(x, y)=\left(\pm\dfrac{\sqrt{2}}{2}, \pm\dfrac{1}{2}\right)$ で極大値 $\dfrac{\sqrt{2}}{4}$，$(x, y)=\left(\pm\dfrac{\sqrt{2}}{2}, \mp\dfrac{1}{2}\right)$ で極小値 $-\dfrac{\sqrt{2}}{4}$ をとる。

---

[4] 複号任意については，59 ページの注意を参照。

研究　ラグランジュの未定乗数法の定理の証明

条件より

$$\begin{cases} f_x(a,\ b) - \alpha g_x(a,\ b) = 0 \\ f_y(a,\ b) - \alpha g_y(a,\ b) = 0 \end{cases} \tag{$*$}$$

を満たす α の存在を示せばよい。

仮定より，$g_x(a,\ b) \neq 0$ または $g_y(a,\ b) \neq 0$ である。

$g_y(a,\ b) \neq 0$ のときを考える（$g_x(a,\ b) \neq 0$ の場合も同様である）。

陰関数定理（212 ページ）より，$x = a$ の十分近くで定義された関数 $y = y(x)$ で $b = y(a)$ かつ $g(x,\ y(x)) = 0$ であるものが存在する。

点 $(a,\ b)$ の十分近くでは，$g(x,\ y) = 0$ を満たす点は $(x,\ y(x))$ という形である。

よって，考えるべき問題は 1 変数関数 $f(x,\ y(x))$ の（$x = a$ の十分近くでの）極値問題である。ここで，$y'(x) = -\dfrac{g_x(x,\ y(x))}{g_y(x,\ y(x))}$ である。

$f(x,\ y(x))$ を x で微分すると

$$f_x(x,\ y(x)) + f_y(x,\ y(x)) y'(x) = f_x(x,\ y(x)) - f_y(x,\ y(x)) \frac{g_x(x,\ y(x))}{g_y(x,\ y(x))}$$

仮定より，$f(x,\ y(x))$ は $x = a$ で極値をとるので，$f_x(x,\ y(x))$，$f_y(x,\ y(x))$ は $x = a$ において 0 となるから

$$f_x(a,\ b) - f_y(a,\ b) \frac{g_x(a,\ b)}{g_y(a,\ b)} = 0$$

よって　$f_x(a,\ b) g_y(a,\ b) - f_y(a,\ b) g_x(a,\ b) = 0$

これより，$\alpha = \dfrac{f_y(a,\ b)}{g_y(a,\ b)}$ とすれば，α は （$*$）を満たす。　∎

■■■■■■ **章末問題A** ■■■■■■

1 次の関数 $f(x, y)$ の点 $(1, 1)$ における偏微分係数を求めよ。

   (1) $f(x, y) = x^5 + 3xy^2 + 2y^6 + 2$ (2) $f(x, y) = \mathrm{Tan}^{-1} xy^2$

2 次の関数 $f(x, y)$ の 2 次までの偏導関数をすべて求めよ。

   (1) $f(x, y) = \dfrac{2x}{x+y}$ (2) $f(x, y) = y\cosh(1+x)$

3 関数 $f(x, y) = e^x \sin y$ が座標平面 R^2 全体で全微分可能であることを示し、そのグラフ上の点 $\left(-\log \pi, \dfrac{\pi}{2}, \dfrac{1}{\pi}\right)$ における接平面の方程式を求めよ。

4 関数 $f(x, y) = \log(x+2y)$ に対して、合成関数 $f(u\cos v, u\sin v)$ の偏導関数 $f_u(u\cos v, u\sin v)$ と $f_v(u\cos v, u\sin v)$ を求めよ。

■■■■■■ **章末問題B** ■■■■■■

5 関数 $f(x, y) = \sinh xy$ の 3 次までのマクローリン展開を求めよ。ただし、3 次の剰余項は省略してもよい。

6 $0 \leqq x \leqq 2\pi$, $0 \leqq y \leqq 2\pi$ において、関数 $f(x, y) = \sin x + 2\cos y$ の極値を求めよ。

7 ラグランジュの未定乗数法を用いて、条件 $x^3 + y^3 - 3xy = 0$ のもとで、関数 $f(x, y) = x + y$ の極値を求めよ。

第6章　積分（多変数）

　この章では，主に多変数関数の定積分の計算と，その応用に焦点を絞り学んでいく。最初に，2変数関数の定積分（重積分）を定義し，その計算を1変数関数の定積分に帰着させる方法である累次積分や，変数変換による定積分の手法を学んでいく。

　その後，重積分の応用として，図形の体積・曲面積の計算や，多変数関数の広義積分の応用としてガウス積分を紹介する。

多変数関数の定積分（いわゆる多重積分）は，物理学への応用があり，特に物理学では，力学，電磁気学，ベクトル解析などにおいて重要な役割を果たす。例えば，2重積分と3重積分に関するガウスの発散定理により，空間内の閉じた領域における流体の湧出と発散を計算することができる。ガウスは，ドイツの数学者で19世紀最高の数学者とも呼ばれる。数学のすべての分野，さらに，物理学や天文学にも大きな業績を残した。

ガウス，1777-1855

第1節　重積分

　ここでは，3章1節で導入した1変数関数の定積分の考え方を，2変数関数の場合に拡張していく。一般に，多変数関数の定積分を多重積分，より詳しく，n変数関数の定積分をn重積分という。特に2変数関数の定積分は，単に重積分という。この重積分を定義し，基本的な性質を学ぼう。

A　平面上の長方形領域での積分

　2変数関数の定積分を定義するとき，まず考えなくてはならないのは，定積分を行う「範囲」である。

　1変数関数の場合，定積分を行う範囲は，数直線R の部分集合として閉区間 $[a, b]$ を考えればよかった。

　しかし，2変数関数の場合，定積分を行う範囲は座標平面 R^2 内の部分集合であり，閉集合に限っても非常にさまざまなバラエティーがありうる。

　そのため，まず最初に，数直線R上の閉区間 $[a, b]$ の拡張として，閉区間の直接の一般化である長方形領域を定義する。次に，2変数関数の定積分（重積分）を導入し，その性質を簡単に紹介する。その後で，より一般の領域での重積分について説明する。

定義6-1　長方形領域

座標平面 R^2 内の次の領域Dを **長方形領域**
といい，$[a, b] \times [c, d]$ で表す。

$$\{(x, y) \in R^2 \mid a \le x \le b,\ c \le y \le d\}$$

図のようにDは，その各辺が座標軸に平行な
長方形である閉領域である。

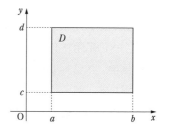

補足　上の定義で $[a, b] \times [c, d]$ という記号を使うのは，Dが閉区間 $[a, b]$ と $[c, d]$ の直積集合であるからである。詳しくは 148 ページの研究を参照。

2変数関数 $f(x, y)$ が $D=[a, b]\times[c, d]$ 上で ∞ にも $-\infty$ にも発散していないとする。これから，3章1節の議論をたどるようにして，関数 $f(x, y)$ の D 上の定積分を定義しよう。以降しばらく，D 上で $f(x, y) \geqq 0$ とする。

まず閉区間 $[a, b]$, $[c, d]$ を，次のような実数列を用いて，より小さい区間に分割する。

$$a=a_0<a_1<a_2<\cdots\cdots<a_{n-1}<a_n=b$$
$$c=c_0<c_1<c_2<\cdots\cdots<c_{m-1}<c_m=d$$

この閉区間の分割を用いて，長方形領域 $D=[a, b]\times[c, d]$ を，次のような nm 個の小さい長方形領域 D_{ij} に分割する。

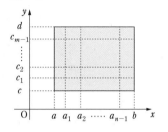

$D_{ij}=[a_i, a_{i+1}]\times[c_j, c_{j+1}]$
$\quad=\{(x, y) \mid a_i \leqq x \leqq a_{i+1}, c_j \leqq y \leqq c_{j+1}\}$

ただし，$0 \leqq i \leqq n-1$, $0 \leqq j \leqq m-1$ とする。

次に，各 $i=0, 1, \cdots\cdots, n-1$ と $j=0, 1, \cdots\cdots, m-1$ について，各小長方形領域 $[a_i, a_{i+1}]\times[c_j, c_{j+1}]$ における $f(x, y)$ の値の最小値を m_{ij}, 最大値を M_{ij} とする[1]。

$$m_{ij}=\min\{f(x, y) \mid (x, y)\in D_{ij}\},$$
$$M_{ij}=\max\{f(x, y) \mid (x, y)\in D_{ij}\}$$

このとき，各小長方形 D_{ij} の面積は $(a_{i+1}-a_i)(c_{j+1}-c_j)$ であることから

$$m_{ij}(a_{i+1}-a_i)(c_{j+1}-c_j),$$
$$M_{ij}(a_{i+1}-a_i)(c_{j+1}-c_j)$$

は，それぞれ小長方形 D_{ij} を底面とする，高さが M_{ij}, m_{ij} である角柱の体積を表す（次のページの図1）。

---

[1] 最大値・最小値がない場合は，上限・下限という概念を使えばよい。上限・下限についてなどは 261 ページ，および 294 ページを参照。

よって，次の和は，領域 D での求めたい体積の近似を与えていると考えられる。

$$s=\sum_{i=0}^{n-1}\sum_{j=0}^{m-1}m_{ij}(a_{i+1}-a_i)(c_{j+1}-c_j),$$

$$S=\sum_{i=0}^{n-1}\sum_{j=0}^{m-1}M_{ij}(a_{i+1}-a_i)(c_{j+1}-c_j)$$

つまり，次の不等式が成り立っていると考えられる。

$$s\leqq（図2の曲面の下の部分の体積）\leqq S$$

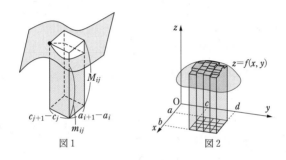

図1　　　　　　図2

以上を踏まえて，次のような定義をする。

定義6-2　2変数関数の積分可能性と定積分

長方形領域 $D=[a,\ b]\times[c,\ d]$ に対して，上のような小長方形領域による分割をとり直して，より細かな分割を考えていくとき，（どんな分割の仕方をしても）s と S の極限が存在して一致するならば，**関数 $f(x,\ y)$ は長方形領域 D 上で積分可能**（より正確にはリーマン積分可能）という。

また，このときの極限の値を

$$\iint_D f(x,\ y)dxdy$$

と書いて，長方形領域 D における関数 $f(x,\ y)$ の **重積分** という。

また，$f(x,\ y)\leqq0$ の場合には，1変数関数の場合と同様に，座標空間 $\mathbb{R}^3$ 内の xy 平面の下方にある領域の体積を負として，同様に考える。これによって，一般の2変数関数 $f(x,\ y)$ に対しても積分可能の概念および重積分が定義される。

例1　2変数関数の長方形領域Dにおける重積分

2変数関数 $f(x, y)=x+y$ の $D=[0, 1]\times[0, 1]$ 上での重積分を考えてみよう。次のように区間 $[0, 1]$ を分割して，小長方形領域 D_{ij} を考える。

$$0=a_0<a_1<a_2<\cdots\cdots<a_{n-1}<a_n=1$$
$$0=c_0<c_1<c_2<\cdots\cdots<c_{m-1}<c_m=1$$

$D_{ij}=[a_i, a_{i+1}]\times[c_j, c_{j+1}]=\{(x, y)\mid a_i\leqq x\leqq a_{i+1}, c_j\leqq y\leqq c_{j+1}\}$
（ただし，$0\leqq i\leqq n-1$，$0\leqq j\leqq m-1$）

$m_{ij}=\min\{f(x, y)\mid(x, y)\in D_{ij}\}$, $M_{ij}=\max\{f(x, y)\mid(x, y)\in D_{ij}\}$
とすると

$$m_{ij}=f(a_i, c_j)=a_i+c_j$$
$$M_{ij}=f(a_{i+1}, c_{j+1})=a_{i+1}+c_{j+1}$$

$$s=\sum_{i=0}^{n-1}\sum_{j=0}^{m-1}m_{ij}(a_{i+1}-a_i)(c_{j+1}-c_j), \quad S=\sum_{i=0}^{n-1}\sum_{j=0}^{m-1}M_{ij}(a_{i+1}-a_i)(c_{j+1}-c_j)$$

とすると

$$s=\sum_{i=0}^{n-1}\sum_{j=0}^{m-1}(a_i+c_j)(a_{i+1}-a_i)(c_{j+1}-c_j)$$
$$S=\sum_{i=0}^{n-1}\sum_{j=0}^{m-1}(a_{i+1}+c_{j+1})(a_{i+1}-a_i)(c_{j+1}-c_j)$$

このSとsの差を考えると，次のようになる。

$$S-s=\sum_{i=0}^{n-1}\sum_{j=0}^{m-1}\{(a_{i+1}-a_i)+(c_{j+1}-c_j)\}(a_{i+1}-a_i)(c_{j+1}-c_j)$$

分割をどんどん細かくしていくとき，小区間 $[a_i, a_{i+1}]$，$[c_j, c_{j+1}]$ の幅 $|a_{i+1}-a_i|$，$|c_{j+1}-c_j|$ は，どんどん小さくなり0に収束する。したがって，上の計算から $S-s$ も0に収束すること，すなわちSの極限とsの極限が存在して一致していることがわかり，

$f(x, y)=x+y$ が $D=[0, 1]\times[0, 1]$ 上で積分可能であることがわかった。

　具体的な重積分の値は，積分可能であることがわかっていれば，1 変数関数について 108 ページで説明した「区分求積法」の手法を使って計算することができる。

　つまり，区間の分割として n 等分，m 等分を考え，各小長方形領域内の特定の (x, y) の値を用いて，角柱の体積の和の極限を計算すればよい。

　また実際には，次節で説明する累次積分と呼ばれる積分法によって，比較的簡単に重積分の値を求めることができる。

練習 1　　2 変数関数 $f(x, y) = 1 - x + y$ が長方形領域 $[a, b] \times [c, d]$ 上で積分可能であることを，例 1 と同様の方法で示せ。

　例 1 のように，長方形領域 D 上での 2 変数関数が積分可能であることを示すこともできるが，実際には次の定理が成り立つ。

長方形領域上の連続関数の積分可能性の定理

長方形領域 $D = [a, b] \times [c, d]$ 上で連続な 2 変数関数 $f(x, y)$ は，D 上で積分可能である。

　この定理の証明も 3 章 1 節の連続関数の積分可能性の定理（109 ページ）と同様に，連続関数の有界閉集合上での一様連続性を用いる（証明は 293 ページを参照）。

　一方で，長方形領域上で連続でなくとも積分可能な 2 変数関数も存在する。

　例えば，2 変数関数 $f(x, y) = [x + y]$ は長方形領域 $D = [0, 1] \times [0, 1]$ 上で連続でない。

　しかし，$f(x, y)$ は D 上で積分可能であり

$$\iint_D f(x, y)dxdy = \frac{1}{2}$$

である。

例2　三角柱の体積

長方形領域 $D = [0, 1] \times [0, 1]$ において 2 変数
関数 $f(x, y) = x$ の重積分を考えてみよう。こ
れは図の通り，zx 平面上の直角三角形を底面
とする高さ 1 の三角柱の体積を求めることにな

る。したがって結果としては，$\dfrac{1}{2}$ となるはず

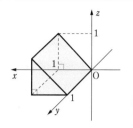

なので，それを確認しよう。162 ページの例 7 で述べたように多項式
関数は連続であり，特に関数 $f(x, y) = x$ は D 上で連続なので，前ペ
ージの定理より積分可能である。そこで，1 変数関数の区分求積法を

利用して $\displaystyle\iint_D x\,dxdy$ を求める。

閉区間 $[0, 1]$ の n 等分の分割をとり，107 ページと同様にして考える
と，次の式が得られる。

$$\iint_D x\,dxdy = \lim_{n \to \infty} \sum_{j=0}^{n-1} \sum_{i=0}^{n-1} f(x_i, y_j) \cdot \frac{1-0}{n} \cdot \frac{1-0}{n}$$

$$\left(x_i = 0 + i \cdot \frac{1-0}{n} = \frac{i}{n}, \quad y_j = 0 + j \cdot \frac{1-0}{n} = \frac{j}{n} \right)$$

ここで　$\displaystyle\sum_{j=0}^{n-1} \sum_{i=0}^{n-1} f(x_i, y_i) \cdot \frac{1-0}{n} \cdot \frac{1-0}{n}$

$$= \sum_{j=0}^{n-1} \left\{ \sum_{i=0}^{n-1} f(x_i, y_j) \cdot \frac{1-0}{n} \right\} \cdot \frac{1-0}{n} = \sum_{j=0}^{n-1} \left(\sum_{i=0}^{n-1} x_i \cdot \frac{1}{n} \right) \cdot \frac{1}{n}$$

$$= \sum_{j=0}^{n-1} \left(\sum_{i=0}^{n-1} \frac{i}{n} \cdot \frac{1}{n} \right) \cdot \frac{1}{n} = \sum_{j=0}^{n-1} \frac{n(n-1)}{2n^2} \cdot \frac{1}{n} = \frac{1}{2} - \frac{1}{2n}$$

となるので，確かに次が成り立つことがわかった。

$$\iint_D x\,dxdy = \lim_{n \to \infty} \left(\frac{1}{2} - \frac{1}{2n} \right)$$

$$= \frac{1}{2}$$

練習2　2 変数関数 $f(x, y) = y$ と長方形領域 $D = [0, 1] \times [1, 2]$ について，
例 2 と同様にして $\displaystyle\iint_D y\,dxdy$ を計算せよ。

さらに，1変数関数に対する定積分の性質の定理（112ページ）の拡張として，次の定理も成り立つ。

2変数関数の重積分の性質

1. 2変数関数 $f(x, y)$ が長方形領域 D 上で積分可能であり，領域 D が有限個の小長方形領域 $D_1,\ \cdots\cdots,\ D_r$ に分割されているとする[2]。

   このとき，任意の $i\ (1\leqq i\leqq r)$ に対して，$f(x, y)$ は D_i 上でも積分可能であり

   $$\iint_D f(x, y)dxdy=\iint_{D_1} f(x, y)dxdy+\cdots\cdots+\iint_{D_r} f(x, y)dxdy$$

   が成り立つ。

2. 2変数関数 $f(x, y)$ と $g(x, y)$ が長方形領域 D 上で積分可能であるとする。

   このとき，任意の実数 k と l に対して，関数 $kf(x, y)+lg(x, y)$ も積分可能であり

   $$\iint_D \{kf(x, y)+lg(x, y)\}dxdy=k\iint_D f(x, y)dxdy+l\iint_D g(x, y)dxdy$$

   が成り立つ。

この定理の 1. の証明は，まず小長方形領域で $f(x, y)$ が積分可能であることから始める（この部分について詳しくは 294 ページを参照）。

その後で，求めたい重積分の値が小長方形領域上での重積分の値の和であることは，重積分の定義に基づいて証明しなければならないため，本書では省略する。

練習3 例2と練習2を利用して，$\displaystyle\iint_{[0,1]\times[0,2]}(3x-2y)dxdy$ を計算せよ。

---

2) $D=D_1\cup\cdots\cdots\cup D_r$ であり，各小長方形の組 D_i と D_j について D_i の内部と D_j の内部の共通部分は空集合になっているとする。

B　平面上の一般の領域での積分

　前項では積分する範囲（領域）を長方形領域に制限していた。では，平面上の一般の領域においての積分はどうしたらよいだろうか。ここでは，平面上の有界閉領域（166 ページを参照）を考える。

　平面上の有界閉領域 D に対して，D が有界であることから，十分大きな長方形領域 $R=[a, b]\times[c, d]$ で D をその内部に含むものがとれる。

　このとき，R 上で定義される次の関数 $f_D(x, y)$ を考える[3]。

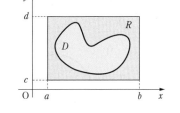

$$f_D(x, y)=\begin{cases} 1 & ((x, y)\in D) \\ 0 & ((x, y)\notin D) \end{cases}$$

この関数そのものは R 上で連続関数ではないが，前項までの考え方を使って積分可能かどうかを考えることはできる。

　そして，もしこの関数 $f_D(x, y)$ が積分可能であれば，その値は D の面積を与えると考えられるだろう。

　そこで，この関数 $f_D(x, y)$ が積分可能である場合，有界閉領域 D は **面積確定** であるという。

　実際にどのような領域が面積確定となるかなどのより厳密な議論については，本書では省略する[4]。

注意　有界閉領域 D が面積確定かどうかは，それを含むようにとった長方形領域 R の大きさによらない。これは，2 変数関数の重積分の性質の定理(1)を使えばわかる。

　平面上の有界閉領域 D が面積確定である場合，次のようにして 2 変数関数 $f(x, y)$ の D 上での重積分を定義することができる。

---

3) このような関数のことを有界閉領域 D の **特性関数** ということもある。

4) 興味のある読者は『数研講座シリーズ　大学教養　微分積分』を参照。

例3 有界閉領域

面積確定である有界閉領域として，以下はよく知られている。

(1) 単位円で囲まれた領域 $\{(x,\ y)\,|\,x^2+y^2\leqq1\}$

(2) 単位円の上半分と x 軸で囲まれた領域

$\{(x,\ y)\,|\,x^2+y^2\leqq1,\ y\geqq0\}$

(3) 単位円の第1象限の領域 $\{(x,\ y)\,|\,x^2+y^2\leqq1,\ x\geqq0,\ y\geqq0\}$

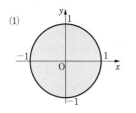
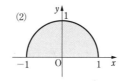

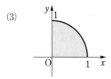

定義6-3 面積確定領域上の重積分

平面上の有界閉領域 D が面積確定であるとし，D を内部に含む十分大きな長方形領域を R とする。D 上で定義された2変数関数 $f(x,\ y)$ に対して，R 上で定義される次の関数を考える。

$$\tilde{f}(x,\ y)=\begin{cases} f(x,\ y) & (x,\ y)\in D \\ 0 & (x,\ y)\not\in D \end{cases}$$

この $\tilde{f}(x,\ y)$ が R 上で積分可能であるとき，**$f(x,\ y)$ は D 上で積分可能**といい

$$\iint_D f(x,\ y)dxdy=\iint_R \tilde{f}(x,\ y)dxdy$$

と定義する[5]。

---

5) $\tilde{f}$ は「エフ チルダ」と読む。

例題 1　平面上の次の領域をDとする。

$\{(x, y) \mid 1 \leq x \leq 3,\ 1 \leq y \leq 2\} \cup \{(x, y) \mid 1 \leq x \leq 2,\ 1 \leq y \leq 3\}$

長方形領域 $R=[1, 3] \times [1, 3]$ 上
で連続な関数 $f(x, y)$ が D 上で積
分可能であるとき，次が成り立つ
ことを示せ。

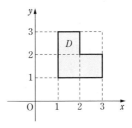

$$\iint_D f(x, y)\,dxdy$$
$$=\iint_{[1,2] \times [1,3]} f(x, y)\,dxdy + \iint_{[2,3] \times [1,2]} f(x, y)\,dxdy$$

解答　$f(x, y)$ が D 上で積分可能であるので

$$\tilde{f}(x, y)=\begin{cases} f(x, y) & ((x, y) \in D) \\ 0 & ((x, y) \notin D) \end{cases}$$

とおいたとき，$\tilde{f}(x, y)$ は R 上で積分可能であり

$$\iint_D f(x, y)\,dxdy = \iint_R \tilde{f}(x, y)\,dxdy$$

が成り立つ。ここで
$R_1=[1, 2] \times [1, 3]$, $R_2=[2, 3] \times [1, 2]$, $R_3=[2, 3] \times [2, 3]$
とすると

$$\iint_D f(x, y)\,dxdy$$

$$=\iint_R \tilde{f}(x, y)\,dxdy$$

$$=\iint_{R_1 \cup R_2 \cup R_3} \tilde{f}(x, y)\,dxdy$$

$$=\iint_{R_1} \tilde{f}(x, y)\,dxdy + \iint_{R_2} \tilde{f}(x, y)\,dxdy + \iint_{R_3} \tilde{f}(x, y)\,dxdy$$

$$=\iint_{R_1} f(x, y)\,dxdy + \iint_{R_2} f(x, y)\,dxdy + \iint_{R_3} 0\,dxdy$$

$$=\iint_{[1,2] \times [1,3]} f(x, y)\,dxdy + \iint_{[2,3] \times [1,2]} f(x, y)\,dxdy$$

となる。

練習4　例題1と同じ設定のもとで，次が成り立つことを示せ。

$$\iint_D f(x, y)dxdy = \iint_R f(x, y)dxdy - \iint_{[2,3]\times[2,3]} f(x, y)dxdy$$

　例題1から，224ページの2変数関数の重積分の性質の定理1. が，一般の面積確定な領域に拡張して成り立つことが予想されるが，それは実際に正しい。ただし，厳密に述べることが難しいため，より正確な表現については，ここでは省略する。

　一方で，2. については，$\tilde{f}(x, y)$ と $\tilde{g}(x, y)$ に対して2変数関数の重積分の性質の定理を適用すればよいので，そのままの形で成り立つ。

例題2　領域 D において，$\displaystyle\iint_D \sinh(x+y)dxdy = A,$

$\displaystyle\iint_D \sinh(x-y)dxdy = B$ とするとき，$\displaystyle\iint_D \sinh x \cosh x\, dxdy$

の値を A と B を用いて表せ。

解答　$\sinh(x \pm y) = \sinh x \cosh y \pm \cosh x \sinh y$（複号同順）より

$$\sinh x \cosh y = \frac{1}{2}\{\sinh(x+y) + \sinh(x-y)\}$$

よって

$$\iint_D \sinh x \cosh y\, dxdy$$

$$= \iint_D \frac{1}{2}\{\sinh(x+y) + \sinh(x-y)\}dxdy$$

$$= \frac{1}{2}\left\{\iint_D \sinh(x+y)dxdy + \iint_D \sinh(x-y)dxdy\right\}$$

$$= \frac{A+B}{2}$$

練習5　2変数関数 $f(x, y)$ と $g(x, y)$ が平面上の領域 D 上で積分可能であり，$\displaystyle\iint_D \{2f(x, y) + g(x, y)\}dxdy = 5$，$\displaystyle\iint_D \{3f(x, y) - 4g(x, y)\}dxdy = 13$であるとき，$\displaystyle\iint_D f(x, y)dxdy$ と $\displaystyle\iint_D g(x, y)dxdy$ の値を求めよ。

第 2 節　重積分の計算

　前節で 2 変数関数の積分 (重積分) を定義し，その基本的な性質を学習した。しかし，2 変数関数の場合については，1 変数関数の場合のような「微分積分学の基本定理」(113 ページ) をもとにした原始関数 (不定積分) を用いる計算方法とは，異なる方法が必要である。

　この節では，多変数関数の基本的な積分計算の方法である累次積分と，置換積分の一般化である変数変換による重積分を学ぼう。

A　累次積分

　2 変数関数の重積分の計算は，積分をする範囲 (有界閉領域) が平面上の領域であり，変数が 2 つあることが計算を複雑にしている。そこで，2 つの変数を 1 つずつ順番に考えて積分を行ったらどうか，というのが累次積分のアイディアである。

　前節の例 2 (223 ページ) の計算過程を確認するとわかるように，領域 D において 2 変数関数 $f(x, y)$ が積分可能であるとわかっている場合，1 変数関数についての区分求積法と同様にして，重積分 $\displaystyle\iint_D f(x, y)dxdy$ の値を求めることができる。

　その際，x 軸上の閉区間の分割と y 軸上の閉区間の分割について，それぞれ総和 $\sum$ をとる (2 回，総和をとる) が，この計算を分けて順番に行うことにより，重積分の計算を <u>1 変数関数の積分の繰り返し</u>で行うことができる。

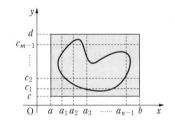

　つまり，次の定理が成り立つ (証明は 297 ページを参照)。

長方形領域上での累次積分の定理

長方形領域 $D=[a, b]\times[c, d]$ 上で連続な2変数関数 $f(x, y)$ を考える。

[1] $f(x, y)$ の変数 y を定数とみなして得られる（独立変数を x とする）関数 $F_1(x)$ は，閉区間 $[a, b]$ 上で連続であり積分可能である。

[2] 上の $F_1(x)$ を $[a, b]$ 上で x について積分して得られる関数

$$F_2(y)=\int_a^b F_1(x)dx=\int_a^b f(x, y)dx$$

は，残った変数 y についての関数として閉区間 $[c, d]$ 上で連続であり積分可能である。

[3] 上の y を独立変数とする関数 $F_2(y)$ を $[c, d]$ 上で積分したとき，次が成り立つ。

$$\iint_D f(x, y)dxdy=\int_c^d F_2(y)dy=\int_c^d \left\{\int_a^b f(x, y)dx\right\}dy$$

さらに，x と y の役割（順番）を逆にしても同様のことが成り立ち，最後に得られる次の式も成り立つ。

$$\iint_D f(x, y)dxdy=\int_a^b \left\{\int_c^d f(x, y)dy\right\}dx$$

例題3 $D=[0, 1]\times[2, 3]$ に対して，$\displaystyle\iint_D (4x-5y)dxdy$ を求めよ。

解答 累次積分を用いて計算する。

$$\begin{aligned}
\iint_D (4x-5y)dxdy &=\int_2^3 \left\{\int_0^1 (4x-5y)dx\right\}dy \\
&=\int_2^3 \Big[2x^2-5xy\Big]_{x=0}^{x=1}dy \\
&=\int_2^3 (2-5y)dy=\left[2y-\frac{5}{2}y^2\right]_{y=2}^{y=3} \\
&=-\frac{21}{2}
\end{aligned}$$

　前ページの定理で述べたように，x と y の順番を逆にしてもよい。y について先に計算してみると

$$\iint_D (4x-5y)dxdy=\int_0^1\left\{\int_2^3 (4x-5y)dy\right\}dx=\int_0^1\left[4xy-\frac{5}{2}y^2\right]_{y=2}^{y=3}dx$$

$$=\int_0^1\left(4x-\frac{25}{2}\right)dx=\left[2x^2-\frac{25}{2}x\right]_{x=0}^{x=1}=-\frac{21}{2}$$

となる。

注意　上の計算の中で $\left[2x^2-\frac{25}{2}x\right]_{x=0}^{x=1}$ などと，上端と下端に $x=$ などを付けているのは，どちらの文字に着目して計算をしているかを明示するためである。

　また，例題 3 の計算において 224 ページの 2 変数関数の重積分の性質の定理 2. を使うと，次のようにも計算できる。

$$\iint_D (4x-5y)dxdy=4\iint_D x\,dxdy-5\iint_D y\,dxdy$$

$$=4\int_2^3\left(\int_0^1 x\,dx\right)dy-5\int_0^1\left(\int_2^3 y\,dy\right)dx$$

$$=4\int_2^3\left[\frac{x^2}{2}\right]_{x=0}^{x=1}dy-5\int_0^1\left[\frac{y^2}{2}\right]_{y=2}^{y=3}dx$$

$$=4\left[\frac{y}{2}\right]_{y=2}^{y=3}-5\left[\frac{5}{2}x\right]_{x=0}^{x=1}=-\frac{21}{2}$$

例題 4　$D=[0,\ \pi]\times\left[0,\ \frac{\pi}{2}\right]$ とするとき，$\iint_D \cos(x+y)dxdy$ の積分を計算せよ。

解答　y について先に積分すると

$$\iint_D \cos(x+y)dxdy=\int_0^\pi\left\{\int_0^{\frac{\pi}{2}}\cos(x+y)dy\right\}dx$$

$$=\int_0^\pi\left[\sin(x+y)\right]_{y=0}^{y=\frac{\pi}{2}}dx=\int_0^\pi\left\{\sin\left(x+\frac{\pi}{2}\right)-\sin x\right\}dx$$

$$=\int_0^\pi(\cos x-\sin x)dx=\left[\sin x+\cos x\right]_{x=0}^{x=\pi}=-2$$

練習6　次の重積分を計算せよ。

(1) $\displaystyle\iint_{[0,1]\times[0,1]}(2x^2+xy)dxdy$　　(2) $\displaystyle\iint_{[0,1]\times[0,1]}e^{x+y}\sinh y\,dxdy$

(3) $\displaystyle\iint_{\left[0,\frac{\pi}{3}\right]\times\left[0,\frac{1}{2}\right]}\sin x\,\mathrm{Cos}^{-1}y\,dxdy$

　ここまでは積分する領域として長方形領域のみを扱ってきた。前節で定義した，より一般の領域についての重積分についても，同様に累次積分を用いて計算できる場合がある。ここでは，比較的わかりやすい「グラフで挟まれた領域」について説明する。

　2つの1変数関数 $y=\varphi(x)$ と $y=\phi(x)$ が閉区間 $[a,\ b]$ 上で連続であり，さらに，任意の $x\in[a,\ b]$ について $\varphi(x)\leqq\phi(x)$ であるとする。このとき，次のような領域を考える。

　　$D=\{(x,\ y)\mid a\leqq x\leqq b,\ \varphi(x)\leqq y\leqq\phi(x)\}$

　この領域 D で連続な2変数関数 $f(x,\ y)$ の重積分について，次の定理が成り立つ。

2つの関数のグラフで挟まれた領域上での累次積分の定理

　2つの1変数関数 $y=\varphi(x)$ と $y=\phi(x)$ が閉区間 $[a,\ b]$ 上で連続であり，さらに，任意の $x\in[a,\ b]$ について $\varphi(x)\leqq\phi(x)$ であるとする。

　$D=\{(x,\ y)\mid a\leqq x\leqq b,\ \varphi(x)\leqq y\leqq\phi(x)\}$ で連続な2変数関数 $f(x,\ y)$ の重積分について，次が成り立つ。

$$\iint_D f(x,\ y)dxdy=\int_a^b\left\{\int_{\varphi(x)}^{\phi(x)}f(x,\ y)dy\right\}dx$$

　この定理の証明は，D を含む長方形領域をとって分割を考え，定義に従って右辺を計算する。仮定より $f(x,\ y)$ は D 上で積分可能であり，その定義から重積分の値は分割の取り方によらないから，その値は左辺に収束することがわかる。詳しい証明については，298 ページを参照。

補足　長方形領域は，2 つの関数のグラフで挟まれた領域の特別な場合とみなせる（$\varphi(x)$ と $\psi(x)$ が定数関数の場合を考えればよい）ので，230 ページの長方形領域上での累次積分の定理は，前ページの定理から導き出せる。

例題 5　$D=\{(x,\ y)\mid x\geqq0,\ y\geqq0,\ x+y\leqq2\}$ のとき，重積分 $\displaystyle\iint_D(x+y)dxdy$ を計算せよ。

解答　図より，求める重積分は次のように累次積分に書き換えられる。

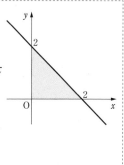

$$\iint_D(x+y)dxdy=\int_0^2\left\{\int_0^{2-x}(x+y)dy\right\}dx$$

これを計算して

$$\iint_D(x+y)dxdy=\int_0^2\left[xy+\frac{y^2}{2}\right]_{y=0}^{y=2-x}dx$$

$$=\int_0^2\left(2-\frac{x^2}{2}\right)dx=\left[2x-\frac{x^3}{6}\right]_{x=0}^{x=2}=\frac{8}{3}$$

例題 6　$D=\{(x,\ y)\mid0\leqq x\leqq1,\ 0\leqq y\leqq x^3\}$ のとき，重積分 $\displaystyle\iint_Dx^2dxdy$ を計算せよ。

解答　図より，求める重積分は次のように累次積分に書き換えられる。

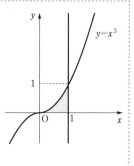

$$\iint_Dx^2dxdy=\int_0^1\left(\int_0^{x^3}x^2dy\right)dx$$

これを計算して

$$\iint_Dx^2dxdy=\int_0^1\left[x^2y\right]_{y=0}^{y=x^3}dx$$

$$=\int_0^1x^5dx=\left[\frac{x^6}{6}\right]_{x=0}^{x=1}=\frac{1}{6}$$

練習 7　$D=\{(x,\ y)\mid x^2+y^2\leqq1,\ y\geqq0\}$ に対して，重積分 $\displaystyle\iint_Dx^2ydxdy$ を計算せよ。

例4 2つの関数のグラフで挟まれた領域上での累次積分

平面上の領域

$D=\{(x, y) \mid 0 \leqq x \leqq 1,\ \sqrt{x} \leqq y \leqq 1\}$

を考える。

このとき，2変数関数

$f(x, y)=2x-y$ の D 上の重積分は次の

ように計算される。

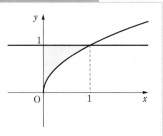

$$\iint_D (2x-y)dxdy=\int_0^1 \left\{\int_{\sqrt{x}}^1 (2x-y)dy\right\} dx$$

$$=\int_0^1 \left[2xy-\frac{y^2}{2}\right]_{y=\sqrt{x}}^{y=1} dx=\int_0^1 \left(-2x^{\frac{3}{2}}+\frac{5}{2}x-\frac{1}{2}\right)dx$$

$$=\left[-\frac{4}{5}x^{\frac{5}{2}}+\frac{5}{4}x^2-\frac{x}{2}\right]_{x=0}^{x=1}=-\frac{1}{20}$$

一方で，x軸とy軸についての関係を逆にみると，領域Dは，yを独立変数，xを従属変数として表される2つの関数のグラフ $x=0$，$x=y^2$ で挟まれた領域とみることもできる。この見方を使って累次積分を行うと，次のようになる。

$$\iint_D (2x-y)dxdy=\int_0^1 \left\{\int_0^{y^2} (2x-y)dx\right\} dy$$

$$=\int_0^1 \left[x^2-xy\right]_{x=0}^{x=y^2} dy$$

$$=\int_0^1 (y^4-y^3)dy$$

$$=\left[\frac{y^5}{5}-\frac{y^4}{4}\right]_{y=0}^{y=1}$$

$$=-\frac{1}{20}$$

このように，累次積分の順序をうまく選ぶと計算が簡単になる場合がある。

練習8 $D=\{(x, y) \mid x \leqq y \leqq \sqrt{x}\}$ に対して，重積分 $\iint_D (x+y)dxdy$ を計算せよ。

B　重積分の変数変換 (置換積分)

　前項では，長方形領域や 2 つの関数のグラフで挟まれた領域での重積分について，累次積分で計算する方法を学んだ。

　しかし，もっと一般的な領域での重積分については，累次積分だけではうまくいかないこともある。

　ここでは，1 変数関数の置換積分の一般化である重積分の変数変換について学ぼう。

　例えば，次の例を考える。

　領域 $D=\{(x,\ y)\mid -1\leqq x+y\leqq1,\ -1\leqq x-y\leqq1\}$ に対して，重積分
$\displaystyle\iint_D \sqrt{x+y+1}\,dxdy$ を計算しよう。

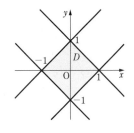

　右の領域の図をもとにして，前節までの累次積分の考え方でも，重積分を計算することはできるが煩雑である。そこで変数をおき換えて（変数変換という）より簡単に計算することを考える。

　領域 D を定義する不等式
$-1\leqq x+y\leqq1,\ -1\leqq x-y\leqq1$
から，例えば $u=x+y,\ v=x-y$ と
おき換えれば，領域 D は，uv 平面上の領域
$$E=\{(u,\ v)\mid -1\leqq u\leqq1,\ -1\leqq v\leqq1\}$$
に変換されることがわかる。

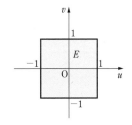

　つまり，uv 平面上の長方形領域
$E=[-1,\ 1]\times[-1,\ 1]$ での累次積分に帰着されそうである。

　しかし，そのまま E での重積分 $\displaystyle\iint_E \sqrt{u+1}\,dudv$ を計算すればよい，という訳にはいかない。（1 変数関数の置換積分 (119 ページ) の置換積分の定理 (2) も参照）

　ここで，重積分の定義（220ページ）を思い出そう。uv 平面上の長方形領域 $E=[-1, 1]\times[-1, 1]$ 上の重積分は，領域 E を小長方形領域に分割したときのその小長方形の面積（底面積）とそこでの関数の値（高さ）の積（すなわち，小長方形を底面とする四角柱の体積）の総和をもとに定義されていた。

　ここで注意すべきなのは，uv 平面上の領域 E を分割して得られる小長方形の面積と，それに対応する xy 平面上の領域 D の分割として得られる小長方形の面積との関係（比）である。

　このような長方形の変換について，一般に次の定理が成り立つ。

変換された平行四辺形の面積の定理

$\begin{cases} x=au+cv \\ y=bu+dv \end{cases}$ という変換[1] によって，uv 平面上の長方形領域 $E=[0, 1]\times[0, 1]$ は，下の図のような xy 平面上の平行四辺形 D に写される。その平行四辺形 D の4つの頂点は，$(0, 0)$，(a, b)，(c, d)，$(a+c, b+d)$ であり，その面積は $|ad-bc|$ である。

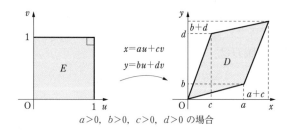

$a>0,\ b>0,\ c>0,\ d>0$ の場合

　この定理は，a，b，c，d の正負に応じて場合分けすれば，証明できる。また，高等学校のベクトルによる平行四辺形の面積の公式を用いると，より簡単に証明できる[2]。

---

1) このような変換を，**線形変換** という。

2) 平面上の2つのベクトル $\overrightarrow{\mathrm{OA}}$，$\overrightarrow{\mathrm{OB}}$ で張られる平行四辺形の面積は $\sqrt{|\overrightarrow{\mathrm{OA}}|^2|\overrightarrow{\mathrm{OB}}|^2-(\overrightarrow{\mathrm{OA}}\cdot\overrightarrow{\mathrm{OB}})^2}$ である。

補足　線形代数を学んだ読者は，前ページの定理は次の事実から導き出されると理解してもよい。線形変換 $\begin{bmatrix} x \\ y \end{bmatrix} = \begin{bmatrix} a & b \\ c & d \end{bmatrix} \begin{bmatrix} u \\ v \end{bmatrix}$ によって写される図形の面積は

$\det \begin{bmatrix} a & b \\ c & d \end{bmatrix} = |ad - bc|$ 倍になる (det は行列の行列式を表す)。

さて，235 ページの具体例の続きを考えよう。

今，$u = x + y$，$v = x - y$ と変換していたので，x と y について解くと，次のようになる。

$$x = \frac{1}{2}u + \frac{1}{2}v, \quad y = \frac{1}{2}u - \frac{1}{2}v$$

したがって，変換された平行四辺形の面積の定理より，uv 平面上の領域 E を分割して得られる小長方形の面積を $\left| \frac{1}{2}\left(-\frac{1}{2}\right) - \frac{1}{2} \cdot \frac{1}{2} \right| = \frac{1}{2}$ 倍すると，それに対応する xy 平面上の領域 D の分割の小長方形の面積となることがわかる。

このことと，領域 D 上の重積分の意味 (小長方形を底面とする小四角柱の体積の総和の極限) を考えると，次が成り立つ。

$$\iint_D \sqrt{x+y+1}\,dxdy = \iint_E \sqrt{u+1} \cdot \frac{1}{2}\,dudv$$

ただし，$E = [-1, 1] \times [-1, 1]$

後は右辺を長方形領域上の累次積分を用いて計算すると

$$\iint_D \sqrt{x+y+1}\,dxdy = \iint_E (\sqrt{u+1}) \cdot \frac{1}{2}\,dudv$$

$$= \frac{1}{2}\int_{-1}^{1}\left(\int_{-1}^{1}\sqrt{u+1}\,du\right)dv$$

$$= \frac{1}{2}\int_{-1}^{1}\left[\frac{2}{3}(u+1)^{\frac{3}{2}}\right]_{u=-1}^{u=1}dv$$

$$= \frac{1}{2}\int_{-1}^{1}\frac{4\sqrt{2}}{3}\,dv$$

$$= \frac{4\sqrt{2}}{3}$$

> **例題7** 領域 $D=\{(x,\ y)\mid 0\leqq x+y\leqq 1,\ 2\leqq x-y\leqq 4\}$ のとき重積分 $\displaystyle\iint_D (x^2-y^2)\,dxdy$ を変数変換を用いて計算せよ。

解答

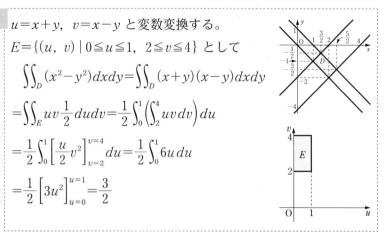

$u=x+y,\ v=x-y$ と変数変換する。

$E=\{(u,\ v)\mid 0\leqq u\leqq 1,\ 2\leqq v\leqq 4\}$ として

$$\iint_D (x^2-y^2)\,dxdy=\iint_D (x+y)(x-y)\,dxdy$$

$$=\iint_E uv\,\frac{1}{2}\,dudv=\frac{1}{2}\int_0^1\left(\int_2^4 uv\,dv\right)du$$

$$=\frac{1}{2}\int_0^1\left[\frac{u}{2}v^2\right]_{v=2}^{v=4}du=\frac{1}{2}\int_0^1 6u\,du$$

$$=\frac{1}{2}\left[3u^2\right]_{u=0}^{u=1}=\frac{3}{2}$$

235 ページの具体例を踏まえて，より一般の場合を考える。平面上の有界閉領域 D における 2 変数関数 $f(x,\ y)$ の重積分 $\displaystyle\iint_D f(x,\ y)\,dxdy$ を計算するために，変数変換 $x=\varphi(u,\ v),\ y=\psi(u,\ v)$ を考える。ここで，$x=\varphi(u,\ v)$ と $y=\psi(u,\ v)$ は，u と v を独立変数とし，それぞれ $x,\ y$ を従属変数とする C^1 級の 2 変数関数で，次の条件を満たすとする。

$(*)$
・uv 平面上の領域 E を xy 平面上の領域 D に写す。
・領域 D の内部の点 $(x,\ y)$ と E の内部の点 $(u,\ v)$ が 1 対 1 に対応する[3]。

このとき，235 ページの具体例のように，領域 D を分割する小長方形と対応する領域 E を分割する小長方形の面積の比は，小長方形が十分に小さい場合，$x=\varphi(u,\ v)$ と $y=\psi(u,\ v)$ の 1 次近似を考えることで，次のように与えられる。　$\dfrac{\partial\varphi}{\partial u}(u_0,\ v_0)\dfrac{\partial\psi}{\partial v}(u_0,\ v_0)-\dfrac{\partial\varphi}{\partial v}(u_0,\ v_0)\dfrac{\partial\psi}{\partial u}(u_0,\ v_0)$

ただし，$(u_0,\ v_0)$ は E を分割する小長方形内の点である[4]。

---

3) 有界閉領域 D および E の内部とは，D および E から境界点を除いた集合のことである。

4) 厳密な議論について，興味のある読者は『数研講座シリーズ　大学教養　微分積分』を参照。

以上より，次の重積分の変数変換の公式が得られる。

重積分の変数変換の公式

平面上の領域 D で積分可能な 2 変数関数 $f(x, y)$ の重積分について，次の等式が成り立つ。

$$\iint_D f(x, y)dxdy = \iint_E f(\varphi(u, v), \psi(u, v)) |J(u, v)| dudv$$

ただし，$x = \varphi(u, v)$ と $y = \psi(u, v)$ は，u と v を独立変数とし，それぞれ x, y を従属変数とする C^1 級の 2 変数関数で上の条件（*）を満たすものとする。また，$J(u, v)$ は，次で定義される 2 変数関数であり，任意の $(u, v) \in E$ で 0 でないとする。

$$J(u, v) = \frac{\partial \varphi}{\partial u}(u, v)\frac{\partial \psi}{\partial v}(u, v) - \frac{\partial \varphi}{\partial v}(u, v)\frac{\partial \psi}{\partial u}(u, v)$$

例題 8　$D = \{(x, y) \mid 0 \le x+y \le 2,\ 0 \le x-y \le 2\}$ のとき，

$$\iint_D (x+y)^2 e^{x-y} dxdy \text{ を計算せよ。}$$

解答　変数変換 $x = u+v,\ y = -u+v$ を考えると，これによって uv 平面の長方形領域 $E = [0, 1] \times [0, 1]$ が領域 D に写される。

このとき　　$|J(u, v)| = 2$

よって，求める重積分は，E 上の積分に帰着されて

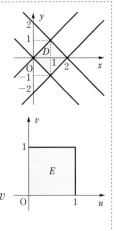

$$\iint_D (x+y)^2 e^{x-y} dxdy$$

$$= \iint_E \{(u+v) + (-u+v)\}^2 e^{\{(u+v)-(-u+v)\}} \cdot 2\, dudv$$

$$= \iint_E 4v^2 e^{2u} \cdot 2\, dudv = \int_0^1 2e^{2u} \left(\int_0^1 4v^2\, dv \right) du$$

$$= \int_0^1 2e^{2u} \left[\frac{4}{3}v^3 \right]_{v=0}^{v=1} du = \frac{4}{3} \int_0^1 2e^{2u}\, du$$

$$= \frac{4}{3} \left[e^{2u} \right]_{u=0}^{u=1} = \frac{4}{3}(e^2 - 1)$$

補足 線形代数を学んだ読者は，定理内の $J(u, v)$ が行列 $\begin{bmatrix} \dfrac{\partial \varphi}{\partial u}(u, v) & \dfrac{\partial \varphi}{\partial v}(u, v) \\ \dfrac{\partial \psi}{\partial u}(u, v) & \dfrac{\partial \psi}{\partial u}(u, v) \end{bmatrix}$

の行列式であることに気づくであろう。この行列は 194 ページで紹介したヤコビ行列であり，その行列式 $J(u, v)$ はヤコビ行列式またはヤコビアンと呼ばれている。

練習9 $D = \left\{ (x, y) \mid 0 \leqq x+y \leqq \pi, \ -\dfrac{\pi}{2} \leqq x-y \leqq \dfrac{\pi}{2} \right\}$ のとき，

$\displaystyle\iint_D (x-y)\sin 2(x+y)dxdy$ を計算せよ。

次に，変数変換のもう1つの重要な例である，極座標変換をあげる。

例題9 $D = \{ (x, y) \mid x \geqq 0, \ y \geqq 0, \ x^2+y^2 \leqq 1 \}$ の

とき重積分 $\displaystyle\iint_D (x^2+y^2)dxdy$ を計算せよ。

考え方▶領域 D は円板の一部なので，
(x, y) の極座標表示を利用して，
$x = r\cos\theta, \ y = r\sin\theta$ という変換
を考える。この変換を **極座標変換** という。

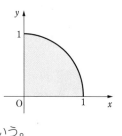

解答 $x = r\cos\theta, \ y = r\sin\theta$ という変換を考える。このとき，領域

D に対応する領域は $\left\{ (r, \theta) \mid 0 \leqq r \leqq 1, \ 0 \leqq \theta \leqq \dfrac{\pi}{2} \right\}$ となる。

また，$\dfrac{\partial x}{\partial r} = \cos\theta, \ \dfrac{\partial x}{\partial \theta} = -r\sin\theta, \ \dfrac{\partial y}{\partial r} = \sin\theta, \ \dfrac{\partial y}{\partial \theta} = r\cos\theta$

より

$\quad J(r, \theta) = \cos\theta \cdot r\cos\theta - (-r\sin\theta) \cdot \sin\theta = r(\cos^2\theta + \sin^2\theta) = r$

したがって，重積分の変数変換の公式より，次のように計算される。

$$\iint_D (x^2+y^2)dxdy = \int_0^{\frac{\pi}{2}} \left(\int_0^1 r^2 \cdot r\, dr \right) d\theta$$

$$= \int_0^{\frac{\pi}{2}} \left[\frac{r^4}{4} \right]_{r=0}^{r=1} d\theta = \frac{1}{4} \int_0^{\frac{\pi}{2}} d\theta = \frac{\pi}{8}$$

注意　極座標変換を用いる際，正確には $(0, 0) \in E$ において $J(0, 0) = 0$ なので，公式が使える仮定を満たしていない。しかし実は，そのような点が有限個の場合には，公式が適用できることが知られている。

練習 10　次の重積分を計算せよ。

(1) $\displaystyle\iint_D e^{x^2+y^2}dxdy,\quad D=\{(x,\ y)\mid y\geqq 0,\ x^2+y^2\leqq 4\}$

(2) $\displaystyle\iint_D xy\,dxdy,\quad D=\{(x,\ y)\mid x\geqq 0,\ y\geqq 0,\ x^2+y^2\leqq 5\}$

補充問題

以下の領域 D を図示し，与えられた重積分を計算せよ。

(1) $D=\{(x,\ y)\mid 0\leqq x\leqq 1,\ 2\leqq y\leqq 3\}$

$$\iint_D (x^3-x^2y+y^2)dxdy$$

(2) $D=\{(x,\ y)\mid x^2\leqq y\leqq x+2\}$

$$\iint_D (x+2y)dxdy$$

(3) $D=\{(x,\ y)\mid 0\leqq y\leqq x\leqq 3\}$

$$\iint_D \frac{x}{x^2+y^2}dxdy$$

(4) $D=\{(x,\ y)\mid x\leqq y\leqq x+2,\ 3x\leqq y\leqq 3x+4\}$

$$\iint_D (y-x)dxdy$$

(5) $D=\{(x,\ y)\mid 1\leqq x^2+y^2\leqq 4,\ y\geqq 0\}$

$$\iint_D (x+y)dxdy$$

第3節　重積分の応用

　前節までで2変数関数の重積分の定義とその計算方法を学んだ。ここでは，重積分の応用として，図形の面積と体積の計算と，座標空間 R^3 の曲面の面積について紹介する。

A　図形の面積と体積

　225 ページでは，一般の領域上での重積分を定義するために，平面上の有界閉領域 D が面積確定であるということを導入した。このことに基づいて，（少しいい換えて）平面上の領域（図形）の面積を次のように定義する。

定義6-4　平面図形の面積

平面上の有界閉領域 D に対して，2変数定数関数 $f(x, y)=1$ が D 上で積分可能であるとき，D は **面積確定である** という。また，そのときの重積分の値 $\displaystyle\iint_D 1\,dxdy$ を D の **面積** と定義する。

例5　円板の面積

　原点を中心とする半径 a $(a>0)$ の円板 D の面積を計算しよう。円板 D とは，次の領域である。

$$D=\{(x, y) \mid x^2+y^2 \leqq a^2\}$$

このとき，極座標変換 $x=r\cos\theta,\ y=r\sin\theta$ を用いて，変数変換を行う。D に対応する $r\theta$ 平面上の領域は，次のようになる。

$$\{(r, \theta) \mid 0 \leqq r \leqq a,\ 0 \leqq \theta \leqq 2\pi\}$$

したがって，重積分の変数変換の公式より，次のようになる。

$$\iint_D 1\,dxdy=\int_0^{2\pi}\left(\int_0^a r\,dr\right)d\theta$$

$$=\int_0^{2\pi}\left[\frac{r^2}{2}\right]_{r=0}^{r=a}d\theta=\frac{a^2}{2}\int_0^{2\pi}d\theta=\pi a^2$$

例題 10　放物線 $y=-x^2+1$ と x 軸で囲まれた領域の面積を，重積分を用いて求めよ。

解答　放物線 $y=-x^2+1$ と x 軸で囲まれた領域を D とすると

$$D=\{(x,\ y)\,|\,0\le y\le -x^2+1\}$$

よって，領域 D の面積は

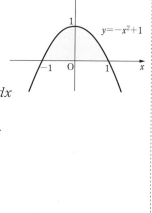

$$
\begin{aligned}
\iint_D 1\,dxdy &= \int_{-1}^{1}\left(\int_0^{-x^2+1}1\,dy\right)dx \\
&= \int_{-1}^{1}\Big[y\Big]_{y=0}^{y=-x^2+1}dx \\
&= \int_{-1}^{1}(-x^2+1)\,dx \\
&= 2\int_0^1(-x^2+1)\,dx \\
&= 2\left[-\frac{x^3}{3}+x\right]_{x=0}^{x=1} \\
&= \frac{4}{3}
\end{aligned}
$$

練習 11　放物線 $x=y^2+1$ と直線 $x=5$ で囲まれた領域の面積を，重積分を用いて求めよ。

　ここでは詳しく触れないが，これまでの議論を全く同様に行うことにより，座標空間 R^3 の領域 V に対して **体積確定** という概念を定義することができ，そのときの 3 重積分 $\iiint_V 1\,dxdydz$ を V の **体積** と定義する[1]。

---

1) 詳細については，『数研講座シリーズ　大学教養　微分積分』を参照。

例6 球の一部分の体積

座標空間 $\mathbb{R}^3$ において，原点が中心，半径1
の球面の境界を含む内部の $x \geqq 0$ の部分 B の
体積を求めよう。この B は，曲線

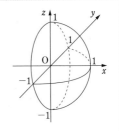

$y = \sqrt{1-x^2}$ $(0 \leqq x \leqq 1)$ と x 軸が囲む領域を x
軸の周りに1回転してできる立体であるから

$$B = \{(x,\ y,\ z) \mid 0 \leqq x \leqq 1,\ y = r\cos\theta,\ z = r\sin\theta,$$
$$0 \leqq r \leqq \sqrt{1-x^2},\ 0 \leqq \theta \leqq 2\pi\}$$

と表せる。

よって

$$D = \{(y,\ z) \mid y = r\cos\theta,\ z = r\sin\theta,\ 0 \leqq r \leqq \sqrt{1-x^2},\ 0 \leqq \theta \leqq 2\pi\}$$

とすれば，求める体積は，次のように計算される。

$$\iiint_B 1\,dxdydz = \int_0^1 \left(\iint_D 1\,dydz \right) dx$$
$$= \int_0^1 \left\{ \int_0^{2\pi} \left(\int_0^{\sqrt{1-x^2}} r\,dr \right) d\theta \right\} dx$$
$$= \int_0^1 \left(\int_0^{2\pi} \left[\frac{r^2}{2} \right]_{r=0}^{r=\sqrt{1-x^2}} d\theta \right) dx$$
$$= \int_0^1 \frac{1-x^2}{2} \left(\int_0^{2\pi} d\theta \right) dx$$
$$= \pi \int_0^1 (1-x^2)\,dx$$
$$= \pi \left[x - \frac{x^3}{3} \right]_{x=0}^{x=1}$$
$$= \frac{2}{3}\pi$$

練習12 座標空間内の xy 平面上の原点が中心の単位円を底面とし，高さが
1である円柱の体積を求めよ。

B 曲面積

3章4節 (135 ページ) で学習したように，1変数関数の積分の応用として，曲線の長さを求めることができた。

ここで曲線とは，次のように定義されるものであった。

閉区間 $[a, b]$ で定義された2つの関数 $x(t)$ と $y(t)$ が開区間 (a, b) 上で C^1 級であるとする (ここでは独立変数を t で表している)。この t が閉区間 $[a, b]$ 上を動くとき，点 $(x(t), y(t))$ が描く座標平面上の軌跡 $\{(x(t), y(t)) \mid t \in [a, b]\}$ を曲線という。

この考え方を一般化して，座標空間 R^3 の曲面を定義し，2変数関数の重積分の応用として，その面積の計算方法を考えよう。

まず，座標平面 R^2 の曲線の定義の一般化として，次のように座標空間 R^3 の曲面を定義する。

定義 6-5 座標空間 R^3 の曲面

uv 平面上の有界閉領域 U 上で定義された3つの2変数関数 $x(u, v)$，$y(u, v)$，$z(u, v)$ が，それぞれ U の内部で C^1 級であるとする。点 (u, v) が U 上を動くとき，点 $(x(u, v), y(u, v), z(u, v))$ が描く座標空間内の軌跡 $\{(x(u, v), y(u, v), z(u, v)) \mid (u, v) \in U\}$ を R^3 の **曲面** という。

例7 座標空間 R^3 の曲面

座標空間内の点 $\mathrm{P}(x, y, z)$ を，次のように定める。
$$x(u, v) = u + v, \quad y(u, v) = u - v, \quad z(u, v) = uv$$
このとき，$x(u, v) = u + v$，$y(u, v) = u - v$，$z(u, v) = uv$ は uv 平面上で C^1 級の2変数関数であり，
$\{(x(u, v), y(u, v), z(u, v)) \mid (u, v) \in U\}$ は，座標空間 R^3 の曲面を定める (ただし，U は uv 平面上の有界閉領域)。

練習 13 座標空間 R^3 の原点中心，半径3の球面のうち，xy 平面より上側の部分 (ただし，境界を含む) を $\{(x(u, v), y(u, v), z(u, v)) \mid (u, v) \in U\}$ のように表せ。

　座標平面 R^2 の曲線については，1変数関数の積分法を応用することにより，その長さを計算することができた（3章4節A，135〜138ページ）。

　前ページで定義した座標空間 R^3 の曲面についても，2変数関数の重積分を用いてその面積を計算することが，次のようにできる。

　uv 平面上の有界閉領域 U 上で定義された3つの関数 $x(u, v)$, $y(u, v)$, $z(u, v)$ が U の内部で C^1 級であり，曲面 S を定義しているとする。

　領域 U が十分小さな小長方形領域 D に分割されているとき，それが写された像

$$D' = \{(x(u, v), y(u, v), z(u, v)) \mid (u, v) \in D\}$$

は S の部分集合であり，そのような小さな曲面の面積の総和（の極限）が S の面積であると考えることができる。

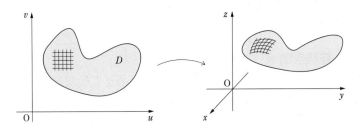

　その小長方形 D が十分に小さいとき，$x(u, v)$, $y(u, v)$, $z(u, v)$ の1次近似を考えることにより，それが写された像 D' の面積は，2つのベクトル $\vec{a_u} = (x_u, y_u, z_u)$, $\vec{a_v} = (x_v, y_v, z_v)$ が張る（座標空間 R^3 の）平行四辺形の面積で近似される。

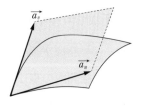

　その平行四辺形の面積は，236ページの脚注2でも触れたように

$$\sqrt{|\vec{a_u}|^2 |\vec{a_v}|^2 - (\vec{a_u} \cdot \vec{a_v})^2}$$

で計算される（・はベクトルの**内積**）。

　よって（ここでは詳しい計算は省略するが）成分表示を用いると，その面積は次のようになる。

$$\sqrt{(y_u z_v - z_u y_v)^2 + (z_u x_v - x_u z_v)^2 + (x_u y_v - y_u x_v)^2}$$

以上より，座標空間 R^3 の曲面の曲面積は，次のように求められる。

座標空間 R^3 の曲面の曲面積の公式

uv 平面上の有界閉領域 U 上で定義された 3 つの関数 $x(u, v)$，$y(u, v)$，$z(u, v)$ が U の内部で C^1 級であり，曲面 S を定義しているとする。

このとき，曲面 S の面積は，次の式で与えられる。

$$\iint_U \sqrt{(y_u z_v - z_u y_v)^2 + (z_u x_v - x_u z_v)^2 + (x_u y_v - y_u x_v)^2}\,dudv$$

練習 14　$U = \{(u, v) \mid u^2 + v^2 \leqq 2\}$ を定義域とする 2 変数関数 $x(u, v) = u + v$，$y(u, v) = u - v$，$z(u, v) = uv$ が定める座標空間 R^3 の曲面 S の曲面積を求めよ。

　座標平面 R^2 の曲線の長さについては，その曲線が関数 $y = f(x)$ のグラフである場合を 138 ページで扱った。

　座標空間 R^3 の曲面の面積についても同様に，その曲面が 2 変数関数 $z = f(x, y)$ のグラフである場合，次のように面積が求められる。

2 変数関数のグラフの曲面積の公式

有界閉領域 U で定義された C^1 級の 2 変数関数 $z = f(x, y)$ のグラフ $\{(x, y, z) \mid (x, y) \in U,\ z = f(x, y)\}$ の面積は，次で与えられる。

$$\iint_U \sqrt{\{f_x(x, y)\}^2 + \{f_y(x, y)\}^2 + 1}\,dxdy$$

証明 　領域 U が uv 平面上にあるとすると、2変数関数のグラフは $\{(u, v, f(u, v)) \mid (u, v) \in U\}$ と表される。よって、$x(u, v) = u$, $y(u, v) = v$, $z(u, v) = f(u, v)$ として、座標空間 $\mathbb{R}^3$ の曲面の曲面積の公式を適用すればよい。

このとき

$$x_u = 1, \quad x_v = 0, \quad y_u = 0, \quad y_v = 1, \quad z_u = f_u = f_x, \quad z_v = f_v = f_y$$

であるから、求める曲面の曲面積は、次のようになる。

$$\iint_U \sqrt{(y_u z_v - z_u y_v)^2 + (z_u x_v - x_u z_v)^2 + (x_u y_v - y_u x_v)^2}\, du dv$$

$$= \iint_U \sqrt{(0 - f_x)^2 + (0 - f_y)^2 + (1 - 0)^2}\, du dv$$

$$= \iint_U \sqrt{\{f_x(x, y)\}^2 + \{f_y(x, y)\}^2 + 1}\, dx dy \qquad ■$$

例題 11 　$\{(x, y, z) \mid z = 1 - (x^2 + y^2),\ z \geqq 0\}$ の曲面積を求めよ。

解答 　$z \geqq 0$ から、(x, y) の動く範囲を D とすると、$D = \{(x, y) \mid x^2 + y^2 \leqq 1\}$ である。$f(x, y) = 1 - (x^2 + y^2)$ として前ページの2変数関数のグラフの曲面積の公式を適用する。

ここで、$f_x(x, y) = -2x$, $f_y(x, y) = -2y$

極座標変換 $x = r\cos\theta$, $y = r\sin\theta$ を考える。

θ は $[0, 2\pi]$ を、r は $[0, 1]$ を動くので、$x^2 + y^2 = r^2$ から求める曲面積を S とすると

$$S = \iint_D \sqrt{4x^2 + 4y^2 + 1}\, dx dy$$

$$= \int_0^{2\pi} d\theta \int_0^1 r\sqrt{4r^2 + 1}\, dr$$

$$= 2\pi \left[\frac{1}{12}(4r^2 + 1)^{\frac{3}{2}} \right]_{r=0}^{r=1}$$

$$= \frac{5\sqrt{5} - 1}{6}\pi$$

例題 12

原点を中心とし，半径が 1 である座標空間内の球面の平面 $z=\dfrac{\sqrt{2}}{2}$ より上の部分の面積を求めよ。ただし，境界を含む。

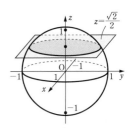

解答

原点を中心とし，半径が 1 である座標空間内の球面を S とすると，$S=\{(x,\ y,\ z)\mid x^2+y^2+z^2=1\}$ と表される。

したがって，S の平面 $z=\dfrac{\sqrt{2}}{2}$ より上側の部分は，2 変数関数 $f(x,\ y)=\sqrt{1-x^2-y^2}$ のグラフの一部である。ただし，$f(x,\ y)$ の定義域は $D=\left\{(x,\ y)\mid x^2+y^2\leqq\dfrac{1}{2}\right\}$ である。

よって，2 変数関数のグラフの曲面積の定理より，S の面積は，次のように計算される。

$$\iint_D \sqrt{\{f_x(x,\ y)\}^2+\{f_y(x,\ y)\}^2+1}\,dxdy$$

$$=\iint_D \sqrt{\left(-\dfrac{x}{\sqrt{1-x^2-y^2}}\right)^2+\left(-\dfrac{y}{\sqrt{1-x^2-y^2}}\right)^2+1}\,dxdy$$

$$=\iint_D \sqrt{\dfrac{x^2}{1-x^2-y^2}+\dfrac{y^2}{1-x^2-y^2}+1}\,dxdy$$

$$=\iint_D \sqrt{\dfrac{1}{1-x^2-y^2}}\,dxdy$$

ここで，$x=r\cos\theta,\ y=r\sin\theta$ を考える。積分する範囲は $0\leqq r\leqq\dfrac{\sqrt{2}}{2},\ 0\leqq\theta\leqq2\pi$ であり，$x^2+y^2=r^2$ であるから

$$\iint_D \sqrt{\dfrac{1}{1-x^2-y^2}}\,dxdy=\int_0^{2\pi}d\theta\int_0^{\frac{\sqrt{2}}{2}}\dfrac{r}{\sqrt{1-r^2}}\,dr$$

$$=2\pi\left[-\sqrt{1-r^2}\,\right]_{r=0}^{r=\frac{\sqrt{2}}{2}}=(2-\sqrt{2}\,)\pi$$

練習 15 $D=\{(x,\,y)\mid -\sqrt{x-x^2}\leqq y\leqq\sqrt{x-x^2}\}$ を定義域とする2変数関数 $z=2\sqrt{x}$ のグラフの曲面積を求めよ。

244ページの例6において，曲線と x 軸が挟む領域を x 軸の周りに1回転してできる立体（**回転体**）の体積を計算した。そのような回転体の表面積も，重積分を用いて計算できる。

閉区間 $[a,\,b]$ 上で正の値をとり開区間 $(a,\,b)$ で C^1 級である1変数関数 $y=f(x)$ を考える。

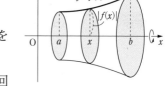

この $y=f(x)$ のグラフを x 軸の周りに1回転してできる曲面 S は，次のように表すことができる。

$$S=\{(x,\,y,\,z)\mid a\leqq x\leqq b,\ y=f(x)\cos\theta,\ z=f(x)\sin\theta,\ 0\leqq\theta\leqq2\pi\}$$

そこで，uv 平面上の領域 $D=\{(u,\,v)\mid a\leqq u\leqq b,\ 0\leqq\theta\leqq2\pi\}$ を定義域とする2変数関数 $x(u,\,v)=u$，$y(u,\,v)=f(u)\cos v$，$z(u,\,v)=f(u)\sin v$ を考えて，座標空間 R^3 の曲面の曲面積の定理を適用すると，次の定理が得られる。

1変数関数のグラフの回転面の曲面積の定理

閉区間 $[a,\,b]$ 上で正の値をとり開区間 $(a,\,b)$ で C^1 級である1変数関数 $y=f(x)$ を考える。

この $y=f(x)$ のグラフを x 軸の周りに1回転してできる曲面の曲面積は，次で与えられる。

$$2\pi\int_a^b f(x)\sqrt{1+\{f'(x)\}^2}\,dx$$

補足 関数 $f(x)$ が負の値をとる場合も，絶対値をつけて $|f(x)|$ として計算すれば，同様に求められる。

練習 16 2変数関数のグラフの曲面積の定理の公式を，座標空間 R^3 の曲面の曲面積の公式を適用して計算することにより導け。

例題 13　座標空間 R^3 で，yz 平面上の原点を中心とする半径 2 の円を底円とし，頂点が $(1,\ 0,\ 0)$ の円錐の側面積を求めよ。

解答　閉区間 $[0,\ 1]$ 上で関数 $f(x)=-2x+2$ を考え，そのグラフとして得られる線分を，x 軸の周りに 1 回転してできる曲面の曲面積が求める側面積である。よって

$$2\pi\int_0^1(-2x+2)\sqrt{1+(-2)^2}\,dx=4\sqrt{5}\,\pi\int_0^1(1-x)dx=2\sqrt{5}\,\pi$$

練習 17　関数 $y=\cosh x\ (-1\leqq x\leqq 1)$ のグラフを x 軸の周りに 1 回転してできる曲面の曲面積を求めよ。

研究　空間極座標

座標空間内の点 $P(x,\ y,\ z)$ に対して，$x(u,\ v)=r\sin u\cos v$，$y(u,\ v)=r\sin u\sin v$，$z=r\cos u$ とする。

このとき，右図のように，座標空間内の点 $P(x(u,\ v),\ y(u,\ v),\ z(u,\ v))$ が定まる。

ここで，u と v は図で表される角度を表し，r は原点とその点との距離を表す。

よって，$r\geqq 0$，$u\in[0,\ \pi]$，

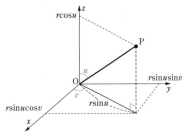

$v\in[0,\ 2\pi]$ に対して，座標空間 R^3 の点が 1 点定まる。

このように，$(r,\ u,\ v)$ を定めるとき，$(r,\ u,\ v)$ を点 P の **空間極座標** という。

例えば，$r=1$ とすると

$$(x(u,\ v),\ y(u,\ v),\ z(u,\ v))=(\sin u\cos v,\ \sin u\sin v,\ \cos u)$$

は，単位球面（座標空間内の原点中心，半径 1 の球面）上の点となる。

第4節 広義の重積分とその応用

　1変数関数の積分法の拡張として，3章3節では，閉区間でない範囲での積分法や，有界でない関数の積分法である広義積分を学んだ。

　ここでは2変数関数についても同様に広義積分を導入し，その応用として，統計学などさまざまな場面で広い応用のあるガウス積分を紹介する。

A　広義の重積分

　例えば，1変数関数 $f(x)=\dfrac{1}{x^2}$ については，次のように広義積分をすることができた（128ページ）。

$$\int_1^\infty \frac{dx}{x^2} = \lim_{t\to\infty} \int_1^t \frac{dx}{x^2}$$

$$= \lim_{t\to\infty} \left[-\frac{1}{x} \right]_1^t = \lim_{t\to\infty} \left(1 - \frac{1}{t} \right) = 1$$

　しかし2変数関数では，積分する範囲Dが平面上の領域であり，単純に極限を考えるというわけにはいかない。そこで，領域Dに近づいていく「領域の列」を考えることにする。

　正確には，次の4つの条件を満たす領域の列 $\{K_n\}$（$n=1, 2, \cdots\cdots$）を考える。

(a) $K_1 \subset K_2 \subset \cdots\cdots \subset K_n \subset \cdots\cdots$

(b) すべてのnについて，$K_n \subset D$

(c) すべてのnについて，K_n は座標平面 R^2 の有界閉領域である。

(d) Dに含まれる任意の有界閉集合Fについて，十分に大きいnをとると $F \subset K_n$ となる。

　平面上の領域の列 $\{K_n\}$（$n=1, 2, \cdots\cdots$）が，これらの4つの条件をすべて満たすとき，**$\{K_n\}$（$n=1, 2, \cdots\cdots$）はDを近似する** ということにする。

　このとき，2変数関数の広義の重積分を，次のように定義する。

定義 6-6　広義の重積分

平面上の領域 D を定義域に含む 2 変数関数 $f(x, y)$ が，次の条件を満たすとき，**$f(x, y)$ は D 上で広義積分可能である** という。

(1)　D を近似する平面上の領域の列 $\{K_n\}$ で，次を満たすものが少なくとも 1 つ存在する。

　　すべての自然数 n について K_n 上で $f(x, y)$ は積分可能であり，その重積分の極限 $\displaystyle\lim_{n\to\infty}\iint_{K_n} f(x, y)dxdy$ が存在する。

(2)　上の条件を満たすようなどんな領域の列についても，それに対する $f(x, y)$ の重積分の極限の値は一致する。

　領域 D 上で関数 $f(x, y)$ が広義積分可能かどうか調べるとき，広義の重積分の定義の 2 つの条件のうち，1 つ目の条件はそのような $\{K_n\}$ をみつければよいので確かめやすいが，2 つ目の条件はすべてのそのような領域の列を考えなければいけないので確かめるのが難しい。

　しかし実際には，次の定理により，領域 D 上で常に $f(x, y) \geqq 0$，または，常に $f(x, y) \leqq 0$ の場合，1 つ目の条件のみ確かめれば十分である。

$f(x, y) \geqq 0$ の場合の広義の重積分

広義の重積分の定義の設定のもとで，領域 D 上で常に $f(x, y) \geqq 0$，または，常に $f(x, y) \leqq 0$ が成り立つとき，定義の条件 (1) が成り立てば，条件 (2) はいつでも成り立つ。

すなわち，「すべての n について K_n 上で $f(x, y)$ は積分可能であり，その重積分の極限 $\displaystyle\lim_{n\to\infty}\iint_{K_n} f(x, y)dxdy$ が存在する」という条件を満たすようなどんな領域の列についても，それら上での $f(x, y)$ の重積分の極限の値は一致する。

　この定理の証明は，「有界な単調数列は収束する」という実数の定義に基づく定理を用いてなされる[1]。

---

[1]　詳細については，『数研講座シリーズ　大学教養　微分積分』を参照。

例8　広義の重積分

$D=\{(x,\ y)\mid 0\leqq y\leqq x\}$ において，$f(x,\ y)=e^{-x^2}$

が広義積分可能であることを示し，$\displaystyle\iint_D e^{-x^2}dxdy$

を求めよう。

D に対して平面上の領域の列

$$K_n=\{(x,\ y)\mid 0\leqq y\leqq x\leqq n\}$$

を考えると，（詳細は省略するが）これは D を近

似する領域の列である。

この K_n に対して，次が成り立つ。

$$\begin{aligned}
\lim_{n\to\infty}\iint_{K_n}e^{-x^2}dxdy&=\lim_{n\to\infty}\int_0^n\left(\int_0^x e^{-x^2}dy\right)dx\\
&=\lim_{n\to\infty}\int_0^n xe^{-x^2}dx\\
&=\lim_{n\to\infty}\left[-\frac{1}{2}e^{-x^2}\right]_{x=0}^{x=n}\\
&=\lim_{n\to\infty}\left(\frac{1}{2}-\frac{1}{2}e^{-n^2}\right)\\
&=\frac{1}{2}
\end{aligned}$$

よって，$f(x,\ y)=e^{-x^2}$ は D 上で広義積分可能であり，

$$\iint_D e^{-x^2}dxdy=\frac{1}{2}$$

となる。

練習 18　$D=\{(x,\ y)\mid x\geqq 0,\ y\geqq 0\}$ において，$f(x,\ y)=\dfrac{1}{(1+x^2)(1+y^2)}$ が

広義積分可能であることを示し，$\displaystyle\iint_D f(x,\ y)dxdy$ を求めよ。

| 例題 14 | $D=\{(x,\ y)\mid 0\leqq x<y\leqq 1\}$ において，$f(x,\ y)=\dfrac{1}{\sqrt{y-x}}$ が広義積分可能であることを示し，$\displaystyle\iint_{D}f(x,\ y)dxdy$ を求めよ。 |

解答

直線 $y=x+\dfrac{1}{n}$ を考えると，D に対して

平面上の領域の列

$$K_n=\left\{(x,\ y)\ \middle|\ 0\leqq x\leqq 1-\frac{1}{n},\ x+\frac{1}{n}\leqq y\leqq 1\right\}$$

を考えると，（詳細は省略するが）これは

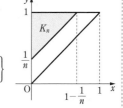

D を近似する領域の列である。

この K_n に対して，次が成り立つ。

$$\lim_{n\to\infty}\iint_{K_n}\frac{1}{\sqrt{y-x}}dxdy=\lim_{n\to\infty}\int_{0}^{1-\frac{1}{n}}\left(\int_{x+\frac{1}{n}}^{1}\frac{1}{\sqrt{y-x}}dy\right)dx$$

$$=\lim_{n\to\infty}\int_{0}^{1-\frac{1}{n}}\left[2\sqrt{y-x}\right]_{y=x+\frac{1}{n}}^{y=1}dx$$

$$=\lim_{n\to\infty}\int_{0}^{1-\frac{1}{n}}\left(2\sqrt{1-x}-\frac{2}{\sqrt{n}}\right)dx$$

$$=\lim_{n\to\infty}\left[-\frac{4}{3}(1-x)^{\frac{3}{2}}-\frac{2}{\sqrt{n}}x\right]_{x=0}^{x=1-\frac{1}{n}}$$

$$=\lim_{n\to\infty}\left\{-\frac{4}{3n\sqrt{n}}-\frac{2}{\sqrt{n}}\left(1-\frac{1}{n}\right)+\frac{4}{3}\right\}=\frac{4}{3}$$

よって，$f(x,\ y)=\dfrac{1}{\sqrt{y-x}}$ は D 上で広義積分可能であり，

$\displaystyle\iint_{D}f(x,\ y)dxdy=\frac{4}{3}$ となる。

| 練習 19 | $D=\{(x,\ y)\mid 0<x^2+y^2\leqq 1\}$ において，$f(x,\ y)=(x^2+y^2)^2$ が広義積分可能であることを示し，$\displaystyle\iint_{D}f(x,\ y)dxdy$ を求めよ。 |

補充問題

1 　$D=\{(x,\ y)\mid x\geqq1,\ y\geqq1\}$ において，$f(x,\ y)=\dfrac{xy}{(x^2+y^2)^3}$ が，広義

積分可能であることを示し，$\displaystyle\iint_D f(x,\ y)dxdy$ を求めよ。

2 　$D=\{(x,\ y)\mid x\geqq0,\ y\geqq0,\ x^2+y^2\leqq1\}$ において，

$f(x,\ y)=\dfrac{1}{\sqrt{x^2+y^2}}$ が広義積分可能であることを示し，

$\displaystyle\iint_D f(x,\ y)dxdy$ を求めよ。

B　ガウス積分

3章4節，143 ページにおいて

$$\int_0^\infty e^{-x^2}dx=\frac{\sqrt{\pi}}{2}$$

という式について述べた。

　後でも述べるように，この積分は統計学などさまざまな分野で応用される重要な式である。

　この式そのものは，もちろん1変数関数の広義積分を用いて記述されているし，1変数関数の広義積分を用いて証明することも可能だが，実は2変数関数の広義の重積分を用いる方がわかりやすい。

　以下で，その証明を与えよう。

> **ガウス積分**
>
> $$\int_0^\infty e^{-x^2}dx=\frac{\sqrt{\pi}}{2}$$
>
> さらに，e^{-x^2} は偶関数なので，次も成り立つ。
>
> $$\int_{-\infty}^\infty e^{-x^2}dx=\sqrt{\pi}$$

証明 $D=\{(x,\ y)\mid x\geqq0,\ y\geqq0\}$ として，2 変数関数の広義積分

$\displaystyle\iint_D e^{-x^2-y^2}dxdy$ を考える。

まず，次のような D を近似する領域の列 $\{K_n\}$ を考える。

$$K_n=\{(x,\ y)\mid x^2+y^2\leqq n^2,\ x\geqq0,\ y\geqq0\}$$

このとき，極座標変換を用いて $\displaystyle\iint_D e^{-x^2-y^2}dxdy$ を計算すると，次のようになる。

$$\iint_D e^{-x^2-y^2}dxdy=\lim_{n\to\infty}\iint_{K_n}e^{-x^2-y^2}dxdy=\lim_{n\to\infty}\int_0^{\frac{\pi}{2}}\left(\int_0^n re^{-r^2}dr\right)d\theta$$

$$=\lim_{n\to\infty}\int_0^{\frac{\pi}{2}}\left[-\frac{1}{2}e^{-r^2}\right]_{r=0}^{r=n}d\theta=\lim_{n\to\infty}\int_0^{\frac{\pi}{2}}\left(-\frac{1}{2}e^{-n^2}+\frac{1}{2}\right)d\theta$$

$$=\lim_{n\to\infty}\frac{\pi}{2}\left(-\frac{1}{2}e^{-n^2}+\frac{1}{2}\right)=\frac{\pi}{4}\quad\cdots\cdots\ ①$$

一方で，次のような D を近似する領域の列 $\{K_n'\}$ を考える。

$$K_n'=\{(x,\ y)\mid 0\leqq x\leqq n,\ 0\leqq y\leqq n\}$$

累次積分で $\displaystyle\iint_D e^{-x^2-y^2}dxdy$ を計算すると，次のようになる。

$$\iint_D e^{-x^2-y^2}dxdy=\iint_D e^{-x^2}e^{-y^2}dxdy=\lim_{n\to\infty}\iint_{K_n'}e^{-x^2}e^{-y^2}dxdy$$

$$=\lim_{n\to\infty}\int_0^n\left(\int_0^n e^{-x^2}e^{-y^2}dy\right)dx=\lim_{n\to\infty}\int_0^n e^{-x^2}dx\int_0^n e^{-y^2}dy$$

$$=\lim_{n\to\infty}\left(\int_0^n e^{-x^2}dx\right)^2$$

$f(x,\ y)\geqq0$ の場合の広義の重積分の定理より，この極限は，① の極限 $\dfrac{\pi}{4}$ に一致するので，次が成り立つ。

$$\iint_D e^{-x^2-y^2}dxdy=\lim_{n\to\infty}\left(\int_0^n e^{-x^2}dx\right)^2=\frac{\pi}{4}$$

$\displaystyle\lim_{n\to\infty}\int_0^n e^{-x^2}dx=\int_0^\infty e^{-x^2}dx$ であるから，次の等式が得られた。

$$\int_0^\infty e^{-x^2}dx=\frac{\sqrt{\pi}}{2}\quad\blacksquare$$

さらに 143 ページの練習 25 と合わせると

$$\Gamma\left(\frac{1}{2}\right)=\sqrt{\pi}$$

が得られる。

　この式より，ガンマ関数のさまざまな値が得られる。

　また一方で，確率論および統計学において
非常に重要な役割を果たす正規分布の確率密
度関数は，このガウス積分の被積分関数を平
行移動して定数倍した形で，次のように与え
られる。

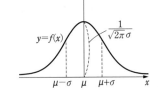

$$f(x)=\frac{1}{\sqrt{2\pi}\,\sigma}e^{-\frac{(x-\mu)^2}{2\sigma^2}}$$

ここで，平均を μ，分散を σ^2 としている。

練習 20 等式 $\displaystyle\int_{-\infty}^{\infty}\frac{1}{\sqrt{2\pi}\,\sigma}e^{-\frac{(x-\mu)^2}{2\sigma^2}}\,dx=1$ を示せ。

1 次の重積分を計算せよ。

(1) $\iint_D xy^2\,dxdy,\ D=[0,\ 1]\times[-1,\ 0]$

(2) $\iint_D x\,dxdy,\ D=\{(x,\ y)\mid 0\le x\le 2,\ 0\le y\le x^2\}$

(3) $\iint_D e^{x+y}\,dxdy,\ D=\{(x,\ y)\mid 0\le x\le 1,\ x\le y\le 1\}$

(4) $\iint_D 2x^2y\,dxdy,\ D=\{(x,\ y)\mid x^2+y^2\le 1,\ y\ge 0\}$

2 変数変換を用いて，次の 2 重積分を計算せよ。

(1) $\iint_D (x+y)e^{x-y}\,dxdy,\ D=\{(x,\ y)\in\mathrm{R}^2\mid 0\le x+y\le 2,\ 0\le x-y\le 2\}$

(2) $\iint_D \log(1+x^2+y^2)\,dxdy,\ D=\{(x,\ y)\in\mathrm{R}^2\mid x^2+y^2\le 1,\ x\ge 0,\ y\ge 0\}$

3 曲面 $z=\sqrt{2xy}$ の $0\le x\le 1,\ 0\le y\le 1$ を満たす部分の曲面積を求めよ。

4 曲線 $y=\sinh x$ の $0\le x\le 1$ の部分を x 軸の周りに 1 回転してできる回転体の体積を求めよ。

5 次の広義積分を計算せよ。

(1) $\iint_D e^{-x^2}\,dxdy,\ D=\{(x,\ y)\mid 0\le y\le x\}$

(2) $\iint_D \log(x^2+y^2)\,dxdy,\ D=\{(x,\ y)\mid 0<x^2+y^2\le 4\}$

第7章　定理の証明

この章では，本文中で重要と思われる定理の証明を行う。

これらの証明は，必ずしも知っておかねばならないというものではないが，これらの定理の深い理論的な理解を得たいと希望する読者のために行うものである。

第1節 第1章の証明

　ここでは，まず，ネイピアの定数の定義について解説する。次に，関数の極限の性質，合成関数の極限，関数の極限と片側極限，狭義単調連続関数の逆関数，正弦関数の定理の証明を与える。

A ネイピアの定数

　ネイピアの定数は $f(x)=\left(1+\dfrac{1}{x}\right)^{x}$ で定義される関数 $f(x)$ の極限値として，$e=\lim\limits_{x\to\infty}\left(1+\dfrac{1}{x}\right)^{x}$ と定義した（51 ページ，定義 1-5）。

　47 ページの研究より，この値は，次の極限値と一致することがわかる。

$$e=\lim_{n\to\infty}\left(1+\frac{1}{n}\right)^{n}$$

　ここでは，この数列の極限が存在することを示そう。

　数列 $\{a_n\}$ の収束性を扱うため，いくつかの定義や公理を与える。

注意 上限，下限については，294 ページを参照。

定義 上界と下界

S を実数の部分集合とし，a を実数とするとき

[1] S に属するすべての数 x について，
　　$x\leqq a$ が成り立つとき，a を S の **上界**
　　という。

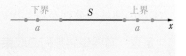

[2] S に属するすべての数 x について，$x\geqq a$ が成り立つとき，a を S の
　　下界 という。

　実数の部分集合 S が上界をもつとき，S は **上に有界** であるという。また，S が下界をもつとき，S は **下に有界** であるという。集合 S が上にも下にも有界であるとき，単に S は **有界** であるという。

　以下は実数を定義するための公理であり，証明なしで認めることとされている（公理については，16ページも参照）。

公理　実数の連続性公理

実数の部分集合Sが上に有界であるとき，Sの上限が存在する。

実数の部分集合Sが下に有界であるとき，Sの下限が存在する。

定義　単調な数列

数列$\{a_n\}$について

$$a_1 \leqq a_2 \leqq a_3 \leqq \cdots\cdots \leqq a_n \leqq a_{n+1} \leqq \cdots\cdots$$

が成り立つとき，すなわち，すべての自然数nについて

$$a_n \leqq a_{n+1}$$

となっているとき，数列$\{a_n\}$は **単調に増加する**，あるいは **単調増加数列** であるという。

また，数列$\{a_n\}$について

$$a_1 \geqq a_2 \geqq a_3 \geqq \cdots\cdots \geqq a_n \geqq a_{n+1} \geqq \cdots\cdots$$

が成り立つとき，すなわち，すべての自然数nについて

$$a_n \geqq a_{n+1}$$

となっているとき，数列$\{a_n\}$は **単調に減少する**，あるいは **単調減少数列** であるという。単調に増加するか，あるいは単調に減少する数列を，**単調数列** と呼ぶこともある。

　実数の連続性公理から，次の定理が得られる。

定理　有界単調数列の収束

有界な単調数列は収束する。

　この定理により，先程定めた数列$\{a_n\}$の収束性は，次のように補題を用いて示される。

補題　$a_n = \left(1 + \dfrac{1}{n}\right)^n$ で定義される数列$\{a_n\}$は単調増加である。

証明　nを任意の自然数として，$a_n < a_{n+1}$ であることを示す。

　二項定理により，$a_n = \displaystyle\sum_{k=0}^{n} \dfrac{s_k}{k!}$，$a_{n+1} = \displaystyle\sum_{k=0}^{n+1} \dfrac{t_k}{k!}$ と書ける。

ただし，$s_0=t_0=1$，$k\geqq1$ のとき

$$s_k=\frac{n(n-1)\cdots\cdots(n-k+1)}{n^k}$$

$$=\frac{n}{n}\cdot\frac{n-1}{n}\cdots\cdots\frac{n-k+1}{n}=1\cdot\left(1-\frac{1}{n}\right)\left(1-\frac{2}{n}\right)\cdots\cdots\left(1-\frac{k-1}{n}\right)$$

$$t_k=\frac{(n+1)n\cdots\cdots(n-k+2)}{(n+1)^k}$$

$$=\frac{n+1}{n+1}\cdot\frac{n}{n+1}\cdots\cdots\frac{n-k+2}{n+1}=1\cdot\left(1-\frac{1}{n+1}\right)\left(1-\frac{2}{n+1}\right)\cdots\cdots\left(1-\frac{k-1}{n+1}\right)$$

である。

$i=1,2,\cdots\cdots,k-1$ に対して，$1-\dfrac{i}{n}<1-\dfrac{i}{n+1}$ であるから，$s_k<t_k$

$(k=1,\cdots\cdots,n)$ がわかる。よって，$n\geqq1$ のとき

$$a_n=\sum_{k=0}^{n}\frac{s_k}{k!}<\sum_{k=0}^{n}\frac{t_k}{k!}<\sum_{k=0}^{n}\frac{t_k}{k!}+\frac{t_{n+1}}{(n+1)!}=a_{n+1}$$

となり，$a_n<a_{n+1}$ が示された。　■

補題　すべての自然数 n について $2\leqq a_n<3$ が成り立つ。

$a_1=2$ で，$\{a_n\}$ は単調増加なので，任意の自然数 n に対して $a_n\geqq2$ である。次に，すべての自然数 n について $a_n<3$ であることを示そう。

先の補題の証明で用いた記号を使う。

$k=0,\cdots\cdots,n-1$ について，$s_k=1\cdot\left(1-\dfrac{1}{n}\right)\left(1-\dfrac{2}{n}\right)\cdots\cdots\left(1-\dfrac{k-1}{n}\right)\leqq1$ である。

よって　　$a_n=1+1+\dfrac{s_2}{2!}+\dfrac{s_3}{3!}+\cdots\cdots+\dfrac{s_n}{n!}\leqq1+1+\dfrac{1}{2!}+\dfrac{1}{3!}+\cdots\cdots+\dfrac{1}{n!}$

$n\geqq3$ のとき，$n!=1\cdot2\cdot3\cdots\cdots n>1\cdot2\cdot2\cdots\cdots2=2^{n-1}$ であるから

$$a_n\leqq1+\left(1+\frac{1}{2}+\frac{1}{2^2}+\cdots\cdots+\frac{1}{2^{n-1}}\right)=1+\left(2-\frac{1}{2^{n-1}}\right)<3$$

となり，$a_n<3$ が示された。　■

2つの補題により，$a_n=\left(1+\dfrac{1}{n}\right)^n$ で定義される数列 $\{a_n\}$ は有界な単調増加数列であるから収束する。

B 関数の極限の性質

関数の極限について，次の定理が成り立つ。

関数の極限の性質

$\lim\limits_{x \to a} f(x) = \alpha,\ \lim\limits_{x \to a} g(x) = \beta$ とする。

1. $\lim\limits_{x \to a} kf(x) = k\alpha$　ただし，k は定数

2. $\lim\limits_{x \to a} \{f(x) + g(x)\} = \alpha + \beta,\ \lim\limits_{x \to a} \{f(x) - g(x)\} = \alpha - \beta$

3. $\lim\limits_{x \to a} f(x)g(x) = \alpha\beta$

4. $\lim\limits_{x \to a} \dfrac{f(x)}{g(x)} = \dfrac{\alpha}{\beta}$　ただし，$\beta \neq 0$

[証明] 　[1] 　性質の 1，2 をまとめて，次を示す。

$$\lim_{x \to a} \{kf(x) + lg(x)\} = k\alpha + l\beta \quad \text{ただし，}k,\ l \text{ は定数}$$

最初に，正の実数 M を，$M > \max\{|k|,\ |l|\}$ になるようにとっておく。

任意の正の実数 ε をとる[*]。このとき，$\dfrac{\varepsilon}{2M}$ も正の実数である。

$\lim\limits_{x \to a} f(x) = \alpha$ であるから，正の実数 δ_1 を $0 < |x-a| < \delta_1$ であるすべて

の x について，$|f(x) - \alpha| < \dfrac{\varepsilon}{2M}$ となるようにとれる。

同様に，$\lim\limits_{x \to a} g(x) = \beta$ であるから，正の実数 δ_2 を $0 < |x-a| < \delta_2$ であ

るすべての x について，$|g(x) - \beta| < \dfrac{\varepsilon}{2M}$ となるようにとれる。

ここで $\delta = \min\{\delta_1,\ \delta_2\}$ とすると，$|x-a| < \delta$ のとき

$$|\{kf(x) + lg(x)\} - (k\alpha + l\beta)| = |k\{f(x) - \alpha\} + l\{g(x) - \beta\}|$$
$$\leq |k||f(x) - \alpha| + |l||g(x) - \beta|$$
$$< M \cdot \dfrac{\varepsilon}{2M} + M \cdot \dfrac{\varepsilon}{2M} = \varepsilon$$

よって，$\lim\limits_{x \to a} \{kf(x) + lg(x)\} = k\alpha + l\beta$ が示された。 ■

---

[*] この「とる」は，「任意に1つ選んで固定する」ことを意味している。

[2]　性質の **3** の証明

任意の正の実数 ε をとる。

$\lim\limits_{x \to a} f(x) = \alpha$ であるから，ある正の実数 δ_0 が存在して，$0 < |x-a| < \delta_0$ であるすべての x について，$|f(x) - \alpha| < \varepsilon$ が成り立つ。

このとき，$\alpha - \varepsilon < f(x) < \alpha + \varepsilon$ であるから

$$|f(x)| \leqq \max\{|\alpha - \varepsilon|,\ |\alpha + \varepsilon|\}$$

ここで，$M = \max\{|\alpha - \varepsilon|,\ |\alpha + \varepsilon|,\ |\beta|\}$ とおく。

$\varepsilon \neq 0$ より，$|\alpha - \varepsilon|$, $|\alpha + \varepsilon|$ の少なくとも一方は 0 でないから　　$M > 0$

$\lim\limits_{x \to a} f(x) = \alpha$ であるから，ある正の実数 δ_1 が存在して，

$0 < |x-a| < \delta_1$ であるすべての x について，$|f(x) - \alpha| < \dfrac{\varepsilon}{2M}$ が成り立つ。

$\lim\limits_{x \to a} g(x) = \beta$ であるから，ある正の実数 δ_2 が存在して，$0 < |x-a| < \delta_2$ であるすべての x について，$|g(x) - \beta| < \dfrac{\varepsilon}{2M}$ が成り立つ。

$\delta = \min\{\delta_0,\ \delta_1,\ \delta_2\}$ とおくと，$0 < |x-a| < \delta$ のとき

$$
\begin{aligned}
|f(x)g(x) - \alpha\beta| &= |f(x)g(x) - f(x)\beta + f(x)\beta - \alpha\beta| \\
&\leqq |f(x)g(x) - f(x)\beta| + |f(x)\beta - \alpha\beta| \\
&= |f(x)||g(x) - \beta| + |f(x) - \alpha||\beta| \\
&< M \cdot \frac{\varepsilon}{2M} + \frac{\varepsilon}{2M} \cdot M = \varepsilon
\end{aligned}
$$

よって　　$\lim\limits_{x \to a} f(x)g(x) = \alpha\beta$ ■

[3]　性質の **4** の証明

上で示した性質の **3** により

$$\lim_{x \to a} \frac{1}{g(x)} = \frac{1}{\beta}$$

を示せばよい。

ε を任意の正の実数とする。

$\displaystyle\lim_{x\to a}g(x)=\beta$ であるから，ある正の実数 δ_0 が存在して，$0<|x-a|<\delta_0$ であるすべての x について，$|g(x)-\beta|<\dfrac{|\beta|}{2}$ が成り立つ。

このとき，$|g(x)|>\dfrac{|\beta|}{2}>0$ であるから

$$\frac{1}{|g(x)|}<\frac{2}{|\beta|}$$

$\displaystyle\lim_{x\to a}g(x)=\beta$ であるから，ある正の実数 δ_1 が存在して，$0<|x-a|<\delta_1$ であるすべての x について，$|g(x)-\beta|<\dfrac{|\beta|^2\varepsilon}{2}$ が成り立つ。

$\delta=\min\{\delta_0,\ \delta_1\}$ とおくと，$0<|x-a|<\delta$ のとき

$$\begin{aligned}
\left|\frac{1}{g(x)}-\frac{1}{\beta}\right|&=\left|\frac{\beta-g(x)}{g(x)\beta}\right|\\
&=\frac{|g(x)-\beta|}{|g(x)||\beta|}\\
&<\frac{|\beta|^2\varepsilon}{2}\cdot\frac{2}{|\beta|}\cdot\frac{1}{|\beta|}=\varepsilon
\end{aligned}$$

よって $\displaystyle\lim_{x\to a}\frac{1}{g(x)}=\frac{1}{\beta}$

性質の 2 から $\displaystyle\lim_{x\to a}\frac{f(x)}{g(x)}=\frac{\alpha}{\beta}$ ■

C 合成関数の極限

合成関数の極限について，次の定理が成り立つ。

合成関数の極限

関数 $f(x),\ g(x)$ について，$\displaystyle\lim_{x\to a}f(x)=b,\ \lim_{x\to b}g(x)=\alpha$ とする（ただし，$a,\ b,\ \alpha$ は実数である）。

このとき，$f(x)$ と $g(x)$ の合成関数 $(g\circ f)(x)$ について，$\displaystyle\lim_{x\to a}(g\circ f)(x)=\alpha$ が成り立つ。

証明 ε を任意の正の実数とする。

$\displaystyle\lim_{x \to b} g(x) = \alpha$ であるから，ある正の実数 δ_1 が存在して，$0 < |x-b| < \delta_1$

であるすべての x について，$|g(x) - \alpha| < \varepsilon$ が成り立つ。

$g(x)$ は $x=b$ で連続であるから　　$g(b) = \alpha$

よって，$|x-b| < \delta_1$ であるすべての x について $|g(x) - \alpha| < \varepsilon$ が成り立つ。

$\displaystyle\lim_{x \to a} f(x) = b$ であるから，ある正の実数 δ が存在して，$0 < |x-a| < \delta$ で

あるすべての x について，$|f(x) - b| < \delta_1$ が成り立つ。

このとき，$0 < |x-a| < \delta$ であるすべての x について，$|f(x) - b| < \delta_1$ で

あり，$|g(f(x)) - \alpha| < \varepsilon$ が成り立つ。

よって　　$\displaystyle\lim_{x \to a} g(f(x)) = \alpha$ ■

D 関数の極限と片側極限

関数の極限と片側極限の関係について，次の定理が成り立つ。

関数の極限と片側極限

$x=a$ を含む区間で定義された関数 $f(x)$ について，次が成り立つ。

$$\lim_{x \to a-0} f(x) = \lim_{x \to a+0} f(x) = \alpha \iff \lim_{x \to a} f(x) = \alpha$$

証明 ($\Longleftarrow$)　$\displaystyle\lim_{x \to a} f(x) = \alpha$ なので，任意の正の実数 ε について，正の実数 δ を，

$0 < |x-a| < \delta$ となるすべての x について，$|f(x) - \alpha| < \varepsilon$ が成り立つ

ようにとれる。$0 < a-x < \delta$ であるすべての x について，$0 < |x-a| < \delta$

であるから，$|f(x) - \alpha| < \varepsilon$ である。

これが任意の正の実数 ε について成り立つので，$\displaystyle\lim_{x \to a-0} f(x) = \alpha$ となる。

同様に，$\displaystyle\lim_{x \to a+0} f(x) = \alpha$ も示される。

($\Longrightarrow$)　左側極限 $\displaystyle\lim_{x \to a-0} f(x)$ と右側極限 $\displaystyle\lim_{x \to a+0} f(x)$ が存在して共通の値 α

であるとする。このとき，任意の正の実数 ε をとる。

$\displaystyle\lim_{x \to a-0} f(x) = \alpha$ であるから，正の実数 δ_1 を，$0 < a-x < \delta_1$ となるすべ

ての x について，$|f(x) - \alpha| < \varepsilon$ が成り立つようにとれる。

また，$\lim_{x \to a+0} f(x) = \alpha$ であるから，正の実数 δ_2 を，$0 < x-a < \delta_2$ となるすべての x について，$|f(x)-\alpha| < \varepsilon$ が成り立つようにとれる。

$\delta = \min\{\delta_1, \delta_2\}$ とする。

このとき，$0 < |x-a| < \delta$ である任意の x について，$0 < a-x < \delta$ であるか，$0 < x-a < \delta$ であるかのどちらかであり，どちらの場合も，$|f(x)-\alpha| < \varepsilon$ が成り立つ。

よって $\lim_{x \to a} f(x) = \alpha$ ∎

E 狭義単調連続関数の逆関数

区間 I 上の狭義単調関数について，次の定理が成り立つ。

狭義単調連続関数の逆関数の定理

連続な狭義単調関数 $f(x)$ は連続な逆関数 $f^{-1}(x)$ をもつ。さらに，$f(x)$ が増加関数ならば $f^{-1}(x)$ も増加関数であり，$f(x)$ が減少関数ならば $f^{-1}(x)$ も減少関数である。

証明 区間 I 上で $f(x)$ が増加関数ならば $f^{-1}(x)$ も増加関数であることを証明する（区間 I 上で $f(x)$ が減少関数ならば $f^{-1}(x)$ も減少関数であることの証明も同様である）。$x \in I$ における $f(x)$ の値域を J とする。つまり，$J = \{f(x) \mid x \in I\}$ とする。以下，いくつかの段階に分けて証明する。

第1段階 まず，関数 $f(x)$ が，J 上で定義された逆関数 $f^{-1}(x)$ をもつことを証明する。そのためには，任意の $c \in J$ に対して，$c = f(d)$ となる $d \in I$ が，ただ1つ存在することが示されればよい。J の定義から，$c = f(d)$ となる $d \in I$ は，少なくとも1つは存在する。しかし，関数 $f(x)$ は狭義単調増加関数なので，そのような d は1つしかない。

したがって，関数 $f(x)$ の逆関数 $f^{-1}(x)$ が存在する。

第2段階 次に，関数 $f^{-1}(x)$ が狭義単調増加関数であることを示そう。

$f(x)$ が狭義単調増加関数ならば，単調増加関数であるから

$$a \geq b \Longrightarrow f(a) \geq f(b)$$

が成り立つ。

この対偶をとると

$$f(a) < f(b) \implies a < b$$

である。

ここで，$f(a)=c$, $f(b)=d$ とおけば $a=f^{-1}(c)$, $b=f^{-1}(d)$ なので

$$c < d \implies f^{-1}(c) < f^{-1}(d)$$

となる。

これは，関数 $f^{-1}(x)$ が狭義単調増加関数であることを示している。

第3段階　次に，$f^{-1}(x)$ が連続であることを示そう。そのために，$c \in J$ を任意にとって，$f^{-1}(x)$ が $x=c$ で連続であることを示すことにする。$d=f^{-1}(c)$ とする（すなわち，$f(d)=c$ とする）。

また，正の実数 ε を任意にとる。

d が区間 I の端点でない場合を，まず考えよう。このとき，$0 < \varepsilon' \leqq \varepsilon$ である正の実数 ε' を十分に小さくとれば，開区間 $(d-\varepsilon', d+\varepsilon')$ は I に含まれる。$m_1=f(d-\varepsilon')$, $m_2=f(d+\varepsilon')$ とすると，$m_1 < m_2$ であり，中間値の定理（44 ページ）から，$m_1 < y < m_2$ であるすべての y は J に含まれる。

すなわち，開区間 (m_1, m_2) は J に含まれる。$f(x)$ が狭義単調増加関数なので，$m_1=f(d-\varepsilon') < c=f(d) < f(d+\varepsilon')=m_2$ であり，よって $c \in (m_1, m_2)$ である。そこで，$\delta=\min\{m_2-c, c-m_1\}$ とすると，開区間 $(c-\delta, c+\delta)$ は開区間 (m_1, m_2) に含まれる。$f^{-1}(c-\delta)=l_1$, $f^{-1}(c+\delta)=l_2$ とすると，$f^{-1}(x)$ が狭義単調増加関数なので，$d-\varepsilon' \leqq l_1 < l_2 \leqq d+\varepsilon'$ であり，よって，$f^{-1}(x)$ による開区間 $(c-\delta, c+\delta)$ の像である開区間 (l_1, l_2) は，開区間 $(d-\varepsilon', d+\varepsilon')$ に含まれていることがわかる（図参照）。

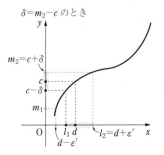
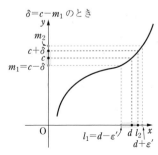

$d=f^{-1}(c)$ であったから，これは，$|x-c|<\delta$ となるすべての x について $|f^{-1}(x)-f^{-1}(c)|<\varepsilon'\leqq\varepsilon$ であることを示している。これが任意の正の実数 ε に対して成り立つので，$f^{-1}(x)$ は $x=c$ において連続であることが示された。

最終段階　d が区間 I の端点である場合，例えば，d が I の右端の点ならば，c は $x\in I$ における関数 $f(x)$ の最大値である。

このとき，$m=f(d-\varepsilon)$ とすると，中間値の定理より，区間 $(m,\ c]$ は J に含まれ，$\delta=c-m>0$ とすると，$c-x<\delta$ のとき $|f^{-1}(x)-d|<\varepsilon$ となる。これは，$f^{-1}(x)$ が $x=c$ で連続であることを示している。d が I の左端の点である場合も同様である。

以上で，$f^{-1}(x)$ が J 上で連続であることが示され，区間 I 上で $f(x)$ が増加関数ならば $f^{-1}(x)$ も増加関数であることが証明された。　■

F　正弦関数の極限

正弦関数の極限について，次の定理が成り立つ。

正弦関数の極限

$$\lim_{\theta\to0}\frac{\sin\theta}{\theta}=1$$

証明　$0<x<1$ かつ $0<y<1$ の範囲において，単位円 $\{(x,\ y)\mid x^2+y^2=1\}$ を考え，この単位円上の点 $\mathrm{P}(x,\ y)$ と点 $\mathrm{A}(1,\ 0)$ の間の弧の長さを l_P とする。

このとき，弧度法による $\angle\mathrm{POA}$ の大きさを θ とすると $\theta=l_\mathrm{P}$ であり，θ の値からPの y 座標の値への対応関係が正弦関数 $y=\sin\theta$ である。

したがって，$\displaystyle\lim_{\theta\to0}\frac{\sin\theta}{\theta}=\lim_{\theta\to0}\frac{y}{\theta}=1$ を示せばよい。

今，点Pは第1象限の点であるから $y=\sqrt{1-x^2}$ と表される。

ここで，$x=t$，$y=\sqrt{1-t^2}$ とし，137 ページの曲線の長さの定義に従うと l_P は，次のように書くことができる。

$$l_\mathrm{P} = \int_x^1 \sqrt{\left\{\frac{dy}{dx}(t)\right\}^2 + 1}\, dt = \int_x^1 \sqrt{\left(\frac{-t}{\sqrt{1-t^2}}\right)^2 + 1}\, dt$$

$$= \int_x^1 \sqrt{1 + \frac{t^2}{1-t^2}}\, dt = \int_x^1 \frac{dt}{\sqrt{1-t^2}}$$

（正確には，これは広義積分となるが，$0 < t < 1$ において

$\sqrt{\dfrac{1}{1-t^2}} < \sqrt{\dfrac{1}{1-t}}$ が成り立つことを用いて，優級数による広義積分の収束判定条件の定理（134 ページ）を適用すれば，$0 < x < 1$ の任意の x について収束することがわかる（132 ページの例題 10 でも扱っているが，その解では $\sin x$ の微分を使っているので，ここでは適用できないことに注意。））

$\theta \longrightarrow 0$ のとき $x \longrightarrow 1$ であることから

$$\lim_{\theta \to 0} \frac{\sin\theta}{\theta} = \lim_{\theta \to 0} \frac{y}{\theta} = \lim_{x \to 1} \frac{\sqrt{1-x^2}}{\displaystyle\int_x^1 \frac{dt}{\sqrt{1-t^2}}}$$

ここでロピタルの定理(1)（88 ページ）を適用すると

$$\lim_{x \to 1} \frac{\sqrt{1-x^2}}{\displaystyle\int_x^1 \frac{dt}{\sqrt{1-t^2}}} = \lim_{x \to 1} \frac{\dfrac{-x}{\sqrt{1-x^2}}}{\dfrac{d}{dx}\displaystyle\int_x^1 \frac{dt}{\sqrt{1-t^2}}}$$

さらに，分母に微分積分学の基本定理（113 ページ）を適用すると

$$\lim_{x \to 1} \frac{\dfrac{-x}{\sqrt{1-x^2}}}{\dfrac{d}{dx}\displaystyle\int_x^1 \frac{dt}{\sqrt{1-t^2}}} = \lim_{x \to 1} \frac{\dfrac{-x}{\sqrt{1-x^2}}}{-\dfrac{1}{\sqrt{1-x^2}}}$$

$$= \lim_{x \to 1} \frac{x}{1} = 1$$

以上により，$\displaystyle\lim_{\theta \to 0} \frac{\sin\theta}{\theta} = 1$ が成り立つことが証明された。∎

注意 同様の議論により，64 ページで示した $(\sin x)' = \cos x$ を $\displaystyle\lim_{x \to 0} \frac{\sin x}{x} = 1$ を使わずに証明することもできる。

第2節　第2章の証明

ここでは，第2次導関数と極値，ロピタルの定理の証明を与える。

A　第2次導関数と極値

系　2次導関数と極値

関数 $f(x)$ が開区間 (a, b) $(a < b)$ 上で2回微分可能であるとし，$c \in (a, b)$ において，$f'(c) = 0$ とする。

(1)　$f''(c) > 0$ なら，$f(x)$ は $x = c$ で極小値をとる。

(2)　$f''(c) < 0$ なら，$f(x)$ は $x = c$ で極大値をとる。

[証明]　(1) を証明する [(2) も同様に示される]。

$$\lim_{x \to c} \frac{f'(x) - f'(c)}{x - c} = \lim_{x \to c} \frac{f'(x)}{x - c} = f''(c) > 0$$

なので，正の実数を ε として $f''(c) = \varepsilon$ とすると，$0 < |x - c| < \delta$ となるすべての x について $\left| \dfrac{f'(x)}{x - c} - f''(c) \right| < \varepsilon$ が成り立つような，正の実数 δ が存在する。

このとき，$0 < |x - c| < \delta$ ならば $\dfrac{f'(x)}{x - c} > f''(c) - \varepsilon = 0$ である。

特に，$c - \delta < x < c$ ならば，$f'(x)$ の値は負である。よって，微分係数の符号と関数の増減の定理 (86ページ) より，$c - \delta < x < c$ であるすべての x について $f(x) > f(c)$ である。

また，$c < x < c + \delta$ ならば，$f'(x)$ の値は正である。よって，再び微分係数の符号と関数の増減の定理より，$c < x < c + \delta$ であるすべての x について $f(c) < f(x)$ である。

以上より，$x \in (c - \delta, c + \delta)$ かつ $x \neq c$ であるすべての x について $f(x) > f(c)$ である。これは $f(c)$ が関数 $f(x)$ の極小値であることを示している。　■

B　ロピタルの定理（1〜4）

ロピタルの定理⑴

$f(x)$, $g(x)$ を開区間 (a, b) 上で微分可能な関数とする（ただし，$a<b$）。$\alpha\in(a, b)$ について，関数 $f(x)$, $g(x)$ は次を満たすとする。

(a)　$\displaystyle\lim_{x\to\alpha}f(x)=\lim_{x\to\alpha}g(x)=0$

(b)　$x\neq\alpha$ であるすべての $x\in(a, b)$ において $g'(x)\neq0$ である。

(c)　極限 $\displaystyle\lim_{x\to\alpha}\frac{f'(x)}{g'(x)}$ が存在する。

このとき，極限 $\displaystyle\lim_{x\to\alpha}\frac{f(x)}{g(x)}$ も存在し，$\displaystyle\lim_{x\to\alpha}\frac{f(x)}{g(x)}=\lim_{x\to\alpha}\frac{f'(x)}{g'(x)}$ が

成り立つ。

補足　この定理において，「極限 $\displaystyle\lim_{x\to\alpha}$」となっているところを「右側極限 $\displaystyle\lim_{x\to\alpha+0}$」もしくは「左側極限 $\displaystyle\lim_{x\to\alpha-0}$」とおき換えても，同じ主張が成り立つ。

ロピタルの定理⑵

$f(x)$, $g(x)$ を開区間 (a, b) 上で微分可能な関数とし，次を満たすとする（ただし，$a<b$）。

(a)　$\displaystyle\lim_{x\to a+0}f(x)=\pm\infty$ かつ $\displaystyle\lim_{x\to a+0}g(x)=\pm\infty$

(b)　すべての $x\in(a, b)$ において $g'(x)\neq0$ である。

(c)　極限 $\displaystyle\lim_{x\to a+0}\frac{f'(x)}{g'(x)}$ が存在する。

このとき，右側極限 $\displaystyle\lim_{x\to a+0}\frac{f(x)}{g(x)}$ も存在し，$\displaystyle\lim_{x\to a+0}\frac{f(x)}{g(x)}=\lim_{x\to a+0}\frac{f'(x)}{g'(x)}$

が成り立つ。

補足　この定理において，「右側極限 $\displaystyle\lim_{x\to a+0}$」を「左側極限 $\displaystyle\lim_{x\to b-0}$」とおき換えても，同じ主張が成り立つ。

ロピタルの定理 (3)

$f(x)$, $g(x)$ を開区間 (b, ∞) 上で微分可能な関数とし，$f(x)$ と $g(x)$ は次を満たすとする。

(a)　$\displaystyle \lim_{x \to \infty} f(x) = \lim_{x \to \infty} g(x) = 0$

(b)　$x > b$ であるすべての x において $g'(x) \neq 0$ である。

(c)　極限 $\displaystyle \lim_{x \to \infty} \frac{f'(x)}{g'(x)}$ が存在する。

このとき，極限 $\displaystyle \lim_{x \to \infty} \frac{f(x)}{g(x)}$ も存在し，$\displaystyle \lim_{x \to \infty} \frac{f(x)}{g(x)} = \lim_{x \to \infty} \frac{f'(x)}{g'(x)}$ が成り立つ。

ロピタルの定理 (4)

$f(x)$, $g(x)$ を開区間 (b, ∞) 上で微分可能な関数とし，$f(x)$ と $g(x)$ は次を満たすとする。

(a)　$\displaystyle \lim_{x \to \infty} f(x) = \pm\infty$ かつ $\displaystyle \lim_{x \to \infty} g(x) = \pm\infty$

(b)　$x > b$ であるすべての x において $g'(x) \neq 0$ である。

(c)　極限 $\displaystyle \lim_{x \to \infty} \frac{f'(x)}{g'(x)}$ が存在する。

このとき，極限 $\displaystyle \lim_{x \to \infty} \frac{f(x)}{g(x)}$ も存在し，$\displaystyle \lim_{x \to \infty} \frac{f(x)}{g(x)} = \lim_{x \to \infty} \frac{f'(x)}{g'(x)}$ が成り立つ。

注意　条件 (a) における「$\pm\infty$」の意味は定理 (2) の場合と同じである。
また，ロピタルの定理 (3) と (4) において，開区間 (b, ∞) を $(-\infty, b)$ とし，合わせて「極限 $\displaystyle \lim_{x \to \infty}$」を「極限 $\displaystyle \lim_{x \to -\infty}$」とおき換えても，同じ主張が成り立つ。

　ロピタルの定理を証明するには，その準備として平均値の定理のもう1つの形である，コーシーの平均値の定理が必要となる。ここでは，まず，それから証明しよう。

> ### コーシーの平均値の定理
>
> $f(x)$, $g(x)$ は閉区間 $[a, b]$ $(a<b)$ 上で連続で，開区間 (a, b) 上で微分可能な関数とする。さらに，すべての $x\in(a, b)$ について $g'(x)\neq0$ であるとする。このとき $\dfrac{f'(c)}{g'(c)}=\dfrac{f(b)-f(a)}{g(b)-g(a)}$ を満たす $c\in(a, b)$ が，少なくとも1つ存在する。

証明 関数 $g(x)$ は平均値の定理（84ページ）の仮定を満たすので

$$g'(d)=\frac{g(b)-g(a)}{b-a}$$

となる $d\in(a, b)$ が存在する。仮定より $g'(d)\neq0$ なので，これは $g(b)-g(a)\neq0$ であることを示している。そこで，関数 $h(x)$ を

$$h(x)=f(x)-\frac{f(b)-f(a)}{g(b)-g(a)}g(x)$$

と定義する。ここで，$h(x)$ は閉区間 $[a, b]$ 上で連続で開区間 (a, b) 上で微分可能であり，$h(a)=h(b)$ を満たしている。よって，ロルの定理（83ページ）より，$h'(c)=0$ を満たす $c\in(a, b)$ が存在する。このとき $h'(c)=f'(c)-\dfrac{f(b)-f(a)}{g(b)-g(a)}g'(c)=0$ であり，$g'(c)\neq0$ であるから，示すべき等式が成り立つ。 ■

　まず最初に，コーシーの平均値の定理を用いて，ロピタルの定理(1)を証明しよう。

　ロピタルの定理(1)を示すため，次の特別な場合を示す。

①　$f(x)$, $g(x)$ を開区間 (a, b) $(a<b)$ 上の微分可能な関数とし，次の条件を満たすとする。

　(a)　$\displaystyle\lim_{x\to a+0}f(x)=\lim_{x\to a+0}g(x)=0$

　(b)　すべての $x\in(a, b)$ について $g'(x)\neq0$

　(c)　右側極限 $\displaystyle\lim_{x\to a+0}\frac{f'(x)}{g'(x)}$ が存在する。

このとき，右側極限 $\lim_{x \to a+0} \dfrac{f(x)}{g(x)}$ も存在し $\lim_{x \to a+0} \dfrac{f(x)}{g(x)} = \lim_{x \to a+0} \dfrac{f'(x)}{g'(x)}$ が

成り立つ。

証明 $f(x)$, $g(x)$ について条件 (a), (b), (c) が満たされるとする。関数 $f(x)$,
$g(x)$ を，$f(a) = g(a) = 0$ と定めることで，$[a, b)$ 上の関数とみなす。こ
のとき，条件 (a) より，$f(x)$, $g(x)$ は $[a, b)$ 上で連続である。任意の
$x \in (a, b)$ について，$f(x)$, $g(x)$ は閉区間 $[a, x]$ 上で連続で，開区間
(a, x) 上で微分可能である。また，条件 (b) より，すべての $t \in (a, x)$
で $g'(t) \neq 0$ である。

よって，コーシーの平均値の定理から

$$\frac{f'(c_x)}{g'(c_x)} = \frac{f(x) - f(a)}{g(x) - g(a)} = \frac{f(x)}{g(x)}$$

を満たす c_x が $a < c_x < x$ となるようにとれる。

$x \longrightarrow a+0$ のとき，$c_x \longrightarrow a+0$ であり，条件 (c) より $\lim_{x \to a+0} \dfrac{f'(c_x)}{g'(c_x)}$ が存

在するから，$\lim_{x \to a+0} \dfrac{f(x)}{g(x)}$ も存在し

$\lim_{x \to a+0} \dfrac{f(x)}{g(x)} = \lim_{x \to a+0} \dfrac{f'(c_x)}{g'(c_x)} = \lim_{x \to a+0} \dfrac{f'(x)}{g'(x)}$ が成り立つ。 ■

同様に次も成り立つ。

② $f(x)$, $g(x)$ を開区間 (a, b) $(a < b)$ 上の微分可能な関数とし，次の
条件を満たすとする。

(a) $\lim_{x \to b-0} f(x) = \lim_{x \to b-0} g(x) = 0$

(b) すべての $x \in (a, b)$ について $g'(x) \neq 0$

(c) 左側極限 $\lim_{x \to b-0} \dfrac{f'(x)}{g'(x)}$ が存在する。

このとき，左側極限 $\lim_{x \to b-0} \dfrac{f(x)}{g(x)}$ も存在し $\lim_{x \to b-0} \dfrac{f(x)}{g(x)} = \lim_{x \to b-0} \dfrac{f'(x)}{g'(x)}$ が

成り立つ。

①，② を合わせて，ロピタルの定理 (1) が成り立つ。

ロピタルの定理 (2) を示す。

③　$f(x)$, $g(x)$ を開区間 (a, b) $(a<b)$ 上の微分可能な関数とし，次の
条件を満たすとする。

(a)　$\displaystyle\lim_{x\to a+0} f(x)=\pm\infty$　かつ　$\displaystyle\lim_{x\to a+0} g(x)=\pm\infty$

(b)　すべての $x\in(a, b)$ について $g'(x)\neq0$

(c)　右側極限 $\displaystyle\lim_{x\to a+0}\frac{f'(x)}{g'(x)}$ が存在する。

このとき，右側極限 $\displaystyle\lim_{x\to a+0}\frac{f(x)}{g(x)}$ も存在し $\displaystyle\lim_{x\to a+0}\frac{f(x)}{g(x)}=\lim_{x\to a+0}\frac{f'(x)}{g'(x)}$ が

成り立つ。

[証明]　右側極限 $\displaystyle\lim_{x\to a+0}\frac{f'(x)}{g'(x)}$ の値を L とする。ε を任意の正の実数とすると，

右側極限の定義から，$a<x<a+\delta_1$ であるすべての x について

$\left|\dfrac{f'(x)}{g'(x)}-L\right|<\varepsilon$ が成り立つような，正の実数 δ_1 をとることができる。

また，$\displaystyle\lim_{x\to a+0} g(x)=\pm\infty$ なので，$a<x<a+\delta_2$ であるすべての x について

$|g(x)|>1$ が成り立つような，正の実数 δ_2 をとることができる。

$\delta'=\min\{\delta_1, \delta_2\}$ とし，$d=a+\delta'$ とおく。$a<x<d$ であるすべての x に
ついて，閉区間 $[x, d]$ 上でコーシーの平均値の定理を適用すると

$$\frac{f'(c_x)}{g'(c_x)}=\frac{f(d)-f(x)}{g(d)-g(x)}=\frac{\dfrac{f(x)}{g(x)}-\dfrac{f(d)}{g(x)}}{1-\dfrac{g(d)}{g(x)}}$$

となる $c_x\in(x, d)$ が存在する（$g(x)\neq0$ なので，最後の式変形が許される）。分母を払ってこれをさらに変形すると

$$\frac{f'(c_x)}{g'(c_x)}=\frac{f(x)}{g(x)}-\left\{\frac{f(d)}{g(x)}-\frac{f'(c_x)}{g'(c_x)}\cdot\frac{g(d)}{g(x)}\right\}\ \cdots\cdots\ (*)$$

右辺の括弧内を $r(x)$ とおく。$f(d)$ と $g(d)$ は定数であり，また，条件

(c) より $\dfrac{f'(x)}{g'(x)}$ は $x\longrightarrow a+0$ で有限の値をとる。

ゆえに，条件 (a) から，$x \longrightarrow a+0$ で $r(x)$ は 0 に収束する。よって，任意に定めた正の実数 ε に対して $a<x<a+\delta_3$ であるすべての x について，$|r(x)|<\varepsilon$ が成り立つような，正の実数 δ_3 をとることができる。

$\delta = \min\{\delta', \delta_3\}$ とすると，（＊）より $\dfrac{f(x)}{g(x)}-L = \dfrac{f'(c_x)}{g'(c_x)}-L+r(x)$ であるから，$a<x<a+\delta$ であるすべての x について

$$\left| \frac{f(x)}{g(x)}-L \right| \leqq \left| \frac{f'(c_x)}{g'(c_x)}-L \right| + |r(x)| < 2\varepsilon$$

よって，右側極限 $\displaystyle\lim_{x\to a+0} \dfrac{f(x)}{g(x)}$ が存在して，その極限値は L に等しい。∎

ロピタルの定理 (2) において，「右側極限 $\displaystyle\lim_{x\to a+0}$」を「左側極限 $\displaystyle\lim_{x\to b-0}$」におき換えた場合の証明も同様である。

ロピタルの定理 (3) は次のように示される。

[証明] b は $(b,\ +\infty)$ 内のどの実数でおき換えてもよいので，$b>0$ としてもよい。

$x = \dfrac{1}{t}$ とおく。$x \longrightarrow \infty$ のとき，$t \longrightarrow +0$ である。条件 (a) と (b) により，

$$\lim_{t\to +0} f\left(\frac{1}{t}\right) = \lim_{t\to +0} g\left(\frac{1}{t}\right) = 0,\ t\in\left(0,\ \frac{1}{b}\right) において g'\left(\frac{1}{t}\right) \neq 0 である。$$

$\dfrac{d}{dt} f\left(\dfrac{1}{t}\right) = -\dfrac{1}{t^2} f'\left(\dfrac{1}{t}\right)$ および $\dfrac{d}{dt} g\left(\dfrac{1}{t}\right) = -\dfrac{1}{t^2} g'\left(\dfrac{1}{t}\right)$ より

$$\lim_{t\to +0} \frac{\dfrac{d}{dt} f\left(\dfrac{1}{t}\right)}{\dfrac{d}{dt} g\left(\dfrac{1}{t}\right)} = \lim_{t\to +0} \frac{f'\left(\dfrac{1}{t}\right)}{g'\left(\dfrac{1}{t}\right)} = \lim_{x\to\infty} \frac{f'(x)}{g'(x)} \ \text{なので，条件 (c) より右側極限}$$

$$\lim_{t\to +0} \frac{\dfrac{d}{dt} f\left(\dfrac{1}{t}\right)}{\dfrac{d}{dt} g\left(\dfrac{1}{t}\right)} \ \text{は存在する。よって，定理 ① から，右側極限}$$

$$\lim_{t\to +0} \frac{f'\left(\dfrac{1}{t}\right)}{g'\left(\dfrac{1}{t}\right)} = \lim_{x\to\infty} \frac{f(x)}{g(x)} \ \text{は存在し，その極限値は} \ \lim_{x\to\infty} \frac{f'(x)}{g'(x)} \ \text{に等しい。∎}$$

ロピタルの定理 (4) の証明は，ロピタルの定理 (3) の証明と同様に示される。

第3節　第3章の証明

　ここでは，優関数による広義積分の収束判定条件の定理，ガンマ関数の収束性の証明を与える。

A　優関数による広義積分の収束判定条件

優関数による広義積分の収束判定条件の定理

半開区間 $(a, b]$ 上で連続な関数 $f(x)$ と $g(x)$ について，次の2つの条件が満たされているとき，広義積分 $\displaystyle\int_a^b f(x)dx$ は収束する。

1.　任意の $x \in (a, b]$ に対して $|f(x)| \leqq g(x)$ が成り立つ。

2.　広義積分 $\displaystyle\int_a^b g(x)dx$ は収束する。

半開区間 $[a, b)$ や，有限ではない区間，開区間，除外点を含む場合などについても，同様の定理がすべて成り立つ。

　証明に当たって，以下のコーシーの判定条件を認める。

定理　関数の右側極限に関するコーシーの判定条件

区間 $I = (a, b]$ $(a < b)$ で定義されている関数 $f(x)$ について，右側極限 $\displaystyle\lim_{x \to a+0} f(x)$ が存在するための必要十分条件は，次の条件 $(*)$ が成り立つことである。

$(*)$　任意の正の実数 ε について，正の実数 δ が存在して，$a < x < a + \delta$，$a < y < a + \delta$ を満たす任意の x, y について $|f(x) - f(y)| < \varepsilon$ が成り立つ。

[証明]　$\displaystyle F(t) = \int_t^b f(x)dx$，$\displaystyle G(t) = \int_t^b g(x)dx$ とおく。

　　　条件2より，極限 $\displaystyle\lim_{t \to a+0} G(t)$ が存在する。よって，コーシーの判定条件より，任意の正の実数 ε について正の実数 δ が，$t \in (a, a+\delta)$，$s \in (a, a+\delta)$ ならば $|G(t) - G(s)| < \varepsilon$ が成り立つようにとれる。

このとき

$$|F(t)-F(s)|=\left|\int_t^s f(x)dx\right|\leqq\int_t^s |f(x)|\,dx$$

$$\leqq\int_t^s g(x)dx=G(t)-G(s)$$

$$<\varepsilon$$

よって，再びコーシーの判定条件より，極限 $\lim_{t\to a+0} F(t)$ が存在する。

すなわち，広義積分 $\int_a^b f(x)dx$ が収束する。　■

この定理の系は，多くの広義積分の収束判定のために便利である。

系　優関数による広義積分の収束判定条件

$(a, b]$ $(a<b)$ 上の連続関数 $f(x)$, $g(x)$ について，次の3条件が満たされているとき，広義積分 $\int_a^b f(x)dx$ は収束する。

　[1]　任意の $x\in(a, b]$ について $g(x)>0$

　[2]　$\dfrac{f(x)}{g(x)}$ は $(a, b]$ 上で有界である。

　[3]　広義積分 $\int_a^b g(x)dx$ は収束する。

証明　$\dfrac{f(x)}{g(x)}$ が $(a, b]$ 上で有界なので，任意の $x\in(a, b]$ について

$\left|\dfrac{f(x)}{g(x)}\right|=\dfrac{|f(x)|}{g(x)}\leqq M$ となる実数 M が存在する。

このとき，$|f(x)|\leqq Mg(x)$ である。また，広義積分

$\int_a^b Mg(x)dx=M\int_a^b g(x)dx$ は収束する。

よって，$Mg(x)$ が $f(x)$ の優関数となり，広義積分 $\int_a^b f(x)dx$ は収束する。　■

B ガンマ関数の収束性

ここでは，前項で示したことをもとに証明する。

ガンマ関数の収束性

任意の正の実数 s に対して，広義積分 $\displaystyle\int_0^\infty e^{-x}x^{s-1}dx$ が収束する。

証明 $f(x)=e^{-x}x^{s-1}$ とおく。題意の積分を $\displaystyle\int_1^\infty f(x)dx$ と $\displaystyle\int_0^1 f(x)dx$ に分けて，

それぞれが収束することを確かめる。

$[1,\ \infty)$ 上で $f(x)e^{\frac{x}{2}}=\dfrac{x^{s-1}}{e^{\frac{x}{2}}}$ は $n\geqq s-1$ である自然数 n をとれば

$\dfrac{f(x)}{e^{-\frac{x}{2}}}=\dfrac{x^{s-1}}{e^{\frac{x}{2}}}\leqq\dfrac{x^n}{e^{\frac{x}{2}}}$ であるが，ロピタルの定理(4)を n 回使うことにより，

$\displaystyle\lim_{x\to\infty}\dfrac{x^n}{e^{\frac{x}{2}}}=0$ なので，$\dfrac{f(x)}{e^{-\frac{x}{2}}}$ は $x\longrightarrow\infty$ で（0に）収束する。特に，$\dfrac{f(x)}{e^{-\frac{x}{2}}}$

は $[1,\ \infty)$ で有界である。

さらに

$$\int_1^\infty e^{-\frac{x}{2}}dx=\lim_{t\to\infty}\int_1^t e^{-\frac{x}{2}}dx$$

$$=\lim_{t\to\infty}\left[-2e^{-\frac{x}{2}}\right]_1^t$$

$$=\lim_{t\to\infty}2\left(\frac{1}{\sqrt{e}}-e^{-\frac{t}{2}}\right)$$

$$=\frac{2}{\sqrt{e}}$$

よって，広義積分 $\displaystyle\int_1^\infty f(x)dx$ は収束する。

また，$\displaystyle\int_0^1 e^{-x}x^{s-1}dx$ について

[1] $s\geqq 1$ のとき

関数 $e^{-x}x^{s-1}dx$ は閉区間 $[0,\ 1]$ 上で連続であるから，関数 $e^{-x}x^{s-1}$

は閉区間 $[0,\ 1]$ 上で積分可能である。

[2]　$s<1$ のとき

$(0, 1]$ 上で $\dfrac{f(x)}{x^{s-1}}=e^{-x}<1$ であるから，$\dfrac{f(x)}{x^{s-1}}$ は $(0, 1]$ 上で有界である。

さらに

$$\int_0^1 x^{s-1}\,dx = \lim_{\varepsilon \to +0}\int_\varepsilon^1 x^{s-1}\,dx$$

$$= \lim_{\varepsilon \to +0}\left[\frac{x^s}{s}\right]_\varepsilon^1$$

$$= \lim_{\varepsilon \to +0}\frac{1-\varepsilon^s}{s}$$

$$= \frac{1}{s}$$

よって，広義積分 $\displaystyle\int_0^1 f(x)\,dx$ は収束する。

以上から，任意の正の実数 s に対して，広義積分 $\displaystyle\int_0^\infty e^{-x}x^{s-1}\,dx$ は収束する。

第4節 第5章の証明

ここでは，偏微分の順序交換，2変数関数のテイラーの定理，偏導関数の連続性と全微分可能性，陰関数定理の証明を与える。

A 偏微分の順序交換

偏微分の順序交換の定理

開領域U上の2変数関数 $f(x, y)$ が2次の偏導関数 $f_{xy}(x, y)$，$f_{yx}(x, y)$ をもち，どちらも連続であるとする。
このとき

$$f_{xy}(x, y) = f_{yx}(x, y)$$

が成り立つ。

この定理は，平均値の定理を繰り返し適用し，$f_{xy}(x, y)$ と $f_{yx}(x, y)$ の連続性を用いることによって証明される。

証明　開領域U上の各点 $(a, b) \in U$ について $f_{xy}(a, b) = f_{yx}(a, b)$ であることを示す。

正の実数 δ を，$|x-a|<\delta$，$|y-b|<\delta$ を満たすすべての (x, y) がUに属するように十分小さくとる。

$0<|h|<\delta$，$0<|k|<\delta$ であるすべての h，k について

$$F(h, k) = f(a+h, b+k) - f(a+h, b) - f(a, b+k) + f(a, b)$$

とおく。

yについての1変数関数 $u(y)$ を $u(y) = f(a+h, y) - f(a, y)$ で定める。
このとき，$F(h, k) = u(b+k) - u(b)$ と書ける。

$u(y)$ は y について微分可能であり，$u'(y) = f_y(a+h, y) - f_y(a, y)$ である。

平均値の定理 (84 ページ) より

$$F(h,\ k)=u'(b+\theta k)k$$
$$=k\{f_y(a+h,\ b+\theta k)-f_y(a,\ b+\theta k)\}\quad(0<\theta<1)$$

となる θ がとれる。

次に，x についての 1 変数関数 $f_y(x,\ b+\theta k)$ を考えると，再び平均値の定理から

$$F(h,\ k)=hkf_{yx}(a+\eta h,\ b+\theta k)\quad(0<\eta<1)\qquad\qquad(*)$$

となる η がとれる。

さらに，以上の議論を，以下のように，x と y の役割を入れ替えて同様に行う。

具体的には，x についての 1 変数関数 $v(x)$ を

$$v(x)=f(x,\ b+k)-f(x,\ b)$$

で定め（このとき，$F(h,\ k)=v(a+h)-v(a)$)，平均値の定理から

$$F(h,\ k)=v'(a+\theta'h)h$$
$$=h\{f_x(a+\theta'h,\ b+k)-f_x(a+\theta'h,\ b)\}\ (0<\theta'<1)$$

となる θ' をとる。

次に，y についての 1 変数関数 $f_x(a+\theta'h,\ y)$ に平均値の定理を適用することで

$$F(h,\ k)=hkf_{xy}(a+\theta'h,\ b+\eta'k)\quad(0<\eta'<1)\qquad\qquad(**)$$

となる η' がとれる。

$(*)$ と $(**)$ から

$$f_{yx}(a+\eta h,\ b+\theta k)=f_{xy}(a+\theta'h,\ b+\eta'k)$$

が得られる。

ここで $(h,\ k)\longrightarrow 0$ とすると，$f_{yx}(x,\ y)$，$f_{xy}(x,\ y)$ の連続性から

$$f_{xy}(a,\ b)=f_{yx}(a,\ b)$$

となる。 ■

B　テイラーの定理（2変数）

テイラーの定理（2変数関数）

$f(x, y)$ を平面上の開領域 U 上の C^n 級関数とし，$(a, b) \in U$ とする。

このとき，点 $(x, y) \in U$ と点 (a, b) を結ぶ線分が U に含まれているならば，次が成り立つ。

$$f(x, y) = F_0(x, y) + F_1(x, y) + \frac{1}{2!}F_2(x, y) + \frac{1}{3!}F_3(x, y)$$

$$+ \cdots\cdots + \frac{1}{(n-1)!}F_{n-1}(x, y) + R_n(x, y)$$

ただし，$R_n(x, y)$ は $0 < \theta < 1$ を満たすある実数 θ を用いて，以下のように表される関数である。

$$R_n(x, y)$$
$$= \frac{1}{n!}\sum_{i=0}^{n} {}_nC_i\left\{\frac{\partial^n}{\partial x^i \partial y^{n-i}}f(a+\theta(x-a),\ b+\theta(x-b))\right\}(x-a)^i(y-b)^{n-i}$$

平面上の開領域 U 上の C^n 級関数 $f(x, y)$，点 $(a, b) \in U$ と $0 \leq k \leq n$ を満たす整数 k に対して，2変数関数 $F_k(x, y)$ を次で定める。

$$F_k(x, y) = \sum_{i=0}^{k} {}_kC_i\left\{\frac{\partial^k}{\partial x^i \partial y^{k-i}}f(a, b)\right\}(x-a)^i(y-b)^{k-i}$$

ただし，$k=0$ のときは，$F_0(x, y) = f(a, b)$（定数関数）と定めておく。

例えば，$k=1, 2$ の場合は，次のようになる。

$$F_1(x, y) = f_x(a, b)(x-a) + f_y(a, b)(y-b)$$
$$F_2(x, y) = f_{xx}(a, b)(x-a)^2 + 2f_{xy}(a, b)(x-a)(y-b)$$
$$+ f_{yy}(a, b)(y-b)^2$$

証明 ここでは，応用上特に重要である $n=2$ の場合についてのみ，証明を行う。

$h=x-a$, $k=y-b$ として， t に関する関数 $g(t)$ を

$g(t)=f(a+ht, b+kt)$ で定義する。点 (x, y) と点 (a, b) を結ぶ線分が $f(x, y)$ の定義域 U に入るので， $g(t)$ は $[0, 1]$ を含む開区間で定義された C^2 級関数である。

関数 $g(t)$ の有限マクローリン展開 (98 ページ) を求めると

$$g(t)=g(0)+g'(0)t+\frac{1}{2}g''(\theta t)t^2$$

となる (ただし， θ は $0<\theta<1$ を満たす定数)。 $g(1)=f(x, y)$ なので

$$f(x, y)=g(0)+g'(0)+\frac{1}{2}g''(\theta) \quad (*)$$

2 変数と 1 変数との合成関数の微分の定理 (190 ページ) より

$$g'(t)=f_x(a+ht, b+kt)h+f_y(a+ht, b+kt)k$$

$$g''(t)=f_{xx}(a+ht, b+kt)h^2+f_{xy}(a+ht, b+kt)hk$$
$$+f_{yx}(a+ht, b+kt)kh+f_{yy}(a+ht, b+kt)k^2$$

と計算される。

$f(x, y)$ は C^2 級と仮定したので， $f_{xy}(x, y)=f_{yx}(x, y)$ であることを用いると

$$g(0)=f(a, b)$$

$$g'(0)=f_x(a, b)h+f_y(a, b)k$$

$$g''(\theta)=f_{xx}(a+\theta h, b+\theta k)h^2+2f_{xy}(a+\theta h, b+\theta k)hk$$
$$+f_{yy}(a+\theta h, b+\theta k)k^2$$

これらを $(*)$ に代入して，示すべき等式が得られる。　■

C　偏導関数の連続性と全微分可能性

1 変数の場合と同様に，全微分可能な関数は連続である。

偏導関数の連続性と全微分可能性の定理

定義域が平面上の開領域 U を含む 2 変数関数を $f(x, y)$ とし， $(a, b)\in U$ とする。 U 上で $f(x, y)$ の偏導関数 $f_x(x, y)$, $f_y(x, y)$ がともに存在し，それらが (a, b) で連続であれば， $f(x, y)$ は (a, b) で全微分可能である。

証明　$(x, y) \neq (a, b)$ である任意の点 (x, y) $(\in U)$ をとる。

まず，x に注目して，平均値の定理 (84 ページ) より

$$f(x, y) - f(a, y) = f_x(h, y)(x-a) \quad \cdots\cdots ①$$

である h が，x と a の間にとれる。

次に，y に注目して，同様に

$$f(a, y) - f(a, b) = f_y(a, k)(y-b) \quad \cdots\cdots ②$$

である k が，y と b の間にとれる。

$f_x(x, y)$, $f_y(x, y)$ は (a, b) で連続なので

$$\lim_{(x,y) \to (a,b)} f_x(h, y) = f_x(a, b),$$

$$\lim_{(x,y) \to (a,b)} f_y(a, k) = f_y(a, b)$$

が成り立つ。

よって，$s = x-a$, $t = y-b$ として，①，② と

$f(x, y) - f(a, b) = f(x, y) - f(a, y) + f(a, y) - f(a, b)$ から

$$\left| \frac{f(x, y) - f(a, b) - f_x(a, b)(x-a) - f_y(a, b)(y-b)}{\sqrt{(x-a)^2 + (y-b)^2}} \right|$$

$$= \left| \frac{\{f_x(h, y) - f_x(a, b)\}s + \{f_y(a, k) - f_y(a, b)\}t}{\sqrt{s^2 + t^2}} \right|$$

$$\leq |f_x(h, y) - f_x(a, b)| \frac{|s|}{\sqrt{s^2 + t^2}} + |f_y(a, k) - f_y(a, b)| \frac{|t|}{\sqrt{s^2 + t^2}}$$

$$\leq |f_x(h, y) - f_x(a, b)| + |f_y(a, k) - f_y(a, b)| \longrightarrow 0$$

$$((x, y) \longrightarrow (a, b))$$

となるので

$$\lim_{(x,y) \to (a,b)} \frac{f(x, y) - f(a, b) - f_x(a, b)(x-a) - f_y(a, b)(y-b)}{\sqrt{(x-a)^2 + (y-b)^2}} = 0$$

である。

これは，$f(x, y)$ が (a, b) で全微分可能であることを示している。　∎

D 陰関数定理

陰関数定理

2変数関数 $F(x, y)$ が平面上の開領域 U 上で C^1 級であるとし，点 (a, b) が

$$F(a, b)=0 \quad および \quad F_y(a, b)\neq 0$$

を満たすとする。

このとき，x 軸上の $x=a$ を含む開区間 I と，I 上で定義された1変数関数 $y=\varphi(x)$ が存在して，$b=\varphi(a)$ と次を満たす。

　　　すべての $x \in I$ について，$F(x, \varphi(x))=0$

さらに，関数 $\varphi(x)$ は開区間 I 上で微分可能で，その導関数は次のようになる。

$$\varphi'(x)=-\frac{F_x(x, \varphi(x))}{F_y(x, \varphi(x))}$$

注意 定理の最後の等式は，陰関数 $\varphi(x)$ の存在がわかっていれば，形式的には次のように導き出せる。 $F(x, \varphi(x))=0$ の両辺を x で微分すると，2変数関数と1変数関数との合成関数の微分の定理（190ページ）より，

$F_x(x, \varphi(x))+F_y(x, \varphi(x))\varphi'(x)=0$ となる。これにより，$\varphi'(x)=-\dfrac{F_x(x, \varphi(x))}{F_y(x, \varphi(x))}$

が得られる。より厳密には，以下の証明の **第3段階** を参照。

証明を行う前に，定理の意味を確認しよう。

図のように，平面上に曲線 $F(x, y)=0$ が与えられているとする。

この曲線上の点 (a, b) が $F_y(a, b)\neq 0$ を満たすなら，$x=a$ を含む開区間 I 上で，曲線上の点 (a, b) を含む曲線の一部をとれば，

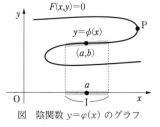

図 　陰関数 $y=\varphi(x)$ のグラフ

これは I 上の関数 $y=\varphi(x)$ のグラフになっている。しかし，$F_y(a, b)=0$ となる点（例えば，図の点P）では，一般に，このようなことはできない。

　一般の曲線 $F(x, y)=0$ は，そのままでは全体が関数のグラフにはならないかもしれないが，部分的には関数（陰関数）になる部分を切り出すことができる。これが陰関数定理の意味である。

　まず，陰関数定理の証明に必要な定義を与える。

定義　部分列

数列 $\{a_n\}$ に対して，その番号全体の中から，無限個の番号を部分的に取り出して，小さいものから並べたもの

$$n_1 < n_2 < \cdots\cdots < n_k < n_{k+1} < \cdots\cdots$$

を考える。

このとき，$k=1, 2, \cdots\cdots$ を番号にして，数列

$$a_{n_1}, \ a_{n_2}, \ \cdots\cdots, \ a_{n_k}, \ a_{n_{k+1}}, \ \cdots\cdots$$

を考えることができる。

このようにして得られた数列を $\{a_{n_k}\}$ と書き，数列の $\{a_n\}$ の **部分数列** あるいは **部分列** という。

　次に，以下の定理や補題を認めるものとする。

> ### ボルツァーノ・ワイエルシュトラスの定理
>
> 数列 $\{a_n\}$ がすべての n について $a_n \in [c, d]$ $(c \leqq d)$ を満たすとする。このとき，$\{a_n\}$ の部分列 $\{a_{n_k}\}$ で閉区間 $[c, d]$ の中の値に収束するものが存在する。

補題 1　2 つの数列 $\{a_n\}$, $\{b_n\}$ によって得られる，平面上の点の列 $\{(a_n, b_n)\}$ を点列という。点列 $\{(a_n, b_n)\}$ が平面上の点 (α, β) に収束するとは，次が成り立つことである。

　　「任意の正の実数 ε について，番号 N が存在して，$n \geqq N$ であるすべての n について $d((a_n, b_n), (\alpha, \beta)) < \varepsilon$」

　　点列 $\{(a_n, b_n)\}$ が点 (α, β) に収束するための必要十分条件は，$\displaystyle \lim_{n \to \infty} a_n = \alpha$ かつ $\displaystyle \lim_{n \to \infty} b_n = \beta$ である。

補題2　$f(x,\ y)$ について，$\displaystyle\lim_{(x,\ y)\to(a,\ b)} f(x,\ y)=\alpha$ であるための必要十分
　　　　　条件は，$f(x,\ y)$ の定義域内の $(a,\ b)$ に収束する任意の点列
　　　　　$\{(a_n,\ b_n)\}$ について，$\displaystyle\lim_{n\to\infty} f(a_n,\ b_n)=\alpha$ である。

証明　$F_y(a,\ b)\neq 0$ なので，$F_y(a,\ b)>0$ または $F_y(a,\ b)<0$ である。

以下では $F_y(a,\ b)>0$ の場合を証明する（$F_y(a,\ b)<0$ の証明も同様）。

第1段階　$F_y(a,\ b)>0$ であり，$F_y(x,\ y)$ は連続関数であるから，正の
　　　実数 ε を十分小さくとって，次を満たすようにできる。

　　　　　$|x-a|<\varepsilon,\ |y-b|<2\varepsilon \Longrightarrow F_y(x,\ y)>0$

　　　$|x_0-a|<\varepsilon$ を満たすすべての x_0 について，y についての1変数関数
　　　$g(y)=F(x_0,\ y)$ は，$g'(y)=F_y(x_0,\ y)>0$ であるから，開区間
　　　$(b-2\varepsilon,\ b+2\varepsilon)$ 上で狭義単調増加関数である。特に，$F(a,\ b)=0$
　　　であるから，$F(a,\ b-\varepsilon)<0$ かつ $F(a,\ b+\varepsilon)>0$ が成り立っている。
　　　ここで再び，$F_y(x,\ y)$ の連続性から，十分小さい正の実数 ε' をと
　　　れば $|x_0-a|<\varepsilon'$ であるすべての x_0 について，次が成り立つように
　　　できる。

　　　　[1]　y についての1変数関数 $F(x_0,\ y)$ は $(b-2\varepsilon,\ b+2\varepsilon)$ 上で
　　　　　狭義単調増加

　　　　[2]　$F(x_0,\ b-\varepsilon)<0$ かつ $F(x_0,\ b+\varepsilon)>0$

　　　ここで，中間値の定理（44ページ）より，$|x_0-a|<\varepsilon'$ であるすべて
　　　の x_0 について，$F(x_0,\ y_0)=0$ を満たす y_0 が，$|y_0-b|<\varepsilon$ の範囲に
　　　存在する。しかも，$F(x_0,\ y)$ は狭義単調増加なので，そのような y_0
　　　は x_0 に対して，ただ1つに決まる。
　　　よって，開区間 I を $I=(a-\varepsilon',\ a+\varepsilon')$ で定義すると，任意の $x_0\in I$
　　　に対して，上のようにして決まる y_0 を対応させることで，関数
　　　$y=\varphi(x)$ が定義できる。
　　　作り方から，この関数は定理の条件 (a), (b) を満たしている。

第 2 段階　関数 $\varphi(x)$ が I 上で微分可能であることを示す前に，I 上で連続であることを示す必要がある（次の **第 3 段階** で必要になる）。

任意の $x_0 \in I$ について，$h \longrightarrow 0$ ならば $\varphi(x_0 + h) \longrightarrow \varphi(x_0)$ であることを示せばよい。

そこで $\lim\limits_{h \to 0} \varphi(x_0 + h) \neq \varphi(x_0)$ と仮定して，背理法により証明しよう。

このとき，$n \longrightarrow \infty$ で 0 に収束する数列 $\{h_n\}$ と正の実数 ε'' が存在して，次が成り立つ。

　　すべての自然数 n について，$|\varphi(x_0 + h_n) - \varphi(x_0)| \geqq \varepsilon''$

(47 ページのコラム（関数の極限と数列の極限）を参照)。**第 1 段階** における $\varphi(x)$ の作り方から，任意の n について $\varphi(x_0 + h_n)$ は閉区間 $[b - \varepsilon,\ b + \varepsilon]$ に属している。

よってボルツァーノ・ワイエルシュトラスの定理より，$\{h_n\}$ の部分列 $\{h_{n_k}\}$ で，数列 $\{\varphi(x_0 + h_{n_k})\}$ が閉区間 $[b - \varepsilon,\ b + \varepsilon]$ 内の値 α に収束するものがとれる。任意の k について $|\varphi(x_0 + h_{n_k}) - \varphi(x_0)| \geqq \varepsilon''$ なので，$|\alpha - \varphi(x_0)| \geqq \varepsilon''$ であり，特に $\alpha \neq \varphi(x_0)$ である。

そこで，**補題 1** より，平面上の点列 $\{x_0 + h_{n_k},\ \varphi(x_0 + h_{n_k})\}$ を考えると，これは $(x_0,\ \alpha)$ に収束する。

また，**補題 2** より，$F(x,\ y)$ は連続なので，$k \longrightarrow \infty$ で $F(x_0 + h_{n_k},\ \varphi(x_0 + h_{n_k}))$ は $F(x_0,\ \alpha)$ に収束する。しかし，任意の k について $F(x_0 + h_{n_k},\ \varphi(x_0 + h_{n_k})) = 0$ なので，特に $F(x_0,\ \alpha) = 0$ である。

ところで，$[b - \varepsilon,\ b + \varepsilon]$ 内の値 y_0 で，$F(x_0,\ y_0) = 0$ を満たすものは唯一であったから，これは $\alpha = \varphi(x_0)$ を意味しているが，上では $\alpha \neq \varphi(x_0)$ であったから，これは矛盾である。

よって，背理法により $\lim\limits_{h \to 0} \varphi(x_0 + h) = \varphi(x_0)$ であり，$\varphi(x)$ は I 上の連続関数である。

第3段階 関数 $\varphi(x)$ が I 上で微分可能であることを示そう。

つまり，極限 $\lim\limits_{h \to 0} \dfrac{\varphi(x+h)-\varphi(x)}{h}$ が存在すればよい。

テイラーの定理 (202 ページ) の $n=1$ の場合によれば

$$F(x+h,\ y+k)=F(x,\ y)+F_x(x+\theta h,\ y+\theta k)h$$
$$+F_y(x+\theta h,\ y+\theta k)k$$

(ただし $0<\theta<1$) と書ける。

ここで，$y=\varphi(x)$, $k=\varphi(x+h)-\varphi(x)$ とすると，

$F(x,\ \varphi(x))=F(x+h,\ \varphi(x+h))=0$ であるから

$$F_x(x+\theta h,\ \varphi(x)+\theta k)h+F_y(x+\theta h,\ \varphi(x)+\theta k)k=0$$

すなわち

$$\frac{\varphi(x+h)-\varphi(x)}{h}=\frac{k}{h}=-\frac{F_x(x+\theta h,\ \varphi(x)+\theta k)}{F_y(x+\theta h,\ \varphi(x)+\theta k)}$$

ここで $h \longrightarrow 0$ とすると，$\varphi(x)$ の連続性 (**第2段階**) から，$k \longrightarrow 0$ となる。

よって，$F_x(x,\ y)$, $F_y(x,\ y)$ の連続性より

$$\lim_{h \to 0}\frac{\varphi(x+h)-\varphi(x)}{h}=-\frac{F_x(x,\ \varphi(x))}{F_y(x,\ \varphi(x))}$$

となる。

したがって，$\varphi(x)$ は I 上で微分可能であり，その導関数 $\varphi'(x)$ は

$-\dfrac{F_x(x,\ \varphi(x))}{F_y(x,\ \varphi(x))}$ に等しい。

以上で定理は証明された。　■

第 5 節　第 6 章の証明

　ここでは，長方形領域上の連続関数の積分可能性，2 変数関数の重積分の性質，長方形領域上での累次積分，2 つの関数のグラフで挟まれた領域上での累次積分の定理の証明を与える。

A　長方形領域上の連続関数の積分可能性

長方形領域上の連続関数の積分可能性の定理

長方形領域 $D=[a,\ b]\times[c,\ d]$ 上で連続な 2 変数関数 $f(x,\ y)$ は，D 上で積分可能である。

　証明は，長方形領域 D が有界閉集合であるから，D 上で連続な関数 $f(x,\ y)$ は一様連続であるということを利用して行う。

　なお，一様連続性の定義は次で与えられる。

定義　一様連続性

任意の正の実数 ε に対して，ある正の実数 δ が存在して，$d(P,\ Q)<\delta$ を満たすすべての $P\in D,\ Q\in D(P=(x_1,\ y_1),\ Q=(x_2,\ y_2))$ について $|f(x_1,\ y_1)-f(x_2,\ y_2)|<\varepsilon$ となる。

　長方形領域上の連続関数の積分可能性の定理の証明は次のようになる。

証明　長方形領域 $D=[a,\ b]\times[c,\ d]$ の任意の分割

$$\Delta:\begin{cases} a=a_0<a_1<a_2<\cdots\cdots<a_{n-1}<a_n=b \\ c=c_0<c_1<c_2<\cdots\cdots<c_{m-1}<c_m=d \end{cases}$$

に対して，すべての小区間 $D_{ij}=[a_{i-1},\ a_i]\times[c_{j-1},\ c_j]$

$(i=1,\ 2,\ \cdots\cdots,\ n,\ j=1,\ 2,\ \cdots\cdots,\ m)$ における $f(x,\ y)$ の上限を M_{ij}，下限を m_{ij} とおき，すべての小区間 $D_{ij}=[a_{i-1},\ a_i]\times[c_{j-1},\ c_j]$ の対角線の長さの最大値を $k(\Delta)$ とおく。さらに，以下を定める。

$$S(\Delta,\ f)=\sum_{i=1}^{n}\sum_{j=1}^{m}M_{ij}(a_i-a_{j-1})(c_j-c_{j-1}),\ s(\Delta,\ f)=\sum_{i=1}^{n}\sum_{j=1}^{m}m_{ij}(a_i-a_{j-1})(c_j-c_{j-1})$$

また，長方形領域 $D=[a, b]\times[c, d]$ の分割 Δ を動かしたときの，$S(\Delta, f)$ の下限を $S(f)$，$s(\Delta, f)$ の上限を $s(f)$ とおく。

ここで，長方形領域 $D=[a, b]\times[c, d]$ 上で連続な関数 $f(x, y)$ は一様連続であることが知られている。すなわち，任意の正の実数 ε に対し，ある正の実数 δ が存在して，$d((x_1, y_1), (x_2, y_2))<\delta$ となるすべての長方形領域 D 上の点 (x_1, y_1)，(x_2, y_2) に対し，$|f((x_1, y_1))-f((x_2, y_2))|<\varepsilon$，$k(\Delta)<\delta$ となる分割 Δ をとれば，小区間 D_{ij} の2点 (x_1, y_1)，(x_2, y_2) に対し，$|f((x_1, y_1))-f((x_2, y_2))|<\varepsilon$ となるから，$M_{ij}-m_{ij}<\varepsilon$ となる。よって

$$0\leqq S(\Delta, f)-s(\Delta, f)=\sum_{i=1}^{n}\sum_{j=1}^{m}(M_{ij}-m_{ij})(a_i-a_{i-1})(c_j-c_{j-1})<\varepsilon(b-a)(d-c)$$

以上から，$S(f)=s(f)$ となり，証明された。　∎

注意　S を $\mathbb{R}$ の部分集合とする。

S のすべての要素 x について $a\geqq x$ が成り立つ実数 a の最小値を S の上限という。

S のすべての要素 x について $a\leqq x$ が成り立つ実数 a の最大値を S の下限という。

S が上に有界（ある実数 M が存在して，S に含まれる任意の x に対して $M\geqq x$ が成り立つ）とき，S の上限は必ず存在する（下に有界なら下限が存在も同様）。

B　2変数関数の重積分の性質

2変数関数の重積分の性質

1. 2変数関数 $f(x, y)$ が長方形領域 D 上で積分可能であり，領域 D が有限個の小長方形領域 D_1，……，D_r に分割されているとする。このとき，任意の i $(1\leqq i\leqq r)$ に対して，$f(x, y)$ は D_i 上でも積分可能で，次が成り立つ。

$$\iint_D f(x, y)dxdy=\iint_{D_1} f(x, y)dxdy+\cdots\cdots+\iint_{D_r} f(x, y)dxdy$$

2. 2変数関数 $f(x, y)$ と $g(x, y)$ が長方形領域 D 上で積分可能であるとする。このとき，任意の実数 k と l に対して，関数 $kf(x, y)+\ell g(x, y)$ も積分可能で，次が成り立つ。

$$\iint_D kf(x, y)+lg(x, y)dxdy=k\iint_D f(x, y)dxdy+l\iint_D g(x, y)dxdy$$

証明　D が図のように 9 分割されている場合の証明を与える。一般の場合も同様に示せる。

関数 $f(x, y)$ が D_5 で積分可能であることを示す。

長方形領域 D の任意の分割 Δ を，閉区間 $[a, b]$ の分割の分点に k, l，閉区間 $[c, d]$ の分割の分点に m, n を加えたより細かい分割でおき換えることで，Δ は $[k, l] \times [m, n]$ の分割も与えるとしてよい（$a \le k \le l \le b$, $c \le m \le n \le d$）。

$a = a_0 < \cdots\cdots < a_{p_1} = k < \cdots\cdots < a_{p_2} = l < \cdots\cdots < a_{p_3} = b,$

$c = c_0 < \cdots\cdots < c_{q_1} = m < \cdots\cdots < c_{q_2} = n < \cdots\cdots < c_{q_3} = d,$

$D_{ij} = [a_i, a_{i+1}] \times [c_j, c_{j+1}]$ $(i = 0, 1, \cdots\cdots, p_3 - 1, \ j = 0, 1, \cdots\cdots, q_3 - 1)$

として，長方形領域 D が分割 Δ により $p_3 q_3$ 個の小さい長方形領域 D_{ij} に分割されるとする。

$D_1 = [a, k] \times [c, m], \quad D_2 = [k, l] \times [c, m], \quad D_3 = [l, b] \times [c, m],$

$D_4 = [a, k] \times [m, n], \quad D_5 = [k, l] \times [m, n], \quad D_6 = [l, b] \times [m, n],$

$D_7 = [a, k] \times [n, d], \quad D_8 = [k, l] \times [n, d], \quad D_9 = [l, b] \times [n, d]$

とすると，長方形領域 D は D_i $(i = 1, \cdots\cdots, 9)$ の和集合である。ここで，$m_{ij} = \min\{f(x, y) \mid (x, y) \in D_{ij}\}$, $M_{ij} = \max\{f(x, y) \mid (x, y) \in D_{ij}\}$ とし，以下で定める和を考える。

$$s_\Delta = \sum_{i=0}^{p_3-1} \sum_{j=0}^{q_3-1} m_{ij}(a_{i+1} - a_i)(c_{j+1} - c_j), \qquad S_\Delta = \sum_{i=0}^{p_3-1} \sum_{j=0}^{q_3-1} M_{ij}(a_{i+1} - a_i)(c_{j+1} - c_j),$$

$$s_\Delta{}^{(1)} = \sum_{i=0}^{p_1-1} \sum_{j=0}^{q_1-1} m_{ij}(a_{i+1} - a_i)(c_{j+1} - c_j), \qquad S_\Delta{}^{(1)} = \sum_{i=0}^{p_1-1} \sum_{j=0}^{q_1-1} M_{ij}(a_{i+1} - a_i)(c_{j+1} - c_j),$$

$$s_\Delta{}^{(2)} = \sum_{i=p_1}^{p_2-1} \sum_{j=0}^{q_1-1} m_{ij}(a_{i+1} - a_i)(c_{j+1} - c_j), \qquad S_\Delta{}^{(2)} = \sum_{i=p_1}^{p_2-1} \sum_{j=0}^{q_1-1} M_{ij}(a_{i+1} - a_i)(c_{j+1} - c_j),$$

$$s_\Delta{}^{(3)} = \sum_{i=p_2}^{p_3-1} \sum_{j=0}^{q_1-1} m_{ij}(a_{i+1} - a_i)(c_{j+1} - c_j), \qquad S_\Delta{}^{(3)} = \sum_{i=p_2}^{p_3-1} \sum_{j=0}^{q_1-1} M_{ij}(a_{i+1} - a_i)(c_{j+1} - c_j),$$

$$s_\Delta{}^{(4)} = \sum_{i=0}^{p_1-1} \sum_{j=q_1}^{q_2-1} m_{ij}(a_{i+1} - a_i)(c_{j+1} - c_j), \qquad S_\Delta{}^{(4)} = \sum_{i=0}^{p_1-1} \sum_{j=q_1}^{q_2-1} M_{ij}(a_{i+1} - a_i)(c_{j+1} - c_j),$$

$$s_\Delta{}^{(5)} = \sum_{i=p_1}^{p_2-1} \sum_{j=q_1}^{q_2-1} m_{ij}(a_{i+1} - a_i)(c_{j+1} - c_j), \qquad S_\Delta{}^{(5)} = \sum_{i=p_1}^{p_2-1} \sum_{j=q_1}^{q_2-1} M_{ij}(a_{i+1} - a_i)(c_{j+1} - c_j),$$

$$s_\Delta{}^{(6)} = \sum_{i=p_2}^{p_3-1} \sum_{j=q_1}^{q_2-1} m_{ij}(a_{i+1} - a_i)(c_{j+1} - c_j), \qquad S_\Delta{}^{(6)} = \sum_{i=p_2}^{p_3-1} \sum_{j=q_1}^{q_2-1} M_{ij}(a_{i+1} - a_i)(c_{j+1} - c_j),$$

$$s_{\varDelta}^{(7)}=\sum_{i=0}^{p_1-1}\sum_{j=q_2}^{q_3-1}m_{ij}(a_{i+1}-a_i)(c_{j+1}-c_j),\ \ S_{\varDelta}^{(7)}=\sum_{i=0}^{p_1-1}\sum_{j=q_2}^{q_3-1}M_{ij}(a_{i+1}-a_i)(c_{j+1}-c_j),$$

$$s_{\varDelta}^{(8)}=\sum_{i=p_1}^{p_2-1}\sum_{j=q_2}^{q_3-1}m_{ij}(a_{i+1}-a_i)(c_{j+1}-c_j),\ \ S_{\varDelta}^{(8)}=\sum_{i=p_1}^{p_2-1}\sum_{j=q_2}^{q_3-1}M_{ij}(a_{i+1}-a_i)(c_{j+1}-c_j),$$

$$s_{\varDelta}^{(9)}=\sum_{i=p_2}^{p_3-1}\sum_{j=q_2}^{q_3-1}m_{ij}(a_{i+1}-a_i)(c_{j+1}-c_j)\ \ S_{\varDelta}^{(9)}=\sum_{i=p_2}^{p_3-1}\sum_{j=q_2}^{q_3-1}M_{ij}(a_{i+1}-a_i)(c_{j+1}-c_j)$$

このとき

$$S_{\varDelta}=\sum_{i=1}^{9}S_{\varDelta}^{(i)},\ \ s_{\varDelta}=\sum_{i=1}^{9}s_{\varDelta}^{(i)}$$

関数 $f(x)$ が長方形領域 D 上で積分可能であるから，分割 $\varDelta$ を細かくしていけば，$S_{\varDelta}-s_{\varDelta}\longrightarrow 0$ となる。

すなわち，任意の正の実数 ε に対して，分割 $\varDelta$ を十分細かくしていけば，$S_{\varDelta}-s_{\varDelta}<\varepsilon$ が成り立つ。

このとき

$$S_{\varDelta}^{(5)}-s_{\varDelta}^{(5)}\leqq\sum_{i=1}^{9}\{S_{\varDelta}^{(i)}-s_{\varDelta}^{(i)}\}=S_{\varDelta}-s_{\varDelta}<\varepsilon$$

よって，関数 $f(x)$ は D_5 上で積分可能である。

同様に，関数 $f(x)$ は D_1，D_2，D_3，D_4，D_6，D_7，D_8，D_9 上でも積分可能であることが示せる。 ■

C 累次積分の定理の導入

$D=[a,\ b]\times[c,\ d]$ とし，$f(x,\ y)$ を D 上の連続関数とする。

いま，$x_0\in[a,\ b]$ をとると，y だけを変数とする 1 変数関数 $f(x_0,\ y)$ が得られる。この 1 変数関数 $f(x_0,\ y)$ は閉区間 $[c,\ d]$ 上で連続である。

よって，$f(x_0,\ y)$ は閉区間 $[c,\ d]$ 上で積分可能である。これにより，$F_1(x)=\displaystyle\int_c^d f(x,\ y)dy$ を考えることができ，次の補題が成り立つ。

補題 関数 $F_1(x)$ は閉区間 $[a,\ b]$ 上で連続である。

次に，$y=\varphi(x)$，$y=\psi(x)$ を，閉区間 $[a,\ b]$ 上で定義された連続関数とし，任意の $x\in[a,\ b]$ に対して，$\varphi(x)\leqq\psi(x)$ とする。

　このとき，$D=\{(x,\ y)\mid a\leqq x\leqq b,\ \varphi(x)\leqq y\leqq \psi(x)\}$ とし，関数 $f(x,\ y)$ を D 上の連続関数とする。同様に，$F_1(x)=\displaystyle\int_{\varphi(x)}^{\psi(x)}f(x,\ y)dy$ を考えることができ，次の補題が成り立つ。

補題　関数 $F_1(x)$ は閉区間 $[a,\ b]$ 上で連続である。

　上の補題は下の補題の特別な場合であるから，下の補題を証明する。

下の補題の 証明 　関数 $F_1(x)$ が任意の $x_0\in[a,\ b]$ で連続であることを示す。

　ε を任意の正の実数とする。$\varphi(x)$ と $\psi(y)$ の連続性から，正の実数 δ を十分小さくとれば，$|x-x_0|<\delta$ のときの $|\varphi(x)-\varphi(x_0)|$ や $|\psi(x)-\psi(x_0)|$ の値は限りなく小さくできるので $c=\max\{\varphi(x),\ \varphi(x_0)\}$，$d=\min\{\psi(x),\ \psi(x_0)\}$ としたとき，次のようにしてよい。

$$\left|F_1(x)-\int_c^d f(x,\ y)dy\right|<\frac{\varepsilon}{3},$$

$$\left|F_1(x_0)-\int_c^d f(x_0,\ y)dy\right|<\frac{\varepsilon}{3}$$

　また，$f(x,\ y)$ は D 上で一様連続なので，δ を十分小さくとり直せば，$|x-x'|<\delta$ かつ $|y-y'|<\delta$ であるすべての $(x,\ y)\in D$，$(x',\ y')\in D$ について $|f(x,\ y)-f(x',\ y')|<\dfrac{\varepsilon}{3(d-c)}$ となるようにできる。

　このとき，$|x-x_0|<\delta$ を満たす任意の $x\in[a,\ b]$ について

$|F_1(x)-F_1(x_0)|$

$=\left|F_1(x)-\displaystyle\int_c^d f(x,\ y)dy+\int_c^d f(x,\ y)dy-\int_c^d f(x_0,\ y)dy+\int_c^d f(x_0,\ y)dy-F_1(x_0)\right|$

$\leqq\left|F_1(x)-\displaystyle\int_c^d f(x,\ y)dy\right|+\int_c^d|f(x,\ y)-f(x_0,\ y)|dy+\left|F_1(x_0)-\int_c^d f(x_0,\ y)dy\right|$

$<\dfrac{\varepsilon}{3}+\displaystyle\int_c^d\dfrac{\varepsilon}{3(d-c)}dy+\dfrac{\varepsilon}{3}$

$=\dfrac{\varepsilon}{3}+\dfrac{\varepsilon}{3}+\dfrac{\varepsilon}{3}=\varepsilon$

　したがって，$F_1(x)$ は，閉区間 $[a,\ b]$ 上で連続であり，積分可能である。

D 累次積分の定理

長方形領域上での累次積分の定理

長方形領域 $D=[a, b]\times[c, d]$ 上で連続な 2 変数関数 $f(x, y)$ を考える。

[1] $f(x, y)$ の変数 y を定数とみなして得られる（独立変数を x とする）関数 $F_1(x)$ は，閉区間 $[a, b]$ 上で連続であり積分可能である。

[2] 上の $F_1(x)$ を $[a, b]$ 上で x について積分して得られる関数

$$F_2(y)=\int_a^b F_1(x)dx=\int_a^b f(x, y)dx$$

は，残った変数 y についての関数として閉区間 $[c, d]$ 上で連続であり積分可能である。

[3] 上の y を独立変数とする関数 $F_2(y)$ を $[c, d]$ 上で積分したとき，次が成り立つ。

$$\iint_D f(x, y)dxdy=\int_c^d F_2(y)dy=\int_c^d \left\{\int_a^b f(x, y)dx\right\} dy$$

さらに，x と y の役割（順番）を逆にしても同様のことが成り立ち，最後に得られる次の式も成り立つ。

$$\iint_D f(x, y)dxdy=\int_a^b \left\{\int_c^d f(x, y)dy\right\} dx$$

2 つの関数のグラフで挟まれた領域上での累次積分の定理

2 つの 1 変数関数 $y=\varphi(x)$ と $y=\psi(x)$ が閉区間 $[a, b]$ 上で連続であり，さらに，任意の $x\in[a, b]$ について $\varphi(x)\leqq\psi(x)$ であるとすると，$\displaystyle\iint_D f(x, y)dx=\int_a^b \left\{\int_{\varphi(x)}^{\psi(x)} f(x, y)dy\right\} dx$ が成り立つ。

まず，2 つの関数のグラフで挟まれた領域上での累次積分の定理を示す。

証明 D を完全に含むような長方形領域 $R=[a, b]\times[c, d]$ を考え，R 上の有界関数 $\tilde{f}(x, y)$ を，定義 6-3（226 ページ）と同様に，次で定める。

$$\tilde{f}(x, y)=\begin{cases} f(x, y) & ((x, y)\in D) \\ 0 & ((x, y)\in̸ D) \end{cases}$$

R の分割　　$\Delta : \begin{cases} a=a_0<a_1<a_2<\cdots\cdots<a_{n-1}<a_n=b \\ c=c_0<c_1<c_2<\cdots\cdots<c_{m-1}<c_m=d \end{cases}$

をとり，nm 個の小さい長方形領域 $D_{ij}=[a_i,\ a_{i+1}]\times[c_j,\ c_{j+1}]$

$(i=0,\ 1,\ \cdots\cdots,\ n-1,\ j=0,\ 1,\ \cdots\cdots,\ m-1)$，および

$\quad m_{ij}=\min\{\tilde{f}(x,\ y)\mid(x,\ y)\in D_{ij}\},\ M_{ij}=\max\{\tilde{f}(x,\ y)\mid(x,\ y)\in D_{ij}\}$

を考える。$(x,\ y)\in D_{ij}$ ならば，$m_{ij}\leqq\tilde{f}(x,\ y)\leqq M_{ij}$ であるから，まず両
辺を y について c_j から c_{j+1} まで積分して

$$m_{ij}(c_{j+1}-c_j)\leqq\int_{c_j}^{c_{j+1}}\tilde{f}(x,\ y)dy\leqq M_{ij}(c_{j+1}-c_j)$$

次に，Cの2つ目の補題から，これを x について a_i から a_{i+1} まで積分

して　　　　$m_{ij}(a_{i+1}-a_i)(c_{j+1}-c_j)\leqq\int_{a_i}^{a_{i+1}}\left\{\int_{c_j}^{c_{j+1}}\tilde{f}(x,\ y)dy\right\}dx$

$$\leqq M_{ij}(a_{i+1}-a_i)(c_{j+1}-c_j)$$

これを $i,\ j$ についてすべて加えると

$$\sum_{i=0}^{n-1}\sum_{j=0}^{m-1}m_{ij}(a_{i+1}-a_i)(c_{j+1}-c_j)\leqq\int_a^b\left\{\int_c^d\tilde{f}(x,\ y)dy\right\}dx$$

$$\leqq\sum_{i=0}^{n-1}\sum_{j=0}^{m-1}M_{ij}(a_{i+1}-a_i)(c_{j+1}-c_j)$$

定義 6-3 (226 ページ) より $f(x,\ y)$ は D 上で積分可能なので，この両端
の和は，分割を細かくすることで共通の値 $\displaystyle\iint_D f(x,\ y)dxdy$ に収束する。
$\tilde{f}(x,y)$ の定義より，次が成り立つ。

$$\iint_D f(x,\ y)dxdy=\int_a^b\left\{\int_c^d\tilde{f}(x,\ y)dy\right\}dx=\int_a^b\left\{\int_{\varphi(x)}^{\phi(x)}f(x,\ y)dy\right\}dx$$

よって，示すべき等式が得られる。∎

　次に，長方形領域上での累次積分の定理について，[2] はCの1つ目の
補題から得られる。また，長方形領域は2つのグラフで挟まれた領域の特
殊例なので，最初の等式 $\displaystyle\iint_D f(x,\ y)dxdy=\int_c^d\left\{\int_a^b f(x,\ y)dy\right\}dx$ は，2つ
の関数のグラフで挟まれた領域上の累次積分の定理の特別な場合である。
x と y の役割を入れ替えても，長方形領域は2つのグラフで挟まれた領域
であり，[3] が得られる。

答 の 部

注意 各章ごとに，練習問題と章末問題の答の数値，図などを示した。証明は省略し「略」とした。
また，第3章において，C は積分定数を表す。

第1章 関数（1変数）

第1節 関数とは

練習1 (1) 関数になる (2) 関数にならない (3) 関数になる (4) 関数にならない

練習2 (1)
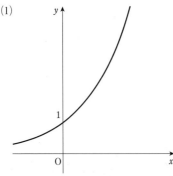
(3)
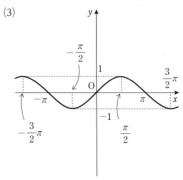

練習3 $1<a\leqq2$, $\{y\mid y>0\}$

練習4 (1) もつ，$y=\sqrt{x}$ $(x>0)$ (2) もつ，$y=2^x$ (3) もたない

練習5 どちらも存在しない

第2節 関数の極限とは

練習6 (例) x の値を $|x-1|<0.005$ を満たすようにとればよい。

練習7 略

練習8 (1) 8 (2) 12 (3) $-\dfrac{5}{2}$

練習9 (1) 0 (2) -1 (3) 4

練習10 0

練習11 (1) ∞ (2) $-\infty$ (3) ∞

練習12 存在しない

練習13 任意の正の実数 ε に対して，ある正の実数 M が存在して，$x<-M$ を満たし，
かつ，関数 $f(x)$ の定義域に含まれるすべての x の値について，$|f(x)-\beta|<\varepsilon$ が成
り立つ。

略

練習 **14** (1) $\displaystyle\lim_{x\to\infty}\frac{2|x|-1}{4x+3}=\frac{1}{2}$, $\displaystyle\lim_{x\to-\infty}\frac{2|x|-1}{4x+3}=-\frac{1}{2}$

(2) $\displaystyle\lim_{x\to\infty}\frac{\sqrt{1+x^2}-1}{2x}=\frac{1}{2}$, $\displaystyle\lim_{x\to-\infty}\frac{\sqrt{1+x^2}-1}{2x}=-\frac{1}{2}$

(3) $\displaystyle\lim_{x\to\infty}\frac{|\cos x|}{e^x}=0$, $\displaystyle\lim_{x\to-\infty}\frac{|\cos x|}{e^x}$ は存在しない

第3節 関数の連続性

練習 **15** (1) 連続でない (2) 連続である (3) 連続でない

練習 **16** (1) $a=-1$ (2) $a=-4$

練習 **17** 略

練習 **18** $a>6$

練習 **19** 略

練習 **20** (1) $x=\dfrac{\pi}{4}$ で最大値 1，$x=\dfrac{\pi}{6}$ で最小値 $\dfrac{\sqrt{3}}{3}$

(2) 最大値，最小値はない (3) 最大値，最小値はない

第4節 初等関数

練習 **21** (1) 5 (2) 4

練習 **22** (1) $\{x\mid x\neq0\}$ (2) $\{x\mid x\neq\sqrt[3]{5}\}$

練習 **23** 略

練習 **24** (1) (2)

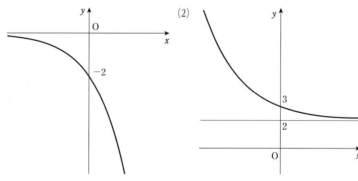

練習 25　(1)

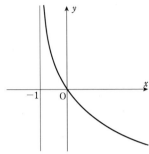

(2)

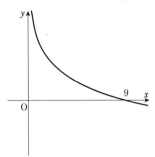

練習 26　(1)　1　(2)　2

練習 27　(1)　$\sin\theta=-\dfrac{1}{2}$,　$\cos\theta=\dfrac{\sqrt{3}}{2}$,　$\tan\theta=-\dfrac{\sqrt{3}}{3}$

$\qquad$(2)　$\sin\theta=\dfrac{\sqrt{2-\sqrt{2}}}{2}$,　$\cos\theta=-\dfrac{\sqrt{2+\sqrt{2}}}{2}$,　$\tan\theta=1-\sqrt{2}$

$\qquad$(3)　$\sin\theta=-\dfrac{\sqrt{6}+\sqrt{2}}{4}$,　$\cos\theta=-\dfrac{\sqrt{6}-\sqrt{2}}{4}$,　$\tan\theta=2+\sqrt{3}$

練習 28　(1)　$\dfrac{1}{2}$　(2)　1

練習 29　(1)

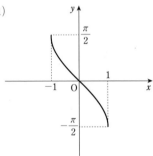

(2)

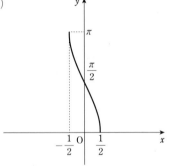

(3)

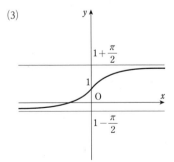

練習 **30** (1) $\dfrac{2}{3}\pi$ (2) $\dfrac{\pi}{3}$

練習 **31** 略

章末問題

1 $a = -2\sqrt{2}$, $b = 4$

2 (1) $-\dfrac{1}{2}$ (2) $\dfrac{3}{10}\pi$

3 (1) $x = \dfrac{\sqrt{5}}{5}$ (2) $x = 1$

4 (1) 1 (2) 1

5 略

6 (1) $\dfrac{\pi}{2}$ (2) $\dfrac{\pi}{2}$

7 略

8 略

9 略

第 2 章　微分（ 1 変数）

第 1 節　微分とは

練習 1　$4a^3$

練習 2　略

練習 3　略

練習 4　略

練習 5　略

練習 6　略

練習 7　$y=-2,\ y=x-\dfrac{17}{6}$

練習 8　$x=0$ で連続である，$x=0$ で微分可能でない

練習 9　略

練習 10　(1)　$f'(x)=\dfrac{x^4(x^4+5)}{(x^4+1)^2}$　(2)　$f'(x)=-\dfrac{\sinh x}{\cosh^2 x}$

補充問題 1　$y=2x+1$

補充問題 2　$f'(x)=\sinh x\cosh x+x\cosh^2 x+x\sinh^2 x$

補充問題 3　略

補充問題 4　略

第 2 節　いろいろな関数の微分

練習 11　(1)　$\{g(f(x))\}'=\dfrac{2}{x^3}\sin\dfrac{1}{x^2}$　(2)　$\{g(f(x))\}'=\dfrac{\sinh(\log 2x)}{x}$

練習 12　(1)　$y=\sqrt[5]{x}\,,\ y'=\dfrac{1}{5\sqrt[5]{x^4}}$　(2)　$y=\log_2 x-3\ (x>0),\ y'=\dfrac{1}{x\log 2}$

練習 13　$-\dfrac{1}{\sqrt{1-x^2}}$

練習 14　$f'(x)=\dfrac{1}{x},\ f''(x)=-\dfrac{1}{x^2},\ f'''(x)=\dfrac{2}{x^3},$

$\quad g'(x)=\dfrac{1}{\sqrt{1-x^2}},\ g''(x)=\dfrac{x}{(1-x^2)\sqrt{1-x^2}},\ g'''(x)=\dfrac{2x^2+1}{(1-x^2)^2\sqrt{1-x^2}}$

練習 15　略

補充問題 1　(1)　$f'(x)=4\sqrt{2}\,x^{\sqrt{2}-1}$　(2)　$f'(x)=\dfrac{\cosh(\log x)}{x}$

補充問題 2　$y=\dfrac{5x+2}{x-1}\ (x\neq 1),\ y'=-\dfrac{7}{(x-1)^2}$

補充問題 3　略

補充問題 4　略

第3節　微分法の応用

練習 16　略

練習 17　略

練習 18　$x=0$ で極小値 0

練習 19　略

練習 20　$x \leqq 0$ で単調に減少し，$x \geqq 0$ で単調に増加する。

練習 21　$x=-1$ で極大値 19，$x=0$ で極小値 0，$x=1$ で極大値 11，$x=2$ で極小値 -8

練習 22　(1)　1　(2)　0　(3)　-1

練習 23　(1)　0　(2)　0

練習 24　略

補充問題 1　$x=-1$ で極小値 -1，$x=0$ で極大値 1，$x=1$ で極小値 -1

補充問題 2　略

補充問題 3　(1)　$\dfrac{2}{\pi}$　(2)　6

練習 25　$f(x) \fallingdotseq 1 - \dfrac{1}{2}x^2 + \dfrac{1}{24}x^4$

練習 26　(1)　$f(x) = x - \dfrac{1}{6}x^3 + \dfrac{\sin\theta x}{24}x^4 \quad (0<\theta<1)$

(2)　$g(x) = x + \dfrac{1}{3}x^3 + \dfrac{2\tan\theta x + 5\tan^3\theta x + 3\tan^5\theta x}{3}x^4 \quad (0<\theta<1)$

章末問題

1　(1)　$-\dfrac{3x^2}{|x|\sqrt{x-x^4}}$　(2)　$-\dfrac{1}{x^2\sqrt{1-x^2}}$　(3)　$3\tanh(3x+2)$

2　略

3　略

4　(1)　$f(x) = \dfrac{1}{2} - \dfrac{1}{4}(x-1) + \dfrac{1}{8}(x-1)^2 - \dfrac{1}{16}(x-1)^3 + \dfrac{1}{\{\theta(x-1)+2\}^5}(x-1)^4 \quad (0<\theta<1)$

(2)　$f(x) = x + \dfrac{1}{6}x^3 + \dfrac{\sinh\theta x}{24}x^4 \quad (0<\theta<1)$

5　(1)　$\dfrac{1}{2}$　(2)　$-\dfrac{1}{3}$　(3)　0

6　$e^x = 1 + x + \dfrac{1}{2}x^2 + \dfrac{1}{6}x^3 + \dfrac{e^{\theta x}}{24}x^4 \ (0<\theta<1), \ e \fallingdotseq 2.\dot{6}$

7　略

8　略

第3章　積分（1変数）

第1節　積分とは

練習1　$\dfrac{2}{3}$

練習2　略，3

練習3　略

第2節　積分の計算

練習4　$f(x)=\cos x$ と $g(x)=\cosh x$ の原始関数の1つをそれぞれ $F(x)$, $G(x)$ とする。
（例）　$F(x)=\sin x$, $G(x)=\sinh x$

練習5　(1)　$\sinh(x+1)+C$　(2)　$3\,\mathrm{Tan}^{-1}x+C$

練習6　$\dfrac{1}{4}\log\left|\dfrac{x-1}{x+1}\right|-\dfrac{1}{2}\mathrm{Tan}^{-1}x+C$

練習7　$\log(x+\sqrt{x^2+1})+C$

練習8　$\dfrac{\pi}{4}$

練習9　$\displaystyle\int\tan x\,dx=-\log|\cos x|+C,\ \int\tanh x\,dx=\log(e^x+e^{-x})+C$

練習10　$x\,\mathrm{Cos}^{-1}x-\sqrt{1-x^2}+C$

練習11　$\dfrac{5}{32}\pi$

練習12　$\mathrm{Tan}^{-1}(x-3)+C$

練習13　$\log\left|\dfrac{1+\sin x}{\cos x}\right|+C$

補充問題1　$\log\left|\dfrac{x+1}{x}\right|-\dfrac{1}{x}+C$

補充問題2　$\dfrac{1}{4}\tan^2\dfrac{x}{2}+\tan\dfrac{x}{2}+\dfrac{1}{2}\log\left|\tan\dfrac{x}{2}\right|+C$

補充問題3　$-\dfrac{\cos x}{\sin x}+C$

補充問題4　(1)　略　(2)　$\displaystyle\int_0^{\frac{\pi}{2}}e^x\sin x\,dx=\dfrac{e^{\frac{\pi}{2}}+1}{2},\ \int_0^{\frac{\pi}{2}}e^x\cos x\,dx=\dfrac{e^{\frac{\pi}{2}}-1}{2}$

第3節　広義積分

練習14　(1)　2　(2)　$\log 3$　(3)　-1

練習15　収束しない

練習16　π

練習17　(1)　収束する　(2)　収束しない　(3)　収束しない

練習18　$\dfrac{3}{2}(\sqrt[3]{4}-1)$

練習19　略

第4節 積分法の応用

練習20 3

練習21 $\dfrac{1}{2}\left(e-\dfrac{1}{e}\right)$

練習22 略

練習23 略

練習24 略

練習25 略

章末問題

1 (1) $\log|e^x-e^{-x}|+C$ (2) $x\mathrm{Tan}^{-1}x-\dfrac{1}{2}\log(1+x^2)+C$ (3) $x-\tanh x+C$

(4) $\dfrac{1}{6}\log\dfrac{(x+1)^2}{x^2-x+1}+\dfrac{1}{\sqrt{3}}\mathrm{Tan}^{-1}\dfrac{2x-1}{\sqrt{3}}+C$

(5) $\dfrac{1}{32}\log\left|\dfrac{x-2}{x+2}\right|-\dfrac{1}{16}\mathrm{Tan}^{-1}\dfrac{x}{2}+C$

2 (1) $y=\log(x+\sqrt{x^2-1})$ $(x\geqq1)$ (2) $\log(x+\sqrt{x^2+1})+C$

3 $\dfrac{1}{3}$

4 (1) π (2) 1 (3) π

5 $\dfrac{\pi}{16}$

6 略

7 $\dfrac{2\sqrt{5}+\log(2+\sqrt{5})}{4}$

8 略

第4章　関数（多変数）

第1節　ユークリッド空間

練習1　4本，$\{(0, 0, 0, 0)\}$

練習2　略

練習3　4

第2節　多変数関数とは

練習4　点 $(3, 4)$ の像は e^5，定義域は $\{(x, y) \in \mathrm{R}^2 \mid y \geqq 0\}$，値域は $\{z \in \mathrm{R} \mid z > 0\}$

練習5　右の図の太い実線部分

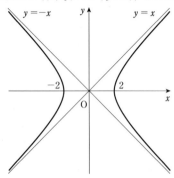

補充問題1　点Pの座標が $(1, 0, \sqrt{2})$ のとき最小値 $\sqrt{3}$

補充問題2　右の図の実線部分

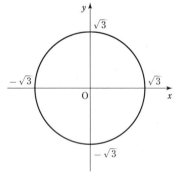

第3節　多変数関数の極限と連続性

練習6　略

練習7　略

練習8　略

練習9　略

練習10　R^2 で連続である

練習11　略

練習12　略

章末問題

1 (1) $(\pm\sqrt{7}, -2, 3)$ (2) $(\pm\sqrt{7}, 0, 3)$

2 (1) 定義域は $\{(x, y)\in\mathrm{R}^2 \mid x^2+y^2\leqq1\}$, 値域は $\{z\in\mathrm{R} \mid 0\leqq z\leqq1\}$

(2) 定義域は $\{(x, y)\in\mathrm{R}^2 \mid x\neq\pm\sqrt{6}\}$, 値域は R

3 R^2 で連続である

4 右の図の実線部分

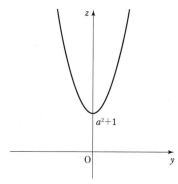

5 略

6 略

7 略

第 5 章　微分（多変数）

第 1 節　多変数関数の微分（偏微分）

練習 1　(1)　$f_x(a,\ b)=3a^2-3b,\ f_y(a,\ b)=-3a+3b^2$

(2)　$f_x(a,\ b)=-2ab\sin(a^2+3b),\ f_y(a,\ b)=\cos(a^2+3b)-3b\sin(a^2+3b)$

(3)　$f_x(a,\ b)=(1+a)e^{a+b^2},\ f_y(a,\ b)=2abe^{a+b^2}$

(4)　$f_x(a,\ b)=-\dfrac{ab}{(a^2+b^2)\sqrt{a^2+b^2}},\ f_y(a,\ b)=\dfrac{a^2}{(a^2+b^2)\sqrt{a^2+b^2}}$

練習 2　(1)　$f_x(x,\ y)=\dfrac{2y}{(x+y)^2},\ f_y(x,\ y)=-\dfrac{2x}{(x+y)^2}$

(2)　$f_x(x,\ y)=\dfrac{3x}{3x^2+y},\ f_y(x,\ y)=\dfrac{1}{2(3x^2+y)}$

(3)　$f_x(x,\ y)=e^{-(x^2+y^2)}(\cos x-2x\sin x-2x\cos y),$

$f_y(x,\ y)=-e^{-(x^2+y^2)}(\sin y+2y\sin x+2y\cos y)$

(4)　$f_x(x,\ y)=-\dfrac{y}{x^2+y^2},\ f_y(x,\ y)=\dfrac{x}{x^2+y^2}$

練習 3　略

練習 4　$2\sqrt{2}$

第 2 節　多変数関数の微分（全微分）

練習 5　略

練習 6　略

練習 7　(1)　$z=ex+ey-e$　(2)　$z=x-y$

練習 8　略

練習 9　略, $z=\sqrt{\dfrac{\pi}{6}}x+\sqrt{\dfrac{\pi}{6}}y-\dfrac{\pi}{3}+\dfrac{\sqrt{3}}{2}$

練習 10　$e^{\sinh 2t\cosh^2 t}(2\cosh 2t\cosh^2 t+\sinh^2 2t)$

練習 11　$g_u(u,\ v)=\dfrac{2u\sinh v}{1+u^4\sinh^2 v},\ g_v(u,\ v)=\dfrac{u^2\cosh v}{1+u^4\sinh^2 v}$

補充問題 1　$g'(t)=\dfrac{6e^{2t}-2e^{-2t}}{3e^{2t}+e^{-2t}+1}$

補充問題 2　$g_u(u,\ v)=(1+|u|)e^{|u|}\sin v,\ g_v(u,\ v)=ue^{|u|}\cos v$

第 3 節　多変数関数の高次の偏微分

練習 12　(1)　$f_{xx}(x,\ y)=12x^2-4y^2,\ f_{xy}(x,\ y)=-8xy-6y,$

$f_{yx}(x,\ y)=-8xy-6y,\ f_{yy}(x,\ y)=-4x^2-6x+12y^2$

(2)　$f_{xx}(x,\ y)=-\dfrac{2\tanh(x-y)}{\cosh^2(x-y)},\ f_{xy}(x,\ y)=\dfrac{2\tanh(x-y)}{\cosh^2(x-y)},$

$f_{yx}(x,\ y)=\dfrac{2\tanh(x-y)}{\cosh^2(x-y)},\ f_{yy}(x,\ y)=-\dfrac{2\tanh(x-y)}{\cosh^2(x-y)}$

練習 13 $f_{xy}(x,\ y)=\dfrac{2(y-x)}{\{1+(y-x)^2\}^2},\ \ f_{yx}(x,\ y)=\dfrac{2(y-x)}{\{1+(y-x)^2\}^2}$

練習 14 略

練習 15 (1) $f(x,\ y)\fallingdotseq 1-3x-2y+\dfrac{9}{2}x^2+6xy+2y^2$ (2) $f(x,\ y)\fallingdotseq 1+x-\dfrac{1}{2}y^2$

第4節 多変数関数の微分法の応用

練習 16 略

練習 17 点 $(-1,\ 1)$ で極小値 -3

練習 18 $\left(\pm\dfrac{2\sqrt{3}}{3},\ \mp\dfrac{2\sqrt{3}}{3}\right)$ (複号同順)

練習 19 $y=\pm\sqrt{x^2+1}$

練習 20 $\varphi(-3)=-2+\sqrt{2}$ のとき $\varphi'(-3)=\dfrac{8-9\sqrt{2}}{12}$,

$\varphi(-3)=-2-\sqrt{2}$ のとき $\varphi'(-3)=\dfrac{8+9\sqrt{2}}{12}$

章末問題

1 (1) $f_x(1,\ 1)=8,\ f_y(1,\ 1)=18$ (2) $f_x(1,\ 1)=\dfrac{1}{2},\ f_y(1,\ 1)=1$

2 (1) $f_x(x,\ y)=\dfrac{2y}{(x+y)^2},\ f_y(x,\ y)=-\dfrac{2x}{(x+y)^2}$,

$f_{xx}(x,\ y)=-\dfrac{4y}{(x+y)^3},\ f_{xy}(x,\ y)=\dfrac{2(x-y)}{(x+y)^3},\ f_{yx}(x,\ y)=\dfrac{2(x-y)}{(x+y)^3}$,

$f_{yy}(x,\ y)=\dfrac{4x}{(x+y)^3}$

(2) $f_x(x,\ y)=y\sinh(1+x),\ f_y(x,\ y)=\cosh(1+x)$,

$f_{xx}(x,\ y)=y\cosh(1+x),\ f_{xy}(x,\ y)=\sinh(1+x),\ f_{yx}(x,\ y)=\sinh(1+x)$,

$f_{yy}(x,\ y)=0$

3 略, $z=\dfrac{1}{\pi}x+\dfrac{\log\pi+1}{\pi}$

4 $f_u(u\cos v,\ u\sin v)=\dfrac{1}{u},\ f_v(u\cos v,\ u\sin v)=\dfrac{2\cos v-\sin v}{\cos v+2\sin v}$

5 $f(x,\ y)\fallingdotseq xy$

6 点 $\left(\dfrac{\pi}{2},\ 0\right),\ \left(\dfrac{\pi}{2},\ 2\pi\right)$ で極大値 3, 点 $\left(\dfrac{3}{2}\pi,\ \pi\right)$ で極小値 -3

7 点 $\left(\dfrac{3}{2},\ \dfrac{3}{2}\right)$ で極大値 3

第6章　積分（多変数）

第1節　重積分

練習1　略

練習2　$\dfrac{3}{2}$

練習3　-1

練習4　略

練習5　$\displaystyle\iint_D f(x,\ y)dxdy=3,\ \iint_D g(x,\ y)dxdy=-1$

第2節　重積分の計算

練習6　(1)　$\dfrac{11}{12}$　(2)　$\dfrac{e^3-e^2-3e+3}{4}$　(3)　$\dfrac{\pi}{12}-\dfrac{\sqrt{3}}{4}+\dfrac{1}{2}$

練習7　$\dfrac{2}{15}$

練習8　$\dfrac{3}{20}$

練習9　0

練習10　(1)　$\dfrac{e^4-1}{2}\pi$　(2)　$\dfrac{25}{8}$

補充問題　(1)　下の図の斜線部分。
　　　　　　　　ただし，境界線を含む。

$\dfrac{23}{4}$

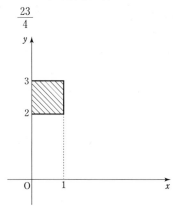

(2)　下の図の斜線部分。
　　　　ただし，境界線を含む。

$\dfrac{333}{20}$

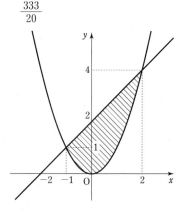

(3) 下の図の斜線部分。
ただし，境界線を含む。

$\dfrac{3}{4}\pi$

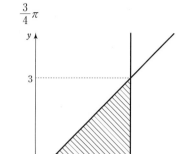

(4) 下の図の斜線部分。
ただし，境界線を含む。

4

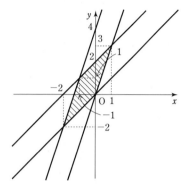

(5) 下の図の斜線部分。
ただし，境界線を含む。

$\dfrac{14}{3}$

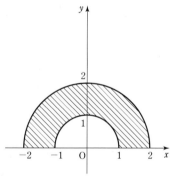

第3節　重積分の応用

練習 11　$\dfrac{32}{3}$

練習 12　π

練習 13　（例）$\left\{3\cos v\cos u,\ 3\cos v\sin u,\ 3\sin v\ \middle|\ 0\leqq u\leqq 2\pi,\ 0\leqq v\leqq\dfrac{\pi}{2}\right\}$

練習 14　$\dfrac{16\sqrt{2}-8}{3}\pi$

練習 15　$\dfrac{\pi}{2}$

練習 16　略

練習 17　$\dfrac{\pi}{2}\left(e^2-\dfrac{1}{e^2}+4\right)$

第 4 節　広義の重積分とその応用

練習 18　略, $\dfrac{\pi^2}{4}$

練習 19　略, $\dfrac{\pi}{3}$

補充問題 1　略, $\dfrac{1}{16}$

補充問題 2　略, $\dfrac{\pi}{2}$

練習 20　略

章末問題

1　(1)　$\dfrac{1}{6}$　(2)　4　(3)　$\dfrac{e^2-2e+1}{2}$　(4)　$\dfrac{4}{15}$

2　(1)　e^2-1　(2)　$\dfrac{\pi}{2}\log 2-\dfrac{\pi}{4}$

3　$\dfrac{4\sqrt{2}}{3}$

4　$\dfrac{e^4-4e^2-1}{8e^2}\pi$

5　(1)　$\dfrac{1}{2}$　(2)　$2\pi(4\log 2-2)$

索 引

〈定義〉

〈定理，系〉

＊は，第7章に証明があるもの。また，（　）内は，証明が掲載されているページ数を示す。

〈用　語〉

第 1 刷　2020 年 12 月 1 日　発行
第 2 刷　2022 年 4 月 1 日　発行

●カバーデザイン　株式会社麒麟三隻館
●見返し写真

前　Student holding a calculator in his hands/gettyimages

後　Car in wind tunnel, illustration/gettyimages

ISBN978-4-410-15358-7

著　者	市原一裕
発行者	星野　泰也

数研講座シリーズ
大学教養
微分積分の基礎

発行所　**数研出版株式会社**

〒101-0052　東京都千代田区神田小川町 2 丁目 3 番地 3
〔振替〕00140-4-118431

〒604-0861　京都市中京区烏丸通竹屋町上る大倉町205番地
〔電話〕代表 (075)231-0161

ホームページ　https://www.chart.co.jp
印刷　創栄図書印刷株式会社

220302

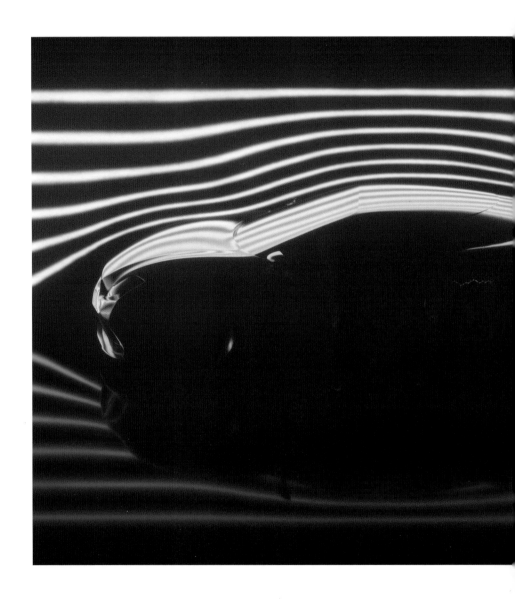

車体周辺の空気の流れ